桂林

景观生态美育研究

秦初生 著

科学出版社
北京

内 容 简 介

桂林景观生态美育，目前尚未有人进行过系统研究。本书以深生态哲学及整生论美学等为理论依据，以美育学、生态美学、艺术学等多学科视角，以生态审美场、美生场理论为借鉴，分化了桂林景观生态美育场；在探讨桂林景观生态美育场的本质、结构、特征，以及其“真、善、美、益、宜”的生态中和整生美育机制的基础上，建构桂林景观生态美育的路径、模式与方法，研究、探讨桂林景观生态如何使人受到生态审美化育，成为美生者，成为显美者和造美者，并由此达成审美人生与审美世界的整生。作为一个典型的景观生态文本，桂林景观生态美育场既有其独特的个性化特征，又包含着生态美育的一般原理、方法等普遍性特征，体现着生态美育目标、方式与途径的普遍意义。这为一般生态美育理论的丰富和发展提供了借鉴。

本书结构体系严谨，适合美学工作者、教育工作者、景观工作者等生态文明建设者、研究者阅读。

图书在版编目（CIP）数据

桂林景观生态美育研究 / 秦初生著 . —北京：科学出版社，2018.11

ISBN 978-7-03-058989-7

Ⅰ.①桂…　Ⅱ.①秦…　Ⅲ.①景观生态环境—生态规划—桂林　Ⅳ.①X322.671

中国版本图书馆CIP数据核字（2018）第226320号

责任编辑：杜长清 / 责任校对：何艳萍

责任印制：张欣秀 / 封面设计：铭轩堂

科学出版社 出版

北京东黄城根北街16号

邮政编码：100717

http://www.sciencep.com

北京虎彩文化传播有限公司印刷

科学出版社发行　各地新华书店经销

*

2018年11月第 一 版　开本：720×1000　B5

2019年 4 月第二次印刷　印张：16 1/2

字数：271 000

定价：98.00元

（如有印装质量问题，我社负责调换）

序

曾读贺敬之的《桂林山水歌》，便留下了“桂林山水甲天下”的印象。秦初生的桂林景观生态美育研究，引此名句，生发开去，拓展了生态美育的理论疆界。我油然而生感叹：“优秀的文学作品，其形象不仅大于思想，而且先于思想。“桂林山水甲天下”，是诗人对甲天下景观所成美感效应，走向普遍增殖的一种预测，一种向往，一种期待。然它启发了理论工作者，将读者与文本‘象外之象’‘景外之景’的生态写作联通起来，规划出从生命到生境的美生培植蓝图，从而超越了传统美育的目标，实在令人惊奇。”

传统的美育，主要是艺术美育。它培育审美者，目标比较单一。秦初生的著作，则以桂林景观为例，论说了生态美育既培育桂林山水的欣赏者，也培育桂林山水，进而发扬桂林山水范式，广泛培育景观生态，以实现“桂林山水甲天下”的设想。这就达成了审美人生与审美生境的对应性培育，超越了一般美育的功能，扩大了生态美育的使命，拓宽了生态美育的质域。这是从具体事实出发，实现了生态美育的理论开拓。

H.B. 曼科夫斯卡娅认为生态教育要“培养美化环境的习惯；培养景观建筑、园林艺术领域的职业设计师、建筑师、都市设计师、自然保护区工作者及其他专家”[①]。她希望经由生态美育熏染的人，能够成为生态艺术、环境艺术、自然艺术的规划者与创造者。这无疑有培育景观生态的潜在意义。秦初生的研究，则具体地呈现了人与景观对应培育的方式，生命与生境审美对生的路径，更有

① H.B. 曼科夫斯卡娅 . 国外生态美学的本体论、批判和应用 // 李庆本主编 . 国外生态美学读本 . 长春：长春出版社，2009：24.

理论的具体性与明确性。据此，她标识了生态美育和传统美育在使命与目标方面的分野，在价值与效应方面的区别，在疆界与质域方面的不同。

和其他学术生态一样，生态美育理论的发展，主要有两种方式：一种是从上到下；另一种是从下到上，合起来是谓顶天立地。前者指生态哲学和生态美学新范式的生发，促使生态美育形成新的目标、路径与规律，形成本质与属性的创新，呈现与传统美育的关联和区别。后者指从具体的个案的生态美育研究中，发现特殊规律与具体规律，进而将其升华为一般规律与普遍规律，用以生态美育的基础理论研究。秦初生的探索，兼用了这两种方式。她概述了当代美学、美育的生态化浪潮，形成了桂林景观生态美育的研究背景与理论前提，阐释了实施桂林景观生态美育的必要性与可能性。她进而论述了生态美学与生态美育的元范畴与新范式，有了构建桂林景观生态美育的理论元点与方法支点，并通过自己的研究，使这些新原理新方法走向具体化，实现了生态美育理论的创新与发展。像生态美学的美生场范畴与整生范式，在她的桂林山水美育的生态研究中，得到了创造性的运用，发展出了美育场的范畴与整生美育的方法，形成了别样的逻辑构架。

秦初生更注重顶天中的立地，即经由自下而上的概括、提炼与升华，从事实具体走向理论抽象，形成实事求是的研究路线。她从桂林山水的田野调查和文献的分析中，认可了桂林山水圆圈形结构的看法，借鉴了桂林山水整体俊秀的观点，进一步加以创造，提出了桂林山水是一个在中和的结构关系中形成的俊秀美育场的看法，也就有了核心范畴。这一核心范畴的确立，既是消化吸收此前桂林山水生态美学研究成果后的再创新，更是她从扎实的田野调查中得出的研究结论，从而翔实可信。个案性的桂林俊秀美育场，具有升华为生态美育场的潜能与向性，也就有了升级为生态美育核心范畴的可能。与此相应，桂林俊秀美育场所包含的景观生态美育规律，虽是特殊的、具体的，但可以走向一般与普遍，可以促进当代生态美育的逻辑进步，也就有了理论发展的空间与学理提升的高度。

秦初生以桂林俊秀美育场为总范畴，展开了景观生态美育价值的研究。她认为这一总范畴与儒家“文质彬彬”的君子人格对应，与中华生态中和的审美理想一致，可形成真、善、益、宜、美统和整生的美育效应。这就从美感价值与美育功能的角度，对“桂林山水甲天下”和“桂林山水满天下”这两个命题，做出了自己的解答，既有学术意义，也饶有审美兴味。

生态美育是美育的当代发展，是当代美育的主流，可以成为当代的基础美育学。秦初生在完成桂林景观生态美育场的建构与分形后，还设专章，探索桂林景观生态美育的路径。这样，她的所论，虽未离开具体的对象，却已涉及生态美育基本的逻辑疆域，有着理论转型升级的向性。希望她拓展个案研究，取得更多的生态美育研究的“地方性经验”，再进行理论综合，形成学理超越，写出生态美育的基础理论著作，以适应生态文明时代的审美培植需求。她进入广西民族大学之前，有较好的教育哲学的积累，打下了较为扎实的审美教育研究的理论基础。随我读文艺学博士后，她用功甚勤，在文艺生态学、生态美学、生态辩证法方面下了功夫，趋向理论与方法的生态化。从这篇研究桂林景观生态美育的著作中可以看出，她有探求生态美育基础理论的后劲，我期待着她从理论具体到理论抽象的学术跨越。

实施生态美育，离不开传统的艺术美育的基础，离不开学科美育的中介。这两个授受环节的审美培育扎实而全面，生存与实践的自为美育才可能水到渠成。在基础性的艺术美育中，大众获得了丰富而又高端的艺术审美经验，把握了艺术化美生的知识与规律，熟知了艺术所表征的自然生态、社会生态、精神生态的规律与目的，有了生态美育的根底，方可能在艺术活动之外，形成更广泛的审美培育。学科美育是真、善、益、宜、绿、智的学科教育，与情性趣韵的审美教育的结合，是形成更为自由的生态美育的条件。在学科美育中，群众实现了科学教育活动、文化教育活动与审美教育活动的一致，形成了生态规律与目的和审美规律与目的之结合，也就接受了规范的共生格局的生态美育，拓展了授受美育。经由这一阶段的审美教育，群众全面地接受了审美文化与审美文明的培育，把握了三位一体的自然法则、社会法则、艺术法则（鲁枢元语），也就在生存与实践活动中，有了自由自为地展开生态美育的修为，有了形成整生格局的生态美育的可能。

生存与实践的美育，紧接艺术美育和学科美育展开，是在授受美育完成之后，生发的自为自然的美育。这就标划了一条从规范走向自由的路线，既合规律，也合目的，是谓生态美育之大道。它实现了存在与审美的一致，并趋向绿色存在与诗意栖居的同一，称得上是整生的美育。它的最高形态，为审美生命与审美生境的天籁化对生，所形成的天然审美生态，所大成的自然美生场。天籁美育作为生存与实践美育的高端境界，实现了向起点的艺术美育的螺旋回归，呈现了一条超循环的生态美育路径。这也见出，生态美育形成后，并没有舍弃传统的艺术美育，而是以其为基点，生发多个环节，实现大时空的旋回，以成完备的本质规定。凭此，我们可以给出生态美育高端完育自然美生场。

将秦初生的桂林景观生态美育研究，放到生态美育的全程生发中来看，更能发现其意义。景观生态美育，是生存与实践美育的重要形式。它在“桂林山水甲天下”中，与别的生态美育场关联贯通，走向整一，可使自然美生场渐次生焉，可使整个大自然渐次美生化，成为所有生命的美好家园——天籁化的家园。这一愿景，是与大自然自旋生运动的终极目的一致的。

是为序。

袁鼎生

2018年5月10日于广西民族大学

前　言

《桂林景观生态美育研究》是2017年度国家社会科学基金西部项目“共生理论视域下西南民族地区农民生态道德治理现状及对策研究”（项目批准号：17XMZ025）的阶段性成果之一。农民生态道德治理及其生态道德的生成与发展既是生态道德建设自身的内部问题，又呈现出与农村生态科技、生态经济、生态文化、生态艺术和生态社会相互制约、相互影响、相生互长的共生现象，彰显出真、善、美、益、宜生态中和的整一化结构和图景，这表征着农民生态道德深层、隐性的本质特征。农民生态道德在以生态道德内部自身纯粹的生态伦理道德之善，并吸收了其他诸如生态制度、生态观念等生态文化之善为核心的基础上，在与生态科技、生态经济、生态艺术、生态社会的共生中，生发出真之善、美之善、益之善、宜之善等多维真、善、美、益、宜生态中和的善之整一化结构。孔子说“里仁为美”，农村生态道德治理好不好，农民生态道德素质高不高，取决于农民的心灵美不美，以及是否懂得欣赏美、爱护美、创造美。我们认为生态美之善既是生态善的一个重要维度，亦是生态善之最高境界。因而，以培育生态审美者和生态审美世界及其整生为目标的生态美育应是生态道德治理的高端形态。本书对桂林景观这一生态性与艺术性完美结合的典型景观生态文本进行研究，探讨实现桂林景观生态的真、善、美、益、宜诸种价值的生态中和整生美育机制，探讨如何使桂林景观给桂林人民和来桂旅游者受到桂林景观的生态审美化育，成为美生者、显美者和造美者，使桂林和世界变得更加生态美丽，达成审美人生与审美世界的整生，从而为促进生态美育理论与实践的丰富和发展，为推进西南民族地区农民生态道德治理的研究设计与实施，为推进美丽乡村与美丽中国建设提供一定的参考和借鉴。

本书是基于我的博士学位论文修改完善而成。它的完成和出版，首先要特别感谢我的导师袁鼎生教授。袁先生敦厚的学人品格，严谨的治学态度，深广的学识积累，敏锐的学术视觉，不懈的学术追求，诲人不倦的教师精神，令人敬仰。能师从袁先生修身治学，聆听教诲，是我人生的幸运。读博期间，我接受了十分系统严格的理论学习与方法实践训练。先生无所保留地传授我们进行独立学术研究的生态辩证法，使我们受益无穷。本书从选题、修改而后定稿，先生可谓环环倾力指导，心血灌注。在此，请先生接受我深深的敬意和谢意！感谢广西民族大学黄晓娟教授、唐德海教授、李启军教授、范秀娟教授、欧宗启教授、申扶民教授、龚丽娟博士对我学习的帮助和指导。感谢贵州大学封孝伦教授、天津大学陈洛教授、南开大学薛富兴教授、云南大学王卫东教授对我的热心指导。感谢师兄弟姐妹给予的热忱帮助与支持。感谢我的硕士研究生导师唐荣德教授给予的关心、帮助与支持。感谢我所工作学校的领导与同事一直以来的支持与关爱。感谢我的家人，特别是我的丈夫和女儿，他们对我的鼓励以及无微不至的关心、理解与支持，是我努力前行的动力。在此再次致以我最深切的谢意！

本书的不足之处，恳请各位前辈同仁批评斧正，不吝赐教。谢谢！

秦初生

2018年5月16日于桂林桂湖畔

目　录

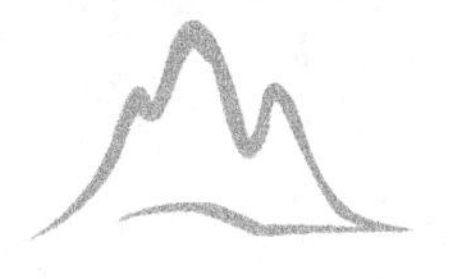

绪　论

第一节　桂林景观生态美育研究的背景、目的、方法和意义

研究往往都是在已有的研究基础上开展的，是“站在巨人的肩膀上”进行的。个案研究也是如此，由于普遍性总是存在于特殊性之中，个案研究虽然不带有严格意义上的普遍性，但是可在一定程度上反映出其他个体甚至整体上的某些特征和规律。个案研究要达成和实现这个目的，必须以一定的理论作为依据和指导，来对个案做出描述、分析与评价，并得出具有一定程度普适性的结论。本书是对桂林景观这一生态性与艺术性完美结合的生态文本进行生态美育的可能性与现实性的个案研究，并试图在桂林景观生态美育这一个案性、特殊性研究的基础上得出一些具有普适性、一般性的结论。在桂林景观生态美育研究的过程中，在设计、实施与形成研究结果的每一个环节和步骤中，都离不开一定的理论与研究方法的指导。因此，有必要在绪论之中对研究的理论背景、研究目的、研究方法与研究意义作一个梳理和交代。

个案研究适合于具有典型意义的人或事的研究。桂林是山水名城，也是历史文化名城，桂林景观这一自然－人文综合性场域，因其山水景观、干栏式建筑景观、龙脊梯田等农业景观、灵渠等水利景观、山歌等民俗景观、摩崖石刻等艺术景观，因其产生场所为田园、村落、溪水、河流等场域，与人们的衣、食、住、行的生态生活、生态生产和实践紧密相关而具有了生态艺术性，所以桂林景观自然能被视为一个生态性与艺术性完美结合的典型的生态文本。本书旨在探讨桂林景观这一生态性与艺术性完美结合的典型的生态文本进行生态美育的可能性与现实性。因此，具有生态人文精神的生态哲学、新兴美学理论与

教育生态科学等，为生态美育提供了直接的理论基础。

一、相关学科的生态化发展所提供的理论基础和前提

（一）哲学的生态化发展

现代理性主义哲学下的工业革命在给社会带来高度物质繁荣的同时也引发了严重的自然生态、社会生态和精神生态危机，引起了人们的深刻反思，于是，哲学出现了转向，催生了生态哲学。生态哲学是当生态学的理论和方法“成为了人们认识世界的理论视野与思维方式，具有世界观、道德观和价值观的性质”[①]时的产物。美国后现代理论家大卫·雷·格里芬指出：“现代范式对世界和平带来各种消极后果的第四个特征是它的非生态论的存在观。”[②]并认为建设性的后现代文化是一种“生态时代的精神”[③]。生态哲学的出现使人与自然的关系再度成为哲学的核心，实现了对自然哲学的回归。然而，这种回归不是简单的线性回归，而是螺旋式的上升。古代的自然哲学是一种客体哲学，是人与自然和谐，人依从、依顺于自然，人对自然的关系是依生关系的哲学。在现代哲学思想中，人的主体性得以充分地体认，倡导人战胜和征服自然、人定胜天等，人与自然的关系是对立、斗争的竞生关系。因此，现代哲学是一种主体性哲学。在生态哲学视域下，人与自然不是对立的关系，而是一个紧密相连、相依相生的有机整体，是系统整生的关系。生态哲学倡导人与万物平等，尊重自然万物的生态位，形成尊重自然、敬畏生命的“大地伦理”。在生态哲学的思想中，摒弃了人与自然二元对立的思想，摒弃了“人是万物的尺度”的人类中心主义思想，而是秉承多元一体的系统整生思想，观照人与自然、人与社会、人与自身的和谐发展，因而可以说是一种基于生态整体主义的深生态哲学思想。

深生态哲学理论为美育突破传统的艺术美育核心，由艺术教育拓展到艺术美育、生产实践和日常生活美育的一体化，实现由传统美育到生态美育的转换，并以深生态哲学形成和深化生态美育的内涵与特征，生成生态美育的目标和结构，进而为研究桂林景观生态美育提供了深生态哲学的理论基础和前提。

---

① 佘正荣．生态智慧论 [M]. 北京：中国社会科学出版社，1996：41.
② （美）大卫·雷·格里芬．后现代精神 [M]. 王成兵译．北京：中央编译出版社，1998：224.
③ （美）大卫·雷·格里芬．后现代精神 [M]. 王成兵译．北京：中央编译出版社，1998：81.

（二）新兴美学理论的生发

美学自它成为一门独立的学科之后，赋予了美学系统化的理论形态和完整的体系，提升和发展了其理论品格，但在其发展历程中却也暴露出多方面的不足和缺陷。如古典美学把审美观照的对象局限于纯粹的艺术领域，使它丧失了与人们生动活泼的生活的联系，成了学院派象牙之塔的思维游戏；把审美局限于视觉和听觉两种感官；把审美局限于静观，强调审美的无功利性等。如黑格尔提出“艺术的感性事物只涉及视听两个认识性的感觉，至于嗅觉、味觉和触觉则完全与艺术欣赏无关”①。康德提出“审美是唯一无利害性的自由愉快”②等，使得美学成为一门丧失了对现实生活的观照，丧失了现实维度的、高高在上的超验的和狭隘的学问，使得美学在人类文化领域逐渐被边缘化。这引起了人们的审视和反思，由此催生了生活美学、生态美学、生命美学、环境美学、景观生态美学等新兴美学理论形态。在生活美学理论方面，杜威以实用主义为哲学基础，提出了“艺术即经验”命题，理查德·舒斯特曼则明确提出了“生活即审美”的观点，认为应将“审美经验的价值和愉悦感、我们对美和强化的感受的需要以及将这种强化的经验整合到我们的日常生活之中”③。他们的观点打破了古典美学局限于艺术、远离生活的藩篱，解构了艺术的神圣性，使艺术走下神坛，恢复了艺术与生活的关联性，也恢复了艺术的平民性。在生命美学方面，潘知常教授指出，美学“远远不是一个艺术文化的问题，而是一个审美文化的问题，一个‘生命的自由表现’的问题”④。封孝伦教授提出“人除了肉体的生物生命之外，还有精神生命和社会生命。人是三重生命的统一体”⑤。封孝伦教授认为“美是人的生命追求的精神实现”⑥。揭示了人类生命的审美本性，即人类生命的生态性与审美性的一致性趋向。在生态美学理论方面，曾繁仁教授以马克思的实践存在论哲学为基础，并在吸取西方阿伦·奈斯的“深层生态学”和德国哲学家海德格尔“生态存在论”哲学等的基础上提出了“生态存在论美学”的思想。⑦袁鼎生教授则从生态辩证法出发，将原来提出的“生态审美场”元范畴上升

---

① （德）黑格尔．美学（第1卷）[M]．朱光潜译．北京：商务印书馆，1979：48-49.

② （德）康德．判断力批判（上卷）[M]．宗白华译．北京：商务印书馆，1964：46．

③ （美）理查德·舒斯特曼．生活即审美：审美经验和生活艺术[M]．彭锋等译．北京：北京大学出版社，2007：导言．

④ 潘知常．生命美学论稿——在阐释中理解当代生命美学（“附录”）[M]．郑州：郑州大学出版社，2002：400．

⑤ 封孝伦．人类生命系统中的美学[M]．合肥：安徽教育出版社，1999：89.

⑥ 封孝伦．人类生命系统中的美学[M]．合肥：安徽教育出版社，1999：156.

⑦ 曾繁仁．生态存在论美学论稿[M]．长春：吉林人民出版社，2003：7.

为“美生场”元范畴，提出了整生论美学。整生论美学的“审美生态观，是一种将审美‘活态’化、生命化、生态系统化、超循环化的观点和方法。”① 使审美由此实现了对自然、社会与文化的全覆盖及整生。这是美学研究领域最大范围的拓展与原点回归。在环境美学方面，阿诺德·伯林特认为美学不应该是某个特指的学科，而应“成为普遍存在的学科……是涉及普遍感知的、无所不在的概念”②，并大声呼吁“审美不能脱离整体的社会利益及行为……美学的重要意义存在于一切人类关系、行为中”③，要求美学要重新回到生产、生活实践等生态活动领域，成为参与式美学。艾伦·卡尔松则认为“对自然世界的恰当或正确的欣赏，在根本上是肯定的，否定的审美判断是很少有的或者完全没有”④，主张“自然全美”。他们都突破了传统美学的研究领域的狭隘性，扩展了美学探求的范围。

在美学由古典的艺术美学生发出生活美学、生态美学、环境美学的同时，作为生态科学学科的景观生态学也由生态化研究方向逐渐走向了生态审美化发展方向。德国生物地理学家特罗尔于1939年首先提出“景观生态学”，开始是被定位于自然科学研究领域的，以地理学、生态学等作为其学科基础，后来，随着自然科学间各分支学科的相互渗透，以及自然科学与人文科学的相互融合，使景观生态学的理论体系和研究方法得到深化和拓展。如美国的史蒂文·布拉萨在其代表作《景观美学》中提出了“作为艺术、人工制品和自然物的景观”⑤，并提出了“景观美学的生物法则、文化规则和个人策略三层次构架”⑥，使景观学融生态学与美学理论于一体，促进了景观生态学的审美化发展。在中国，1999年，肖笃宁认为景观生态学应是“综合考虑景观的经济价值、生态价值和美学价值，围绕建造宜人景观这一目标，实现自然科学与人文科学的交叉”⑦ 的学科。陈望衡教授也提出“景观是一个美学范畴……景观是环境美的存在方式，也是环境美的本体”⑧ 的观点等都使景观生态学的生态化与审美进一步结合，促进景观生态学的生态审美化发展。

---

① 袁鼎生．整生论美学 [M]. 北京：商务印书馆，2013：19.

② （美）阿诺德·伯林特. 生活在景观中：走向一种环境美学 [M]. 张敏，周雨译. 长沙：湖南科技出版社，2006：12.

③ （美）阿诺德·伯林特. 生活在景观中：走向一种环境美学 [M]. 张敏，周雨译. 长沙：湖南科技出版社，2006：12-13.

④ Allen Carlson. Aesthetics and Environment :The appreciation of Nature[M]. New York:Routledge, 2000：72.

⑤ （美）史蒂文·布拉萨．景观美学 [M]. 彭峰译．北京：北京大学出版社，2008：13.

⑥ （美）史蒂文·布拉萨．景观美学 [M]. 彭峰译．北京：北京大学出版社，2008：37-151.

⑦ 肖笃宁，李秀珍．当代景观生态学的进展和展望 [J]. 地球科学，1997（4）：356 -364.

⑧ 陈望衡．环境美学 [M]. 武汉：武汉大学出版社，2007：136.

景观学的生态化、审美化发展使景观学具有了进一步走向现实生活的可能性和现实性，使人们在设计、建造或保护景观时，不仅考虑和评估其经济价值，更要考虑和评估其审美价值，也为桂林景观生态美育的可能性、现实性及实施路径提供了理论基础和理论依据。

上述新兴美学的理论和观点为我们明确桂林景观生态美育的目标及目标评价体系，分析桂林景观生态美育的实施对象及实施路径，探讨桂林景观的生态美育效应提供了理论基础和理论前提。如在桂林景观生态美育的目标的确定上，根据新兴美学的理论，就不仅局限于培育审美者特定的艺术审美意识、能力和素养，而是融于人类的一切关系和行为中的审美意识、能力和素养，即于整个生态圈中培育审美者的生态审美素养，并使审美者按照生态美的规律建造一个美好的环境和美好的世界。

（三）教育科学理论的生态化发展

首先，是心理学的生态化发展。心理学成为一门独立学科后，相继出现了机能主义、行为主义、格式塔、精神分析、人本主义、社会建构主义等学派。生态心理学研究取向的出现是20世纪40年代，之后逐步得到发展和深化。生态心理学是在对主流心理学的反思、批判的基础上，基于修正和改造主流心理学理论的机械性及研究方法的“人为性”等缺陷的背景下生发的。它倡导在生态系统内研究人的心理，对人的心理与其存在的环境，包括物质的、社会的、文化的环境之间的关系进行生态的理解，把人的心灵世界看成是由复杂的成分构成的有机整体。如美国哈佛大学发展心理学家霍华德·加德纳虽未提出生态心理学这一概念，但他提出的由“语言”“数理逻辑”“空间”“身体—运动”“音乐”“人际”“内省”“自然探索”“存在”构成的、相对独立但又相互影响、相互作用和相互补充的多元智能理论，是对传统的主要以语言和数学逻辑为主的一元化的智力理论的变革，促进了智力理论和心理学的生态化发展。布朗芬·布伦纳在其《人类发展的生态学》中，则创造性地引入“系统”概念，把人的发展放在一个宏观的、多层次的外部系统中加以考察，把人的心理，特别是儿童的问题行为置于真实环境中研究，并对行为发生的原因进行多元交互的因果解释。这些都促进了心理学研究的生态化发展。20世纪90年代，在生态哲学观的影响下，心理学研究还关注与生态危机相关的人类价值观与行为的改变。同时，它也非常关注自然和自然景观对人心理及发展的影响，认为不仅人类的心理世界塑造着自然世界，自然世界也塑造着人类的心理世界；认为自然具有对人的发展、人的疾病治疗、人的精神需要的满足和人的自我满足等心理价值。

其次，是教育学的生态化发展。教育学成为一门独立学科后，虽然出现了许多不同流派，但在这些流派中，都不难看出其科学主义的倾向和主客二元对立的思维模式。在主客二分思维方式的影响下，在现代科学世界观的视野下，教育学家们往往是抽离鲜活、生动的现实生活这个生态系统，以一种抽象、思辨的演绎归纳来建构庞大的理论体系。“这样的教育学理论是靠机械还原的‘主客体相互建构’话语系统中得出的，也是在主客二元对立的‘改造’实践中被应用到教育过程中的，它完全将理论与实践范畴对立起来，将教育学工作者的理论与教师、学生的日常教育生活实践分离开来。”[①] 在此背景下，20 世纪 60 年代产生了理论形态的教育生态学。教育生态学持整体有机论世界观，以生态学的原理来研究教育，以整体生态系统来看待教育的各个因素及其关系。如以有机、整体、关联等原理来看待教育教学中的师生关系，就不会出现要么忽视学生生态位的“教师中心论”，要么忽视教师生态位的“儿童（学生）中心论”，而是要建立基于民主、平等、交往对话的和谐共生的生态型师生关系。1976 年，美国学者劳伦斯·克雷明正式提出了“教育生态学”概念，并对如何“面向教育生态”进行专门探讨。此后，教育生态研究进入了繁荣时期。国际教育协会主席胡森高度评价由过去“注意力集中在个别儿童及其经历和学校成绩上，而现在则已转向研究构成儿童成长的教育环境的一系列因素”[②] 的教育生态学的研究思路。1998 年，中国的吴鼎福等出版的《教育生态学》也较为系统地探讨了教育的生态环境与功能、生态基本原理与规律、生态的检测与评估等问题。鲁洁主编的《教育社会学》也列出专章“生态环境与教育”，并指出研究生态环境对教育的影响是教育生态学的一个方向。[③] 2000 年，范国睿的《教育生态学》中力图从文化、人口、资源、学校、环境、课堂等方面考察环境对教育、学校和人的发展的影响。

教育生态学把教育视为一个有机的、复杂的、统一的整体系统，运用生态学的原理和方法，特别是整体性、关联性、平衡性、共生性等原理与机制，探讨教育生态的特征和功能及其演化和发展基本规律，研究探讨系统内部诸结构及其与周围环境的有机联系，这为本书探索生态美育在学校教育、大自然、生

① 李文阁．回归现实生活世界 [M]．北京：中国社会科学出版社，2002：76.
② 转引自范国睿．教育生态学 [M]．北京：人民教育出版社，2000：15.
③ 鲁洁，吴康宁．教育社会学 [M]．北京：人民教育出版社，1990：286-287.

产实践和日常生活等生态活动系统中的实施提供了理论视角和基础。

二、生态美育的现实社会背景

（一）生态文明建设、美丽中国建设的现实需要

人类经历了采集狩猎文明、农业文明、工业文明，如今又进入了崭新的生态文明时代。人类于工业文明引发了诸如水土流失、大气污染、土地荒漠化、生物濒危等自然生态危机，同时也引发了使人类的精神世界发生扭曲，失去对他人、生活和世界的信任的社会生态和精神生态危机。生态文明就是对这一困境的反思与超越。生态文明是“一种以人与自然、人与人、人与社会的和谐共生、良性循环、全面发展、持续繁荣为基本宗旨的文化伦理形态”[①]。我国自实行改革开放政策以来，经济发展取得了西方近200年的成果，但在经济快速发展的过程中，也遭遇了生态环境恶化，社会生态和人的精神生态滑坡等状况。我国自2007年在党的十七大报告中首次提出生态文明建设后，又于2012年，在党十八大报告中论述了生态文明建设，明确把生态文明建设纳入中国特色社会主义“五位一体”的总体布局中，融入经济建设、政治建设、文化建设、社会建设的各个方面和全过程，提出了“美丽中国”的建设目标。2017年党的十九大报告，明确提出新时代我国社会主要矛盾是人民日益增长的美好生活需要和不平衡不充分的发展之间的矛盾，提出新时代我国的奋斗目标是建设富强民主文明和谐美丽的社会主义现代化强国。[②]生态美育作为一种促进生态审美者和生态审美世界整生的教育活动，内在地包含于生态文明建设、美丽中国建设中。不断满足人民对美好生活的需要，促进人的全面发展，促进人们的审美化生存，不断推进生态文明建设、美丽中国建设，是新时代生态美育的职责和使命。

（二）推进素质教育的需要

从孔子的“兴于诗，立于礼，成于乐”（《论语·泰伯》）到荀子的“美善相乐”《荀子·乐论》，到蔡元培提出把美育列入教育方针，提出“以美育代宗教”[③]，

---

① 姬振海．生态文明论 [M]. 北京：人民出版社，2007：2.

② 习近平．决胜全面建成小康社会 夺取新时代中国特色社会主义伟大胜利——在中国共产党第十九次全国代表大会上的报告（2017年10月18日）[N].2018-10-28（1-5）.

③ 蔡元培．以美育代宗教说 [A]// 蔡元培美学文选 [C]. 北京：北京大学出版社，1983：68.

再到当代，我国的教育方针和教育目的提出培养德智体美全面发展的人，都体现了美育在教育中的重要地位及其他教育活动替代不了的独特作用，特别是在培养创新性人才、塑造完整的精神人格、促进人性的完善方面意义重大，因为“人类的思维方式可概括地分为抽象逻辑思维和形象思维两大类，抽象逻辑思维是正确思维的基础；形象思维则是开放的思维，是想象，是直觉，是灵感，是思维原创性的主要源泉”①。现代脑科学研究表明，逻辑思维同左脑有关，它的开发，主要靠智育，而想象、直觉等形象思维则主要同右脑有关，对于右脑的开发，则主要靠培养人的直觉、想象等形象思维方面起着重要作用的美育。同时，美育在促进人性的完善方面有着不可替代的作用。席勒曾指出美育的目的在于“培养我们感性和精神力量的整体达到尽可能和谐”②。缺少美的感染与陶冶，人的心灵就会片面、乏味，缺少灵性，失去光彩，甚至走向精神的荒漠化。因此，美育在教育体系中有它独特的地位和作用，它与德育、体育和智育共同构成教育的有机整体，是教育中必不可少的一部分，而且美育与德育、体育和智育是相互作用、相生互长的。我国于 1999 年颁布的《中共中央国务院关于深化教育改革，全面推进素质教育的决定》明确指出：“实施素质教育，必须把德育、智育、体育、美育等有机地统一在教育活动的各个环节中……美育不仅能陶冶情操、提高素养，而且有助力于开发智力，对于促进学生全面发展具有不可替代的作用。要尽快改变学校美育工作薄弱的状况，将美育融入学校教育全过程。”③这是我国政府和教育部门对自 20 世纪 70 年代末 80 年代初我国恢复高考以后，在取得较辉煌的教育成就的同时存在着片面追求升学率的应试教育倾向及忽视美育倾向的纠正。自此，美育正式成为素质教育的有机组成部分，与德育、智育、体育并列其中。美育还成为我国矫正片面追求升学率，矫正应试教育、推进素质教育的重要方式和途径，如近年涌现出的一些教育教学模式及方法理论建构，如愉快教育、和谐教育、情境教学、诗意教学等，尽管名称不同，具体实施方式不同，但是都是以“审美”要素为引领的。我国自 2001 年起实施的新课程改革实施纲要中也指出：“新课程要重视不同课程领域，特别是艺术等对学生发展的独特价值。淡化学科界限，强调学科间的联系与综合。”④正如赫尔伯特·里德指出的：“美育不仅成为当今教育中的重要组成部分，而且

---

① 杨叔子. 现代高等教育：绿色·科学·人文 [J]. 高等教育研究，2002（1）：39-41.

② （德）席勒. 美育书简 [M]. 徐恒醇译 . 北京：中国文联出版公司，1984：108.

③ 教育部 . 中共中央国务院关于深化教育改革，全面推进素质教育的决定 [EB/OL].http://www.edu.cn/zong_he_870/20100719/t20100719_497966.shtml.

④ 朱慕菊 . 走进新课程：与课程实施者对话 [M]. 北京：北京师范大学出版社，2002：21.

大有成为整个教育的基础和整个教育改革的突破口。”① 美育和审美由此成为促进各门学科教师教学改革，提升教育质量的最佳切入点和生长点。2014 年 1 月 10 日教育部颁布的《教育部关于推进学校艺术教育发展的若干意见》（教体艺〔2014〕1 号），明确规定 2015 年开始对中小学校和中等职业学校进行艺术素质测评。艺术素质测评纳入学生综合素质评价体系以及教育现代化和教育质量评估体系，并将测评结果记入学生成长档案，作为综合评价学生发展状况的内容之一，以及学生中考和高考录取的参考依据。②2015 年 9 月，国务院办公厅印发了《国务院办公厅关于全面加强和改进学校美育工作的意见》（国办发〔2015〕71 号），这是我国第一个专门就美育工作下发的指导文件，说明国家、政府和教育部门已充分意识到美育的重要性，文件要求“2015 年起全面加强和改进学校美育工作……到 2020 年，初步形成大中小幼美育相互衔接、课堂教学和课外活动相互结合、普及教育与专业教育相互促进、学校美育和社会家庭美育相互联系的具有中国特色的现代化美育体系……加强美育综合改革，统筹学校美育发展，促进德智体美有机融合。整合各类美育资源，促进学校与社会互动互联，齐抓共管、开放合作，形成全社会关心支持美育发展和学生全面成长的氛围”③。文件中虽然没有提出生态美育的概念，但论述中的“大中小幼衔接”、课内外结合、家庭学校社会相结合等全程全域要求已包含着生态美育的内涵。

（三）美育转型的需要

美育作为教育的一部分，是随着人类历史的发展而不断变化，并在发展变化中不断丰富着其内涵和意义，进行着范式的转变和螺旋式的发展。范式理论是库恩于 1962 年，在他的著作《科学革命的结构》中提出的，库恩认为“一方面，范式代表着某一科学共同体的成员所共同分享的信念、价值、技术以及诸如此类东西的集合；另一方面，范式又是指集合中的一种特殊要素——作为模型或范例的具体解决问题的方法”④。在库恩看来，范式更多地表现为一种模型或模式，即科学共同体在定律、理论以及方法论层面上的“一致意见”，即范式是当某一形态的科学在一定的发展阶段，所形成一定的公认的由若干概念、定

① 转引自郭成，赵伶俐．美育心理学——让教与学充满美感和生机 [M]. 北京：警官教育出版社，1998：49.

② 教育部．教育部关于推进学校艺术教育发展的若干意见 [Z].2014-01-10.

③ 中华人民共和国中央人民政府网．国务院办公厅关于全面加强和改进学校美育工作的意见 [EB/OL]. http://www.gov.cn/zhengce/content/2015-09/28/content_10196.htm.

④ T. S.Kuhn.The Structure of Scientific Revolution[M].Chicago：University of Chicago Press,1962：175.

律构成的较完备的理论体系。该理论体系在后来的发展过程中会逐渐暴露出难以避免的局限性并最终被新的理论体系所代替，于是，科学就发生新一轮的“范式转换”。每一轮范式的转换都是对原有范式的一次芳林新叶催陈叶般的超越过程。科学发展的这种整体范式更新具有普遍意义，美育在其历史发展中，依次经历了依生美育、竞生美育、共生美育与整生美育四大范式，其理论体系在不同阶段也呈现出不同的结构模式以及整体变更的态势。

依生美育包括原始社会的生存性依生美育和古代社会伦理性依生美育。依生美育与古代的客体本体论哲学相关联。由于原始和古代社会生产力水平的低下，主体性哲学尚没有出现，自然于人类而言是神秘的、强大的，人类依生于、依存于自然客体，客体性支配着人们的哲学思维。生存性依生美育主要是表现为生存性活动或伦理性活动处于主导或主体地位，美育处于客体地位，人类的审美活动、美育活动服务于生产、生活等生存性活动以及社会伦理活动的目的。原始社会时期，原始先民的教育活动和艺术审美活动都没有形成独立的活动形态，都是与生产实践和日常生活活动融合在一起的。如先民傍晚狩猎归来，往往会燃起一堆篝火，边吃着烤熟的猎物，边跳起狩猎舞，狩猎舞的主要内容是狩猎场面的再现、总结和演习，目的是以艺术化的方式向年轻一辈传授狩猎经验，以便提高狩猎效率。这是美育活动与原始先民的生产实践活动与日常生活和认知活动的统一，是美育依存于、服务于生产生活等功利活动的表现，因而这一时期的美育具有生存性依生美育的特征。到了古代社会阶段，艺术也从生产活动中独立出来，使艺术的质和量都得到了提高和发展。在这个时期，还产生了专门的学校教育，有了专门的教学人员。因而，美育也从生产实践和日常生活中分离了出来。较之原始社会，美育的质和量都得到了提高。但古代社会阶段的美育主要是为了国家与社会的稳定与发展的，因而又体现出依附于伦理道德教育的特征，即伦理性依生美育的特征。体现在哲学上，美育是作为衍生物依从、依存和依同于伦理道德的，形成的是依生的生态关系与生态规律。如孔子认为《韶乐》是尽美尽善的，《武乐》是尽美不尽善，①从中可见孔子要求艺术教育必须为培养有德行的“仁人”服务。古希腊的柏拉图也强调艺术教育的出发点应该是“对于国家和人生都有效用”，并对音乐的美育作用特别青睐，认为“音乐教育比其他教育都重要得多……节奏与乐调有最强烈的力量浸入心灵的最深处”②。这都是美育依生于伦理道德教育的表现。

① 论语 [M]. 郭竹平注译，丁乐配画. 北京：中国社会科学出版社，2003：88.
② （古希腊）柏拉图. 文艺对话集 [M]. 朱光潜译. 北京：人民文学出版社，1963：275.

到了近代，美育进入了竞生美育阶段。竞生美育是取得相对独立地位的美育。到了近代社会，哲学从客体哲学走向了主体性哲学，主体性哲学的核心是主体性，强调人的主动性、积极性和创造性，强调竞争、对抗和征服。主体性哲学理念下的美育在于其他生态活动，在与德育、智育的对立、斗争中获得了生态主位，并形成了竞生的生态关系与规律。获得独立地位的美育，其内容主要为艺术美育，如黑格尔所说："实际上艺术是各民族最早的老师。"①席勒则在《美育书简》中开篇第一句话即提出"请您允许我在这一本书中把我对于美和艺术进行探讨的成果奉献给您"②。蔡元培说："我们提倡美育，便是使人类能在音乐、雕刻、图画、文学里又找见他们遗失了的情感。"③可见，他们都把艺术看成是美育的主要内容。这一阶段，由于社会经济文化发展的局限，教育和文化尚未发展到大众化阶段，艺术更多的属于贵族的奢侈品，具有"贵族化"特征，因而美育具有精英美育的特征。同时，由于过于突出或以艺术教育为中心甚至唯一，这一时期的美育忽略了其他形式和内容，因而形成形而上学的孤立、片面性的美育路径。

到了现代社会，主体性哲学逐步发展走向了主体间性哲学。这是由于主体性哲学是主客二元对立的哲学，存在着对人的主体性的片面张扬而导致了人类中心主义，如过于强调人对自然的征服导致了对自然资源的无节制的耗竭和严重的空气污染等自然生态危机，把社会和他人当作利益关系中的客体和对象，由此导致社会生态、人的精神生态危机。主体间性哲学扬弃了主体性哲学的单分子的个体主体，坚持人与人、人与类之间相互尊重、互为主体。这是对主体性哲学的主客二元对立关系的超越与革新，使哲学向关注主客关系相依相存的交互主体哲学迈进。正如大卫·雷·格里芬指出的"我们中的每一个人都被看作一个'你'，而不仅仅是一个'它'，因为我们每个人都是主体，而不仅仅是客体"④。主体间性哲学视野下的美育与德育、智育等的关系，也由过去的竞争、对立关系（如非良性竞生关系下的应试教育就是智育在竞争中挤占和抢夺美育与德育的生态位的表现，在美育工作内部，则体现为只重视艺术知识、技能训练而忽视审美鉴赏能力和素养的培养的应试教育倾向）日益显示出走向保持各自独立性下的互动与融合的共生关系。同时，随着经济文化和科学技术的快速发展，教育得到迅速发展和普及，并由过去的精英教育向教育大众化、终身化

① （德）黑格尔．美学（第1卷）[M]．朱光潜译．北京：商务印书馆，1979：60.
② （德）席勒．美育书简 [M]．徐恒醇译．北京：中国文联出版公司，1984：35.
③ 蔡元培，高平叔．蔡元培全集（第5卷）[C]．北京：中华书局，1984：1.
④ （美）大卫·雷·格里芬．后现代精神 [M]．王成兵译．北京：中央编译出版社，1998：218.

和民主化迈进，教育与生产劳动、日常生活的联系也越来越紧密，这使美育也致力于实现审美经验与日常经验的转化与融合，使美育向生存性美育复归，使美育也融入德育与智育中，与德育、智育的关系由竞生关系转向共生关系。如苏联教育家苏霍姆林斯基认为“假如在学习与劳动旁边，跟它们一起走的不是美——第三种最重要的教育成分，那么学习也好，劳动也好，都会行而不远”①。非常强调美育与人的所有学习活动，与生产劳动的结合。杜威则提出了“艺术即经验”的重要命题，认为有机体与环境之间的相互作用形成的经验是人类审美经验的源泉，提出要“把经验当作艺术，而把艺术当作是不断地导向所完成和所享受的意义的自然的过程和自然的材料”②。杜威的“艺术即经验”理论，打破了艺术与生活的界线和阻隔，实现了日常生活走向艺术与艺术走向生活的双向良性互动，为人们实现“艺术生活化、生态化”及审美化生存奠定了理论基础。法兰克福学派的赫伯特·马尔库塞基于消费异化和改造“单向度”人的需要，提出审美教育介入人们的生活和消费活动中，等等。这些都促进了美育向生存性的共生性美育的复归。美育的这种复归是对其前几个发展形态的综合发展和辩证统一。一是它承继和发展了原始生存性美育与生产实践和日常生活相结合特征、伦理性依生性美育的美善相生特征、竞生性美育的美育独立地位的特征。二是它对于其前几个发展形态的超越，即在坚持美育独立地位的同时，使美育与德育、智育，美育活动与其他生态活动互为主体，具有相互平等的地位，既相互依存又相互竞争，使各部分相生互发，耦合对生并进，并在耦合并进中共生新的质，从而实现了美育前几个发展形态的综合和辩证统一。

到了当代，人类进入生态文明社会，工业文明所带来的对自然资源的过度开发导致自然资源的枯竭、大气污染和温室效应等严重破坏了人与自然关系的和谐，造成全球性自然生态、社会生态和精神生态危机。人们基于对此的反思，催生了生态哲学。生态哲学以人与自然、人与社会、人与人的生态和谐为主旨，倡导以生态整体主义代替人类中心主义。生态哲学也呼唤和催生了致力于改善和美化人生和世界的生态美育。由此，生态文明背景下的美育发展到整生性生态美育形态，即美育作为生态系统整体的有机部分，与人类的生产、生活、伦理道德生活等紧密联系，构成有机整体，并在与生态系统的其他部分的相互作用、相互制约中系统生存、系统生成、系统生长，显现真、善、美、益、宜价值中和整生的格局。由此，美育就实现了向整生性生态美育的转型。整生

① （苏）苏霍姆林斯基．教育的艺术 [M]. 肖勇译．长沙：湖南教育出版社，1983：150.
② （德）席勒．美育书简 [M]. 徐恒醇译．北京：中国文联出版公司，1984：228.

性生态美育是系统生成的美育，它既不是客体向主体生成的美育，也不是主体向客体生成的美育，而是主客体共生、整生的美育。在美育的一系列理论问题上，它强调主客体对应的共生与整生，如美育的目标是生态审美者与生态审美世界的共生与整生。在美育的价值和功能上重视真、善、美、益、宜的生态中和——整生功能。在美育的途径上重视以人为主的家庭美育、学校美育和社会美育，与景观美育、环境美育的整生功能。整生性生态美育是从共生性生态美育发展而来，整生是共生方法的发展，它强调系统内各种事物各安其位、各得其所、网络关联和系统整生。整生性生态美育承接了生存性生态美育与生产生活实践紧密结合、依生性美育的美善相生、竞生性美育的保持美育相对独立性等特点，同时它又突破和超越了生存性生态美育中美育丧失自身独特性、依生性美育的依附性、竞生性美育的精英美育和单一的艺术美育等局限。因而，它是对之前各形态美育的生态中和，即在对之前各形态美育优良质的吸纳、对其局限性的扬弃中超循环地整体生成“似又不似”的新质。因此，整生性生态美育不是简单的线性的对生存性生态美育的“回归”，而是超越性的非线性的回归。在非线性的回归中，有对之前美育形态的内容和形式的承续，也有对之前美育形态内容和形式的摒弃和创新，形成超越，是对之前美育的中和性的再造，是动态中和，非线性生长。

三、研究目的、方法与意义

（一）研究目的

本书研究的目的是在分析桂林景观生态美育场的本质、特点、结构的基础上，探讨桂林景观这一具有悠久历史、生态性与艺术性完美结合的典型景观生态文本，进行景观生态美育的可能性与现实性、实现路径与策略，实现桂林景观生态的“真、善、美、益、宜”诸种价值生态中和整生的美育机制。即研究探讨桂林景观生态如何使桂林及世界人民受到生态审美化教育，成为美生者，也成为显美者和造美者，同时使桂林和世界变得更加美丽，从而达成审美人生与审美世界整生的目的。

（二）研究方法

本书既运用传统的文献法，也运用生态美学的整生论生态辩证法，并把社会学的研究方法——田野调查法借鉴过来加以运用，使研究既有以材料为基础的、科学的想象和假设，严谨而坚实的论证，又充满艺术的诗意和审美。

1. 文献法

通过查阅文献，广泛收集和了解生态美育、景观生态美育、桂林景观生态及桂林景观生态美育等方面的研究现状，获得历史性的资料。了解本书已有的研究基础及未来发展态势，特别是对桂林景观场域历史上的政治、经济、文化等情况进行全面把握。在此基础上，形成本书的研究思路和方法。同时，进行文献查阅研究与应用工作时，应注意避免出现布鲁斯·特里格尔所说的“不考虑当时的情境就引经据典，也没有对文献记录者的偏见或能力进行评估，结果是，使用资料时既傲慢自大又显得天真幼稚”① 的情况，要特别注意所查阅的历史文献所产生时期的社会、政治和文化情境。

2. 田野调查法

运用参与的方式对桂林景观的整个场域进行深入的体验，运用身心的各种感知对桂林景观场域进行融合式的感受，以获得对桂林景观最直接、最真切的体会。运用深度访谈的方式，从桂林景观场域中桂林市旅游发展委员会、桂林市文化新闻出版广电局等政府相关部门以及本土居民的视角对景观区域中的科学认知活动、精神文化活动、物质生产活动、纯粹艺术活动、日常生活等生态活动进行了解，以获得最真实的参考材料。要走进桂林景观生态美育研究的“田野”，不仅需要走进自然景观，还要走进人文景观，走进不同的村寨，并以多学科的知识视野，走进不同的“田野”，梳理不同景观的生态性与审美性以及生态美育脉络。通过这样的实地调查，了解和掌握景观区域位置分布、景观类型及分布，如对摩崖石刻、碑刻等的调查分析，以获取第一手且具有历史性价值的材料。

3. 生态辩证法

在文献法和田野调查法的基础上，本书运用理论分析法对文献材料及田野调查材料进行分析、整理、概括和提升。理论分析法中主要是运用生态辩证法。生态辩证法是由马克思主义辩证法与生态方法结合生成的。“生态形态的辩证思

---

① Caroline B. Brettell, “Fieldwork in the Archives: Methods and Sources in Historical Anthropology” ,in Handbook of Methods in Cultural Anthropology, by H.Russell Bernard edited,Alta Mira Press,1998：515.

维，是辩证思维发展到现代的最高形态。”[①] 整生方法是生态辩证法中最根本和最高层次的方法。“生态辩证法强调整体与部分的辩证关系，特别是整体对部分的重要作用。”[②] 马克思曾说：“个人的力量是很小的，但是把这些微小的力量结合起来，就会得到一个总力，比一些部分力量的总和更大。”[③] 整生方法“揭示了世界最普遍、最深刻、最全面、最系统的生态联系，形成了最高的生态规律”[④]。本书主要运用整生论方法进行理论分析，把桂林生态景观作为一个经典文本进行描述、阐释与评价，推导出其具有生态美育的“真、善、美、益、宜”中和整生性美育机制，并提出相应的实施路径、模式与方法，从而为生态美育理论的发展提供一定的启示，为推进当代生态文明的建设、推进素质教育提供思想支持与经验借鉴。

（三）研究意义

（1）有利于生态美育理论、景观生态美育理论的丰富和发展。本书力求在研究探讨生态美育、景观生态美育的概念、内涵及特征的基础上，探讨桂林景观生态美育场的本质、特点、结构，探讨桂林景观生态美育的可能性与现实性，实施路径与方法，以期实现以桂林生态景观使审美主体受到审美化育，成为美生者，并创造美生世界的目的。这就为人们研究和探讨生态美育，特别是景观生态美育提供一个新的视角和借鉴。

（2）有利于反思当今美育及景观美育的理论和实践。与传统的无功利美学理论相对应，传统美育主要是艺术教育，美育的理想是试图走一条将审美与认识、道德区分开，与大众的日常物质生活、与现实社会相分离的无功利的审美培育道路，期待人们能在审美的王国里净化情感，陶冶性情，形成高尚、自由而完美的人格。可是这种美育理想最终因远离生活，远离实际而变得虚幻，使美育的使命变成一种乌托邦式的愿景。中国现当代的美育理论和实践也都受这种无功利的审美、美育观的影响，由此使人们觉得审美、艺术和他们的世俗生活是有距离的，甚至是可有可无的，美育只是满足求知需要之后的闲暇教育。这就要求我们反思美育的过去与现在，把审美和美育从最初纯粹的、非功利的、超俗的、单一的艺术教育变成多元的、实利的、有用的、日常的、流行的，即

① 张尚仁．论辩证思维的发展及其现代形态 [J]. 华南师范大学学报（社会科学版），1996（1）：27-31.

② 赵士发．论生态辩证法与多元现代性——关于生态、文明与马克思主义生态观的思考 [J]. 马克思主义研究，2011（6）：181-192.

③ （德）马克思．资本论（第 1 卷）[M]. 郭大力，王亚南译．北京：人民出版社，1953：348.

④ 袁鼎生．整生：生态美学研究方法论 [J]. 思想战线，2005（4）：77-83.

真、善、美、益、宜的统一。2016年12月2日教育部下发了《教育部等11部门关于推进中小学生研学旅行的意见》（教基一〔2016〕8号），提出让广大中小学生在研学旅行中感受祖国大好河山，感受中华传统美德，感受革命光荣历史，感受改革开放伟大成就……向家长宣传研学旅行的重要意义，向学生宣传“读万卷书、行万里路”的重大作用。[①]这就突出和强调了景观生态美育的地位和作用。这些，都要求我们反思过去及现今的美育理论与实践，反思那些认为在教育教学活动中，美育可有可无的对美育和景观生态美育的忽视、漠视和歧视的思想和行为，构建生态美育、景观生态美育的新篇章。

（3）有利于推进全民生态审美素养的提升和美丽中国的建设。当今社会已进入生态文明时代，在生态文明建设中，审美是关键因素之一，美育不是逻辑说教，不是教人某项技艺，而是对人的情感、精神和人格的陶冶，是人的生态审美观的塑造，是美生人类和美生世界的创造。生态美育也不是对传统美育的简单否定，而是对它的修正、扬弃与超越。审美是无形的，又是无所不在的。因而生态美育是对生态文明建设和发展的呼应，它有助于深化人类对生态问题和美育问题的认识，拓展美育研究的领域，对转换美育理论范式，促进生态文明建设、美丽中国建设都具有重要意义。

第二节　桂林景观生态美育研究综述

一、生态美育的研究现状

（一）国内外学者关于生态美育的思想指向

生态美育的实践和思想古已有之，但是生态美育的提出却是一个相对较晚出现的概念。原始社会教育中的美育是与原始先民的生活、认知、实践活动融合在一起的，原始生存性美育可以说是生态美育的“原型”。如先民的狩猎舞，其目的就是为了用舞蹈这种原始艺术形式，进行狩猎的演习和总结，并向未成

① 中华人民共和国教育部.关于推进中小学生研学旅行的意见[EB/OL].http://www.moe.gov.cn/jyb_xwfb/gzdt_gzdt/s5987/201612/t20161219_292360.html.

年的后辈传授狩猎经验，探求狩猎规律，以提高狩猎效率，这是审美及审美教育活动与原始先民的生活、认知、生产实践活动的统一，即审美教育与生态活动的合一。

到了古代社会，由于社会生产力的发展，艺术获得了相对独立的地位，并且由于古时学校教育的产生，以艺术教育为中心的美育相应地与生产实践和日常生活相分离，并具有鲜明的从属于道德伦理的依附性特征。但是一些有远见的思想家仍提出了包含生态美育旨向的思想。如柏拉图特别强调以优美的大自然来教育熏陶人，使人“不知不觉地从小就培养起对于美的爱好，并且培养融美于心灵的习惯”[①]。中国的老子提出：“人法地，地法天，天法道，道法自然。”（《道德经·道经》第二十五章）倡导人应遵循自然之“道”，与自然和谐相生。孔子的教育和美育思想中也包含着多方面的生态美育的思想指向。如孔子提出的“兴于诗，立于礼，成于乐”（《论语·泰伯》）就包含着“诗教”伴随人生成长全程的终身生态美育指向。孔子关于的诗的“兴观群怨”功能的论述则指出了“诗教”的全面性与综合性美育功能，即可以贯穿和渗透于人们的认知、人际、政治以及生产生活等各个领域，具有真、善、美、益、宜的价值同构作用。孔子还曾对颜回能面对“箪食、瓢饮、在陋巷”等艰苦生境仍然保持平常而快乐心情的称赞，以及回应“吾与点也！”（《论语·先进》之《侍坐》篇）等，都表明孔子赞同淡泊、自然的审美化人生，包含着自我生态美育的思想指向。

近现代社会，随着机器代替人力生产方式的出现，人类社会由农业文明进入了工业文明，由于科学技术水平的迅猛发展，在提高物质生活水平的同时，也导致了泛科学主义，使科学技术变成了一种工具理性，导致了拜物主义，人的物化、人性的分裂等严重后果。德国美学家席勒在1795年撰写出版的人类历史上第一部美育专著《美育书简》中首次提出“美育”概念，认为美育是使人感性与理性和谐，实现人格的完整性，走向自由的唯一途径，这包含着促进人自身生态和谐的生态美育理念。席勒在书中还提出审美和美育不是与物质生活割裂，而是与物质之益、生活之宜是相互关联的思想，提出应该使人“从一般的现实达到审美的现实，从单纯的生命感达到美感”[②]。即通过美育来把美与生活辩证地统合起来，以提升生活品质，提升生命质量。

到了20世纪，美国教育家杜威提出“艺术即经验”的重要命题，反对古典美学把美和审美与生活相隔离，主张日常经验向审美经验转化，让生活走向

① （古希腊）柏拉图．文艺对话集[M]．朱光潜译．北京：人民文学出版社，1980：62.
② （德）席勒．美育书简[M]．徐恒醇译．北京：中国文联出版公司，1984：132.

审美，倡导生活审美化。他的这一思想中也包含着了让美育突破艺术中心的藩篱走向生活的生态美育思想。苏联教育家苏霍姆林斯基也强调人的学习、劳动必须要有美育随行，否则就会使人行而不远迷失方向，[①]强调美育要贯穿教育全程、人的学习、劳动等生态活动全程。法兰克福学派的赫伯特·马尔库塞则提出了要以审美救治由于社会消费异化造成“单向度”的人的思想，因为“只有在美的享受中，才能摆脱既有社会对于身心的束缚，才能够完全处于解放的自由之中”[②]。

（二）生态美育概念及理论的提出

当代社会，随着知识经济时代的到来，教育大众化、美育大众化的步伐加快，终身学习、终身教育理念深入人心，促使美育由阶段性美育向着终生美育转变。同时，由于科学技术和生产力的飞快发展虽然给人类带来了巨大的物质财富和前所未有的繁荣，但也导致了自然资源的枯竭和对自然环境的严重污染，严重破坏了人与自然和谐的关系，造成全球性自然生态危机，以及社会生态和精神生态危机。针对这样的现状，国内外学者们提出了生态美学和生态美育的主张。例如，俄罗斯的H. B. 曼科夫斯卡娅认为“生态审美教育是审美教育中的一个领域，其主要目的在于实现人和自然关系的审美的和伦理的标准，任务是使人们学会感知、评价、选择自然中的审美客体，并认识到它们在包括艺术、环境、劳动、社会关系在内的整个审美天地里的位置和作用”[③]。我国学者滕守尧提出了“不同艺术门类交叉融合、多种学科之间生态组合，教师与学生、学生与学生、学校与社会、经典作品与学生、作品体现的生活与学生的日常生活之间等多方面、多层次的互生和互补关系的生态式艺术教育理念”[④]。这其中包含着审美教育内容、师生关系以及家庭美育、社会美育与学校美育的生态关联，是在对传统单一的艺术美育以及美育中非生态元素的反思中向生态美育跨出的一大步。陈国雄认为：“生态美育在古代有其原始形态，是一种直接关注人的存在状态，体现对人的生命的现实关注和终极关怀的特殊的感性教育，是消解‘人类中心主义’，把世界看作一个完整的生态系统和人与自然的和谐组合，是一种致力于人格完善的美育。”[⑤]丁永祥教授认为“生态美育，就是以生态原则为基

① （苏）苏霍姆林斯基．教育的艺术 [M]. 肖勇译．长沙：湖南教育出版社，1983：150.
② （德）赫伯特·马尔库塞．单向度的人 [M]. 刘继译．上海：上海译文出版社，1989：6.
③ （俄）H.B. 曼科夫斯卡娅，由之．国外生态美学（下）[J]. 国外社会科学，1992（11）：23-26.
④ 滕守尧．生态式艺术教育与人的可持续性发展 [J]. 民族艺术，2001（1）：45-50.
⑤ 陈国雄．论生态美学的美育 [J]. 云梦学刊，2002（6）：57-59.

础，把生态原则提升为审美原则的教育。它是生态学、美学、教育学的有机结合，是重在进行生态观、生态审美观、生存观的教育"[①]。他强调生态美育是基于生态观之上的存在观的教育，是在存在论的高度上探究人与自然、人与社会、人与自身存在关系的最佳模式，目的是提升人的生存境界，实现人的"诗意栖居"。这一界定超越了传统美育艺术中心的立场。曾繁仁教授认为，生态审美教育"是用生态美学的观念教育广大人民、特别是青少年一代，使他们学会以审美的态度对待自然、关爱生命、保护地球；它是生态美学的重要组成部分"[②]。这一界定，主要强调了人与自然的生态审美关系，强调人类要审美地对待自然。2003年袁鼎生教授在其著作《审美生态学》中把生态美育界定为"是审美场对主体审美素质和客体生态审美蕴涵的对应性、匹配性培养与化育"[③]。2013年袁教授在《整生论美学》中对生态美育作了进一步阐释，认为生态美育的"全部意义是生态审美培育，即培育美生人类和美生世界，培育自然美生场"[④]。袁教授把人和世界作为一个有机整体来看待，因而既强调了人的诗意栖居，即美生人类的培育，也强调了美生世界的创造。

综上，在过去的历史中，虽然生态美育概念的提出时间不长，但在美育历史上，不论是在中国还是西方的教育家、美育家的思想中，都包含着丰富的生态美育思想指向。因此，生态美育的提出既是中西方历史生态美育思想资源的承继，更是当代生态文明建设的需求与呼唤，是中国美育在当代的主要发展形态。

二、景观生态美育的研究现状

（一）国内外学者关于景观生态美育的思想资源

在中国和西方的古代，与"生态美育"一样，虽然没有"景观生态美育"这一概念，但是景观生态美育的思想与实践古已有之。老子说："上善若水，水善利万物而不争。"（《道德经·道经》第八章）指出了水与万物和谐共生的品性及其对人的人格和精神的陶养作用。庄子则说"天地有大美而不言"，并以"原天地之美，而达万物之理"（《庄子·知北游》）表达了追求人与宇宙自然融合的愿望，开阔了人的精神自由活动的领域。孔子的"仁者乐山，智者乐水"（《论

① 丁永祥. 生态美育与"生态人"的造就 [J]. 河南师范大学学报（哲学社会科学版），2004（3）：172-175.
② 曾繁仁. 生态美学导论 [M]. 北京：商务印书馆，2010：362-363.
③ 袁鼎生. 审美生态学 [M]. 北京：中国大百科全书出版社，2002：334.
④ 袁鼎生. 整生论美学 [M]. 北京：商务印书馆，2013：322.

语·雍也》)、“岁寒然后知松柏之后凋也”(《论语·子罕第九》)等则是用“比德”法，把自然山水景观跟人的品德关联起来，把景观审美与道德教化相联系，美善相乐，要求审美主体在自然审美中既要有审美享受，又要使品格和心灵得到净化和升华。郭熙则在《林泉高致》中指出“丘园养素”，即强调了自然景观对人的精神和人格的养成意义。宗炳在《画山水序》中提出山水具有“畅神”的作用，东晋画家王微在《叙画》中也以“望秋云神飞扬，临春风思浩荡”表达了自然景观“畅神”的审美意义。陶渊明的“采菊东篱下，悠然见南山”则展现出一幅心灵融于大自然、物我合一的诗意化栖居画卷。顾恺之对会稽景观的描述：“千岩竞秀，万壑争流，草木蒙笼其上，若云兴霞蔚。”(《世说新语·言语》)表达了对自然山水的审美独立性的体认，以及深为自然所陶醉之情。王羲之在《兰亭集序》中说到对自然景观的仰观俯察，指出景观不仅可以极视听之娱，使人享受耳目的乐趣，还可以游目骋怀，具有熏陶、开阔人的胸怀的功能。刘勰在《文心雕龙·物色》中也说：“物色之动，心亦摇焉。……况清风与明月同夜，白日与春林共朝哉！”他明确指出了山水的滋养身心、荡涤心灵，提升精神境界之美育功能。

在西方，古希腊柏拉图是对自然景观的美育功能有深刻认识的人，他要求“使我们的青年们像住在风和日暖的地带一样，四周一切都对健康有益，天天耳濡目染于优美的作品，像从一种清幽境界呼吸一阵清风，来呼吸它们的好影响”①，就形象地描绘了景观对青年人的感染熏陶作用。法国的卢梭则倡导自然主义教育，要求教育遵循儿童身心发展的内在自然规律，也倡导从大自然中学习，遵循外在自然的教育。卢梭不主张那种为了教孩子学习诸如地理学科，就给他弄来许多地球仪、天象仪和地图等虽然比较直观但仍是间接性的做法，倡导直接带学生到大自然中观察，“使你的学生去观察自然的种种现象，不久以后就可使他变得非常好奇。”②为了让爱弥尔感受和体验诸如大自然日出和日落的美，卢梭专门选择了一个美丽的黄昏，带着爱弥尔到一个幽静的地方去散步，在那儿，开阔的地平线可让他们看到日落的全景。并在日出前也带爱弥尔到那儿，呼吸新鲜空气，观看日出的美丽，听小鸟最柔和的歌声，享受一种浸透心灵的清新的感觉。③康德也曾称赞大自然“除了有用之外还如此丰盛地施予美和魅力”使人们在观赏中“也感到自己高尚起来”④。上述这些思想家、教育家

---

① （古希腊）柏拉图．文艺对话集[M]. 朱光潜译．北京：人民文学出版社，1980：62.

② （法）卢梭·爱弥尔论教育（上卷）[M]. 李平沤译．北京：人民教育出版社，1985：217

③ （法）卢梭·爱弥尔论教育（上卷）[M]. 李平沤译．北京：人民教育出版社，1985：217-218.

④ （德）康德．判断力批判[M]. 邓晓芒译．北京：人民出版社，2002：230-231.

的观点中都包含着景观生态美育的思想指向。

（二）国内外学者关于景观生态美育思想的提出

在中国，学者盖光认为对自然的审美能“表现人与自然间的天然醇化，用以启示生命的生态化存在……有效地串接起了人的生命体验，同时在审美自由和解放的场域中优化着人的生态性的生存结构”①，强调了自然生态审美对人的美育作用。学者林建煌认为，生态美育是以自然陶养为基本途径，唤醒人们的生态意识，树立正确的生态审美观、生态价值观、生态伦理价值观，以实现培育生态审美人的根本任务。②学者杜卫认为，景观美育不仅仅是鉴赏景观的“纯粹性”美育，还包含着人文精神和科学精神的教育，包含着生态、环境教育，③即具有生态之真、生态之善的教育意义，有景观生态美育的真、善、美的蕴含。陈望衡教授认为景观是环境美的本体，而环境审美教育是一种价值教育、尊重教育、情感教育，是通向责任的教育，通过环境审美教育，使人在欣赏环境的同时，认识到环境之于人的意义及价值，培养人的敬畏之心及谦逊之德，重建人与环境的审美关系，激发人保护环境的责任感。④由此，陈望衡教授的环境审美教育概念中也包含了生态美育的真、善、美的维度。

三、桂林景观生态美育的研究现状

专门针对桂林景观生态美育的研究目前还没有，但桂林美丽的山水，悠久的历史文化，陶冶了不少文人雅士，显示了桂林山水的美育价值及功能，因而在一些关于桂林的文学及美学的书籍中涵盖有相关的研究和论述。这些研究和论述概括起来有以下两个方面。

（一）相关书籍中关于桂林景观生态美育的思想

桂林景观之美及其对人的生态审美化教育，我们可以在桂林的石刻及文学、美学作品里找到间接的描述和依据。主要有真、善、美、益、宜等方面的美育效应。

桂林景观的生态美育效应可概括为真、善、美、益、宜等方面。

---

① 盖光．从自然审美到生态审美：关系的确证 [J]. 山东理工大学学报（社会科学版），2004（4）：49-54.

② 林建煌．自然陶养自我化育——论生态美育 [J]. 福建师范大学学报（哲学社会科学版），2007（4）：79-82.

③ 杜卫．景观美育论 [J]. 美育学刊，2012（2）：79-82.

④ 陈望衡．环境美学 [M]. 武汉：武汉大学出版社，2007：413-415.

桂林景观之“美”的美育效应。从南朝宋文学家颜延之称赞独秀峰“未若独秀者，峨峨郛邑间”[①]开始，历代文人、先贤都有对桂林山水之美及其对人的审美化育作用的描述。如南宋王正功的“桂林山水甲天下，玉碧罗青意可参”[②]，唐代韩愈的“江作青罗带，山如碧玉簪……远胜登仙去，飞鸾不假骖”[③]。明代旅游家、地理学家徐霞客则用“琼葩云叶，缤纷上下”[④]来形容桂林岩洞之美景，等等，都表达了桂林山水之美及其对人的身心愉悦与人格的陶养功能。

桂林景观之“真”的美育效应。如宋代的梁安世对桂林奇特的地貌有极大的探究兴趣，他于淳熙年间（1174—1189 年）任广南西路转运使期间，遍游留春岩、七星岩、冷水岩、龙隐岩诸岩，多有题诗或题记，刻于留春岩的《乳床赋》就是探索钟乳石凝结过程的科学考察论文。宋代的范成大在《桂海虞衡志》中将“志岩洞”列为书的第一章，专门论述了桂林岩洞。明代地理学家、旅行家徐霞客更是来桂林游览、考察了 43 天，除独秀峰、望夫山等少数几个景点外，徐霞客踏遍了桂林的山山水水，他是登山必极顶，探洞必穷究，他游览全国各地景观时勘测过的洞穴一共是一百零一个，而他对桂林、阳朔一带洞穴的记录就占了五十多个，更难得的是他对桂林七星岩整个山体的洞穴体系进行了两次考察。徐霞客在《粤西游记》里用 1.7 万字对桂林的游览考察做了生动、详实地记录，对岩洞成因做出了“江流击水，山削成壁，流回沙转，云根迸出”[⑤]的科学概括，并用“琼葩云叶，缤纷上下”[⑥]来形容洞穴中的美景。对于梁安世、范成大、徐霞客而言，他们的作品中表达了桂林喀斯特地貌景观对他们的科学之“真”的美育效应，而后人阅读了他们的文章，又间接地接受了其关于桂林自然景观科学知识之“真”的美育效应。

桂林景观之“善”的美育效应方面。如清代袁枚的“青山尚且直如弦，人生孤立何伤焉”[⑦]道出了青山的高直使作者对人生际遇的释怀。桂林龙隐岩的石刻《梅公瘴说》则是一篇讨伐官场丑恶行为的檄文，郭沫若参观阅读了这篇石刻后说：“梅公瘴说警人心”，可见其对人的善的引导和劝诫。阳朔的碧莲峰东麓崖壁上的清代书法家王元任的“带”字石刻，一笔挥就，遒劲雄健，飘逸洒脱，且“带”字内藏“一代江山，少年努力”之笔意，既给人以书法之审美愉悦，

---

① 刘英．名人与桂林 [M]. 南宁：广西人民出版社，1990：1.
② 曾有云，许正平．桂林旅游大典 [M]. 桂林：漓江出版社，1993：600.
③ （唐）韩愈．送桂州严大夫 [A]// 刘寿保注释．桂林山水诗选 [C]. 南宁：广西人民出版社，1979：4.
④ （明）徐霞客．徐霞客桂林山水游记 [M]. 许凌云，张家瑶注译．南宁：广西人民出版社，1982：125.
⑤ 曾有云，许正平．桂林旅游大典 [M]. 桂林：漓江出版社，1993：632.
⑥ （明）徐霞客．徐霞客桂林山水游记 [M]. 许凌云，张家瑶注译．南宁：广西人民出版社，1982：125.
⑦ （清）袁枚．登独秀峰 [A]// 刘寿保注释．桂林山水诗选 [C]. 南宁：广西人民出版社，1979：31.

也对人生志向有无比之激励。因此，桂林景观中不乏对人的善的美育效应。

桂林景观之“益”的美育效应方面。韩愈的“户多输翠羽，家自种黄柑”[①]的诗句，宋代方信孺的“苍桂丛中苍桂树，碧莲峰里碧莲花……待著阑干横浅绿，浮萍开处见鱼虾”[②]。诗中不但描述了桂林山水、田园之美，而且还显示出其有利于种植黄柑、白莲，盛产鱼虾等带来经济之“益”。

桂林景观之“宜”的美育效应方面。桂林地处亚热带季风气候，四季分明，温润多雨，气候宜人。唐代的杜甫称赞桂林是“五岭皆炎热，宜人独桂林”[③]。表达了桂林的“宜”人美育价值和功能。又如独秀峰的颜延之读书岩，颜延之于南朝宋少帝景平二年（424 年）任始安太守，三国迄南北朝，桂林属于始安郡，始安郡治所就在独秀峰附近。独秀峰东南麓有个岩洞，洞中石窗、石桌、石凳等自然天成，环境清幽，颜延之十分喜欢，于是披荆斩棘，将之辟为休憩、读书之所，后人因之命名为“读书岩”[④]。这可以说明桂林独秀峰等景观对于颜延之而言，不仅具有美的美育效应，因读书岩中石窗、石桌、石凳等自然天成，环境清幽，适宜读书学习，使他增长了许多学问，是学习、修身、养性的好地方，具有宜身、宜心和宜生的美育效应。如桂林南溪山刘仙岩中刻有宋宣和四年（1122 年）吕渭的《养气汤方》，碑额为《按广南摄生论载养气汤方》，处方云：“附子（圆实者去尽黑皮微炒，称四两）、甘草（炙称一两）、□黄（汤洗，浸一宿，用水淘去灰，以度为度焙干，称一两）”，石刻记录服用方法为“将此三味同捣罗成细末，每服一大钱，入盐点，空心服。”对于今天的人们，认真研究此药方及其药效，对防病保健和延年益寿仍有积极的“宜”之意义。对于桂林景观之“宜”，当代诗人贺敬之的“江山多娇人多情，使我白发永不生！对此江山人自豪，使我青春永不老！……桂林山水——满天下……”[⑤]则显示了桂林山水对包括中国在内的世界人民的宜之美育效应。袁鼎生教授指出的“桂林山水与桂林文化的耦合对生，动态中和，共生了俊雅秀逸的桂林人”[⑥]则是从整生论生态美学角度提出了桂林景观促进审美人生与审美世界整生之宜的生态美育功能。

---

① （唐）韩愈．送桂州严大夫 [A]// 刘寿保注释．桂林山水诗选 [C]. 南宁：广西人民出版社，1979：31.

② （宋）方信孺．西山凿池种白莲作 [A]// 刘寿保注释．桂林山水诗选 [C]. 南宁：广西人民出版社，1979：64.

③ （唐）杜甫．寄杨五桂州谭 [A]// 刘寿保注释．桂林山水诗选 [C]. 南宁：广西人民出版社，1979：31.

④ 刘英．名人与桂林 [M]. 南宁：广西人民出版社，1990：1-2.

⑤ 曾有云，许正平．桂林旅游大典 [M]. 桂林：漓江出版社，1993：396-398.

⑥ 袁鼎生．桂林景观生态与环境研究 [M]. 北京：中国社会文献出版社，2013：118.

（二）桂林景观的开发建设历史彰显出美育的造美与显美功能

桂林景观中既有自然景观的自然天成之美，又有人们对它的发现、发掘和建造之美，这个过程就彰显出美育的造美、显美过程。创造美的过程往往也是享受美的过程，反之亦然。唐高宗时期，李靖受命率军过五岭，成功招抚岭南各道，被任命为检校桂州总管，他在桂期间，“所过问疾苦，延见长老，宣布天子恩意，远近皆服。”① 桂林的第一座城墙就是李靖修筑的。元晦是唐代著名诗人元稹的侄子，于会昌二年（842 年）出任桂管观察使，他非常热爱桂林山水，致力于叠彩山的开发，组织人力修筑道路营建亭院，栽种花木，亲自为叠彩山、四望山题刻山名，撰写《叠彩山记》《四望山记》《于越山记》，刻于石壁。唐代诗人李渤在桂林担任充桂管都防御观察使等职务期间，也为推进桂林的审美化发展做了不少贡献，如李渤看到灵渠被江水冲毁严重，渠道常常搁浅，于是“酾浚旧道，鄣泄有宜，舟楫利焉”②。重修了灵渠，为修建灵渠的四贤之一。李渤还开发了南溪山和隐山景观，其离任时作的诗中“欲知别后留情处，手种岩花次第开”③ 既写出了对桂林景观恋恋不舍的审美心理感受，还体现了对桂林景观美化的造美和传美品行。宋代诗人范成大在桂林任职两年，对桂林的城市和园林建设也非常关注和重视。他组织修复了灵渠年久失修的铧嘴，消除了灵渠通航、灌溉的不利因素。他还组织修复了桂林城北的渠道淤塞和受到严重破坏的朝宗渠，“使其流东接漓江，两入西湖，达入阳江，用补形胜之不及。”④ 提高了朝宗渠排水、防洪功能，城区灌溉与居民用水也得到了改善。有了这条渠更方便了游人，人们几乎可以乘船游遍桂林的所有风景点。范成大还主持修建了癸水亭、骖莺亭、碧虚亭、壶天观和所思亭等桂林风景区的亭台楼阁等建筑物。范成大是一位笃信佛教的居士，一贯反对滥杀各种生命，他到桂林后，发现这里的珍禽奇兽种类繁多，但当地百姓捕猎野物成风，致使珍禽奇兽不断减少。他便制定了禁止采捕野物的法令，派人四处张贴，要求人人遵守。这对保持生态平衡、保护自然环境具有深远意义。

在现当代，国家及桂林市（县区）政府各部门也非常重视对桂林环境和自然景观的建设和保护。如周恩来 1960 年 5 月出访回国途经桂林，在游览漓江景色时，建议在漓江两岸多种竹子，既可以巩固漓江堤岸，保持水土，又可以美

---

① （宋）欧阳修，宋祁撰．新唐书•李靖传 [M]. 北京：中华书局，1975：3813.
② （宋）欧阳修，宋祁撰．新唐书•李靖传 [M]. 北京：中华书局，1975：4286.
③ 刘英．名人与桂林 [M]. 南宁：广西人民出版社，1990：33.
④ （明）张鸣凤．桂胜•朝宗渠．

化漓江两岸。[①]正由于总理的这个建议，桂林漓江两岸如今秀竹摇曳，为漓江风景增添了许多的幽篁清韵。20世纪70年代，桂林市在发展工业时，环境保护的意识不强，存在着工业烟尘直接向空中排放、垃圾随意倾倒入漓江，污水未经处理就排入漓江等现象，使原本清澈见底的漓江水变得浑浊不堪，天空不再纯净。这引起了党和国家领导人的高度重视，如邓小平于1973年来桂林，看到桂林漓江等地的污染情况时，就明确指出：保护好桂林山水不受污染，是桂林的一项重要工作。[②]后来，在国务院和有关部门的支持下，桂林市政府组织人员对漓江和其他风景区受污染情况进行了调查研究，并提出对市区工业企业关、停、并、转，制定整治漓江和桂林环境保护方案，推动了保护桂林山水及环境的工作。

20世纪末21世纪初，时任桂林市市长、市委书记的李金早，带领桂林人民开展了三年大规模的桂林城市建设，对“两江四湖”等景观景区进行改造，把由于城市发展、人口增加等多种原因造成的淤塞和污染严重的杉湖、榕湖、桂湖三个湖和因建房填平的木龙湖重新挖掘、疏浚和连通，并与漓江、桃花江相连接，恢复了宋代的环城水系。李金早于2005年6月15日写下的《水调歌头·桂林“两江四湖”》里称赞“舟弄浪嬉柳，虹跃水连天，惊飞青鸟白鹭，新叶舞翩跹。”[③]，于2008年10月30日写的《西江月·桂林地市合并十周年》有“每思桂林泪翩跹，几度梦中相见”[④]的深情诗句。之后的历届桂林市委市政府及各级领导按照“一本蓝图绘到底”的思路，继续加强桂林自然及人文景观生态建设和改造。如实施了历时五年（2013－2017）的“两江四湖”二期工程建设，使“两江四湖”的“内湖”全线连通桃花江，进一步拓展了桂林环城水系，推进了生态环境治理、生态旅游、文化内涵挖掘的统合与共生，为桂林旅游胜地建设又增加了一张靓丽的名片。[⑤]2017年7月18日经国家五部委批复，桂林成为首批13个国家健康旅游示范基地之一。桂林市还致力于将历史文化传承、保护与利用与旅游、生态有机结合，如建设美国“飞虎队”桂林遗址公园，重建逍遥楼、改造东西巷等，为桂林国际旅游胜地建设插上了文化的“翅膀”[⑥]。

---

① 曾有云，许正平．桂林旅游大典[M]. 桂林：漓江出版社，1993：692.

② 张苑．问江哪得清如许——一位老人四十多年前对漓江的殷殷嘱托[N]. 桂林日报，2014-8-22（2）.

③ 李金早．水调歌头·桂林“两江四湖”[N]. 桂林日报，2011-2-3（3）.

④ 李金早．西江月·桂林地市合并十周年[N]. 桂林日报，2008-11-9（1）.

⑤ 周绍瑜．两江四湖二期工程建成通航　新环城水系旅游航线正式开通[N]. 桂林日报，2018-2-10（1）.

⑥ 赵娟．国际胜地插上“文化翅膀”——桂林实施“寻找文化的力量　挖掘文化的价值”战略纪实[N]. 广西日报，2018-1-20（4）.

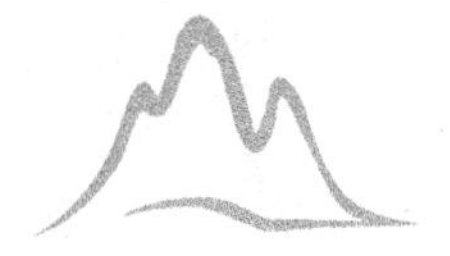

第一章　桂林景观生态美育场的生成

第一节 生态美育的含义及特征

美育是一个历史范畴，作为一种教育实践，它的历史几乎同人类文明的历史同样悠久。正如人类的发展历史一样，美育的生发、生长历程也是一部不断自我超越的进化史，在其发展的不同阶段，其内涵、理论体系也呈现出不同的结构模式以及整体变更的态势。

一、生态美育的含义

研究概念的界定是研究顺利进行的前提和基础。概念是一事物区别于其他事物的本质特征，它“包含许多规定，并且还在它自身中，具有心灵与身体之间，概念与和它有关的实在之间的区别；更深的基础，是心灵本身，是纯概念，而纯概念就是对象的核心与命脉，正像它是主观思维的核心与命脉那样。这个逻辑的本性，鼓舞精神，推动精神，并在精神中起作用，任务就在于使其自觉”①。因此，要研究生态美育，首先要明确其内涵与外延。我们认为，生态美育是指培养审美者生态审美意识、生态审美与造美能力，陶铸生态审美人格，并使审美者按照生态美的规律生存与实践，最终实现生态审美人生与绿色艺术世界创造的教育。它旨在通过培养审美主体的生态审美意识、生态审美与造美能力，形成健康的生态审美观和生存观，引领审美主体在审美、造美活动中构建绿色艺术世界，最终实现生态审美者与审美世界的对生共进与和谐整生，从而创生真正意义上的生态文明。

从学科发展的视角来看，生态美育从以艺术为主的传统美育发展而来，它

① （德）黑格尔．逻辑学 [M]. 杨之一译．北京：商务印书馆，1966：14.

承接了传统美育中的合理成分，如传统美育的基本目的是通过美的熏陶来培养受教育者的审美意识、态度、能力和人格，提升其精神境界和人生境界，实现审美的生存。生态美育也包含有这样的目标。从生态运动的视角来看，生态美育是包括自然、社会在内的整个生态系统运动进行到一定阶段的产物，它是生态规律哲学和美学思考的结果，生态学、生态美学的发展为生态美育奠定了基础。生态美育包括自然生态美育、社会生态美育和文化生态美育。它强调以生态审美的态度对待自然、社会以及人自身，是人与自然、社会三者耦合整生之美育。生态美育要求人们尊重自然、关爱生命、保护地球，具有生态审美世界观的培养作用。如果说，工业文明时代占主导地位的是工具理性的世界观，那么生态文明时代则是生态审美的世界观。生态美育的根本内涵是使人确立欣赏包括人与自然、人与人、人与社会关系的审美态度和诗意化栖居的生态审美意识，养成欣赏关系之美的审美意识、态度和行为。它不是对传统美育范式的简单否定，而是对它的修正、扬弃与超越。

二、生态美育的基本特征

（一）生态性与审美性的统一

生态性与审美性的统一是生态美育的基本特征。一方面，生态美育的根本目的在于培育具有生态审美意识、生态审美能力和生态审美人格与精神境界的人，因而，审美性是美育的应有之义和基本特征，也是美育与德育智育等其他教育的根本区别。对于美育的审美性，席勒曾提出“要使感性的人成为理性的人，除了首先使他成为审美的人，没有其他途径”[①]。蔡元培也提出“美育者，应用美学之理论于教育，以陶养情感为目的者也”[②]。我国的《汉语大词典》里对美育的界定是“美育是以培养审美的能力，审美情操和对艺术的兴趣为主要任务的教育”[③]。《中国大百科全书·教育卷》将美育定义为“培养学生认识美、爱好美和创造美的能力的教育”[④]。他们的表述虽各有侧重，但都把审美性作为美育的基本特征，作为美育与德育、智育和体育等其他教育的区别所在。因此，生态美育作为美育的当代主要发展形态，审美性仍然是其最基本的特征。同时，

① （德）席勒．美育书简 [M]. 徐恒醇译．北京：中国文联出版公司，1984：116.
② 文艺美学丛书编辑委员会．蔡元培美学文选 [M]. 北京：北京大学出版社，1983：147.
③ 罗竹凤．汉语大词典 [M]. 上海：汉语大词典出版社，1989：537.
④ 檀传宝．美育三议题 [J]. 教育学术月刊，1997（5）：14-17.

生态美育作为对传统美育的发展，是以生态整体主义为基础和原则进行的美育，它是使美育生态化与生态教育审美化，把生态性与审美性统一起来进行的美育。传统美育主要是以艺术教育为核心的美育，对人与自然的和谐关系关注不足，甚至有漠视之嫌。在生态危机严重的今天，人们意识到自然环境问题的解决根本在于精神层面，需要人们的思想观念、社会伦理、审美理想的转变与更新作为支撑。由此，生态不仅是一个自然科学术语，更是一种理念、思维方式、研究方法和文明观，成为一种人类审美地观照其自身、生活及世界的世界观和方法论。生态性作为生态美育的基本特征，意味着生态美育在理念上要强调对世界深层生态规律的把握和传输，强调世界和谐性、动态平衡性与可持续性，把生态价值观、生态伦理观、生态审美观作为美育观的核心。在生态美育的设计与内容上，要把传统的艺术美育扩展到由自然科学、社会科学、人文科学等组成的学科美育以及日常生活实践形成的生存性美育中，使美育覆盖整个生态文化圈；在生态美育的实施途径上要把美育从传统的学校美育扩展到人们的生产实践和日常生活中，涵盖人的学习、生产与生活等一切生态活动，使美育覆盖人类的整个生态活动圈。反观我国当前美育工作的困境，主要缘于美育在内容上限于艺术教育，时空上限于学校美育的狭窄天地，脱离个体鲜活的现实生活环境，缺乏立体化、网络化的美育实施环境，从而导致美育的低效甚至无效等，都是美育生态性的缺乏导致的。

（二）一元性与多元性的统一

生态美育拓展了以艺术为核心的传统美育的疆域，覆盖整个生态活动圈和整个生态文化圈。因而，生态美育体现出一元性与多样性的统一，形成一个一元性与多样性、丰富性与整体性结合的系统。一元性主要是指生态美育具有生态审美性，多样性是指生态美育中由自然科学技术所体现和侧重的自然性、生态性和科技性之美，社会科学和人文科学所体现和侧重的文化性、人文性之美，以及艺术学所体现和侧重的艺术之美，由此形成具有自然性、生态性、文化性、科技性、人文性、艺术性等多层次、多侧面的特征。海德格尔曾在对一只壶的分析中说到，壶所容纳和可以倾注之赠品是水和酒，而水中有泉，“在泉中有岩石，在岩石中有大地的浑然蛰伏。这大地又承受着天空的雨露。在泉水中，天空与大地联姻。在酒中也有这种联姻。酒由葡萄的果实酿成，果实由大地的滋养与天空的阳光所育成……故在壶的本质中，总是栖留着天空与大地。"[①] 因而，作为审美对象的壶及其所容纳的酒，不仅具有审美性，还承载着天空、泉水等自然性、生态性，由种植葡萄、酿酒所需的科学技术而产生的科学性，以及人们喝酒、祭酒所生发的人文性等特性。因此，生态审美性作为普遍性要素和整体质，存在于生态美育系统的各个层面及各个个体之中，如科技性、文化性美育等都具有生态性与审美性，家庭美育、学校美育与社会美育，个体美育与大众美育等也都具有生态审美性。生态审美性在生态美育中起着聚力作用，引领、规范和促进各个层面美育向生态美育的基本目标前进和发展，向着生态美育的整体质发展。同时，生态美育又富有鲜活的张力，具有自然性、文化性、科技性、人文性、艺术性等特性，它是生态美育丰富性和多样性的体现，存在于生态美育系统的不同方面和不同要素环节中，丰富和发展着生态美育诸如自然性、科技性、文化性、人文性、艺术性的真、善、美等各个侧面的量和质，这各个侧面的质相互作用、相互影响，经生态中和，最终达到了张力与聚力的对生耦合，整生而成包含着各个侧面质成分的整体新质，达成了"从心所欲不逾矩"的整生目的。正如袁鼎生教授所说的"由艺术审美者、科学审美者、文化审美者、实践审美者、日常生活审美者双向对生而成的生态审美者"[②]。即是由科技之真、文化之善、艺术之美、实践之益、日常生活之宜生态中和的生态美育。对于由分科教育带来学科知识的相互孤立而成为碎片式知识的非整生美育，17 世纪的捷克教育家夸美纽斯曾提出过尖锐批评："我们很少把艺术和科学当作一种百科全书式的整体的部分去教过，而是零星地去对付……结果是某些学生领会了这件事实，另一些学生领会了另一件事实，但是谁也没有受到一种真正彻底和周全的教育。"[③]

生态美育的一元性与多元性统一的特点，还体现在生态美育与德育、智育等其他教育活动之间，既相互独立又相互影响的内在关系上。席勒曾明确提出"有促进健康的教育，有促进认识的教育，有促进道德的教育，还有促进鉴赏力和美的教育"[④]。席勒既指出了教育的组成成分，也强调了美育在系统教育中的独立地位和作用。在中国，王国维提出"心育"（即德育、智育、美育）"三者并行逐渐达到真、美、善的理想，又加上体育，便成为完全之人物"[⑤]。蔡元培在《对于教育方针之意见》中提出的包括美育在内的"五育"并举的教育方针，

① （德）马丁·海德格尔．演讲与论文集 [M]. 孙周兴译．北京：读书·生活·新知三联书店，2005：180.
② 袁鼎生．审美化生存的机制 [A]// 黄理彪．审美化生存建构 [C]. 北京：作家出版社，2006：1-16.
③ （捷）夸美纽斯．大教学论 [M]. 傅任敢译．北京：人民教育出版社，1979：136.
④ （德）席勒．美育书简 [M]. 徐恒醇译．北京：中国文联出版公司，1984：108.
⑤ 姚全兴．中国现代美育思想述评 [M]. 武汉：湖北教育出版社，1989：48.

进一步推进美育的独立地位和价值。自此，东西方均对美育对人的审美性培育价值，美育的独立地位和独特价值有了较为深刻的认识。当今，我国的教育方针和教育目的是培养德、智、体、美全面发展的社会主义建设者和接班人，美育与德育、智育、体育并列，在其中有相对独立的地位和作用，这是它在我国教育方针和教育目的中的一元性的体现。同时，美育还有促进德育、智育和体育的作用，能促进学习者品德、智能和身心素质的提高，具有多元性作用。就智力来说，进行艺术欣赏和创作需要一定的诸如观察力、记忆力、思维力和想象力为基础，而进行艺术欣赏和创作又能促进人的智力的发展，如绘画教育就能培养学生的审美观察力、记忆力、想象力和审美分析判断能力等。孔子关于“诗”的“兴观群怨”[①]道出了美育对学习者品德、智能等身心素质的作用。蔡元培认为科学家“求知识以外兼养感情，就是治利学以外，兼治美术。有了美术的兴趣，不但觉得人生很有意义，很有价值；就是治科学的时候，也一定添了勇敢活泼的精神”[②]，即美育与科学可以相互促进和融通。美国哈佛大学发展心理学家霍华德·加德纳的多元智能理论就包含着这样的原理。加德纳在20世纪80年代推进哈佛“零点项目”的过程中，在反思传统的以语言和逻辑能力为主的智能理论基础上，提出了多元智能理论。他认为每个人都有的智能包括语言、逻辑数学、空间、音乐、身体运动、人际和自我认识智能七种[③]（注：加德纳后来又补充了自然探索和存在智能两种），它们以不同方式在每个人身上组合，使每个人的智能各具特点。正是通过这些智能的不同组合，创造出了人类能力的多样性。加德纳认为上述这些智能虽然相对独立，但是它们之间又是相互联系、相互促进的整体。“这些形式中的每一种智能，都能导向艺术思维的结果，也即表现智能的每一种形式的符号，都能（但不一定必需）按照美学的方式排列。”[④]因而，加德纳在推进哈佛“零点项目”的过程中专门设计实施了一个“艺术教育”推进项目实验，以培养学习者的艺术素养为目标，但在学习者的艺术专题学习课程中又包含着其他智能知识，如学生对与讨论中的领域有关环境的自然特性表示出高度的敏感（如学生对于阴影形成的视觉图案、汽车不同音高的喇叭声、购物清单上文字的形状，都有反应），再如学生对自己在完成一件作品时所使用的材料（如不同纸张的质地、乐器的木质、文字的发音等）

---

① 论语 [M]. 郭竹平注译，丁乐配画 . 北京：中国社会科学出版社，2003：501.

② 姚全兴 . 中国现代美育思想述评 [M]. 武汉：湖北教育出版社，1989：148.

③ （美）霍华德·加德纳 . 多元智能（第 2 版）[M]. 沈致隆译 . 北京：新华出版社，2004：8-9.

④ （美）霍华德·加德纳 . 多元智能（第 2 版）[M]. 沈致隆译 . 北京：新华出版社，2004：148.

的敏感性。[①] 项目实验表明，学习者在学习审美鉴赏的同时，还可以提升对自然环境的关注，提高对学习材料的质量和物理特性的认识，还可以强化“文字的发音”，提高其语言智能等。这就是说，人们在对人的审美意识和能力培育的同时，还可以促进生态知识、科技知识、文化知识等方面的知识和能力的提高。因此，霍华德·加德纳的多元智能理论及其“艺术教育”推进项目的实验，验证了生态美育的一元性与多元性的统一的特征。

（三）规范性与自由性的统一

规范性是生态美育的基础和起点。一方面，生态美育是教育的有机组成部分，是教育活动的一种。因而，生态美育的理念、设计和实施应既要遵循审美规律，又要遵循教育教学规律和人的身心发展规律。作为一种教育活动，生态美育需要受教育学、心理学、教育心理学、课程与教学论等教育科学原理、原则、方法的规范和制约。因此，实施生态美育时，需要按照受教育者身心发展规律，以受教育者的年龄特征、知识基础、能力发展水平和个性特征为基础，按照学生的认知、情感和体验在生理与心理的相适状态，遵从教育教学的循序渐进、因材施教原则等教学原则。如要欣赏音乐需要能听懂音乐的耳朵，要欣赏绘画需要能欣赏绘画的眼睛，即进行审美教育需要以生理感官的发展和成熟为前提和基础。受教育者在不同的年龄阶段具有不同的年龄特征，美育实施的内容、要求和方式方法不同，要根据其最近发展区来进行教育教学。另一方面，生态美育又要遵循生态规律和审美规律来进行。生态美育要达成培育生态审美主体的目的和任务，使生态美育具有针对性和实效性，需要以生态规律和审美规律为基础，使受教育者在美育过程中以合规律合目的的审美理想、审美标准等规范自身的审美活动，从而提升自身的审美、造美能力和素养。

自由性则是生态美育规范性的实现与发展的机制。教育既是科学，也是艺术。夸美纽斯认为教育是“把一切事物教给一切人类的全部艺术”[②]。陶行知曾说：“教师的生活是艺术生活。”[③] 蔡元培也指出：“美育是自由的，而宗教是强制的。”[④] 如果教育只是依据客观规律机械地传授知识，而不注意激发学习者的学习动机、兴趣和情感，那样的教育就是人本主义学习理论的代表罗杰斯所反

① （美）霍华德·加德纳．多元智能（第2版）[M]．沈致隆译．北京：新华出版社，2004：161.

② （捷）夸美纽斯．大教学论 [M]．傅任敢译．北京：人民教育出版社，1957：3.

③ 江苏省陶行知教育思想研究会，南京晓庄师范陶行知研究会．陶行知文集（上册）[M]．南京：江苏教育出版社，1981：290.

④ 蔡元培．以美育代宗教说 [A]．蔡元培美学文选 [C]．北京：北京大学出版社，1983：68.

对的“在颈部以上发生的学习”[①]，是一种无意义的学习，与完整的人无关。因此，在教育教学时，既要遵循教育教学的基本规律，又要讲究方式方法，循循善诱，因材施教，特别是对于以“感性认识的完善”的美学为学科基础的生态美育，对受育者而言，施教者靠抽象逻辑的演绎和机械的说教是很难取得好的美育效果的。只有当施教者适时地创设情境，激起受育者的审美感与兴趣，使受育者进入审美自由的天地，把那些外在的符合审美规律与目的的审美价值、审美标准、审美理想和审美范式自然而然地内化为受育者的观念、意识，并最终外化为审美者的审美实践和创造行为时，美育也就达到了出乎本性，顺应自然，合规律合目的的自由境界。生态美育于是就从必然王国走向了自由王国。在这里，规范与自由是相生互长的，而不是对立、冲突的。规范是自由的基础、前提和保证，是自由的实现与发展的机制。规范的外在表现是约束、制约，内在的本质则是自由。系统意义上的自由是自主、自足、自律，有着合规律合目的的意味。只有内含自由质的规范，才是合理、正确的规范，才是可以持续发展，促进社会文明进步的规范。因此，受育者对规范把握得越全面、越深刻，就越能走向自由，才能“从心所欲不逾矩”。如生态美育实施过程的自由性，可以体现在美育的施教者和受教者的关系应是和谐、自然和生态的。生态教育学强调教育不应是教育者高高在上的说教和灌输，而应是创设情境和条件，使受教育者通过悦目、悦心的方式，去选择、发现自然和社会中的美，并在自然自在中受到潜移默化的熏陶、感染，成为审美者、显美者和造美者。

（四）行动与体验的统一

生态美育是个体审美经验的获得和积累的过程，是人的生命活动向精神领域的延伸，但它不仅是主体自身的冥思与自省，而是在主客体相互作用中通过审美观照而引发的生命体验和意象的生成过程。这个过程中体现了主体的参与性和体验性。罗尔斯顿认为：“我们只有通过体验的通道才能了解事物的价值属性。人们所知道的价值是经过整理的，是由体验来传递的。”[②]因此，生态整体主义基础上的生态美育，既不排斥传统的静观情感体验，但又特别强调参与式审美体验，强调主体客体置身、参与其中，进行实践性的体验感受与创造，在动态性的相遇、互动中形成对生命形式的观照，对生命意义的领悟和生命价值

① 伍新春．儿童发展与教育心理学[M]．北京：高等教育出版社，2004：176.
② （美）霍尔姆斯•罗尔斯顿．环境伦理学[M]．杨通进译．北京：中国社会科学出版社，2000：35.

的体验。如环境美学家阿诺德·柏林特倡导将长期被忽视的自然与环境的审美纳入美学领域，并认为面对充满生命力的自然，运用传统的艺术审美的静观或“如画”式景观审美是不够的，需要身体的全部参与，所有感官融入审美对象中才能获得整体的体验。阿诺德·柏林特提出“在艺术和环境两者当中，作为积极的参与者，我们不再与之分离而是融入其中”[①]。传统的静观式审美更多的是运用到视觉，参与美学则强调全身心参与，特别是触觉的参与，认为触觉能吸引、拉近人们对环境的体验。

生态美育还强调知与行的统一。生态美育不仅需要对受育者进行审美知识的传授、审美意识和审美能力的培养，更需要引导受育者付诸实践、付诸行动，以审美化生存的理念改造世界和美化世界，实现人与世界的审美化整生。因而生态美育具有强烈的实践品质，它不是停留在冥思与自省上，也不是为审美而审美，为艺术而艺术。席勒曾说：“美既是我们的状态又是我们的行为。”[②]生态美育要求审美者在参与式审美体验的基础上，通过审美实践和创造活动去验证和运用所获得的审美理论知识，并在实践中创造美和美的生活。宗白华曾说：“在我看来，美学就是一种欣赏。美学，一方面讲创造，一方面讲欣赏。创造和欣赏是相通的。创造是为了给别人欣赏，起码是为了自己欣赏。欣赏也是一种创造，没有创造就无法欣赏。”[③]揭示了人的欣赏力与创造力的有机整体性。实际上，生态美育的实施过程包括两个方面，一是生态美育通过内化生态审美观于生态审美者，提高审美者的生态审美意识、生态审美能力和生态审美人格，提升其生态审美素质。二是生态审美者把内化了的生态审美意识和观念外化为审美、显美和创美的实际行动，转化成推进生态文明建设的巨大力量，推进科学技术、生产实践和日常生活审美化，造就生态审美人生，造就绿色艺术世界，实现人与世界的诗意栖居。与此同时，美育中施教者与受育者实际上是一个相互学习、教学相长的过程，施教者在引导受教育者审美创造时，自身更要注重审美创造。在这方面，我国著名的教育家陶行知就给我们做了很好的示范和榜样。陶行知先生在办学条件非常艰难的情况下，仍不忘为学生创设美育条件，如建造艺术馆、露天讲座、舞台、游泳池等，陶行知还从自己做起，写了大量的诗歌，编写了戏剧、歌词，经知名人士谱曲成歌后，唱遍祖国大江南北。正因为有了陶行知先生对美育的重视及自身的榜样示范，陶行知先生所创办的育

① （美）阿诺德·柏林特．环境与艺术：环境美学的多维视角 [M]. 刘悦笛等译．重庆：重庆出版社，2007：7

② （德）席勒．美育书简 [M]. 徐恒醇译．北京：中国文联出版公司，1984：131.

③ 宗白华．宗白华全集：第 3 卷 [M]. 合肥：安徽教育出版社，1994：614.

才学校的孩子们的艺术创造热情才得到了激发，创造出了不少的好作品，包括激发人们抗战激情的歌曲，如邓颖超观看完育才学校音乐组于 1940 年 12 月 26 日晚 8 时在中国电影制片厂内举行的“儿童音乐演奏会”后，就欣然题词“以歌声唤起大众”①。当然，陶行知先生所处的时代是中国处于受侵略水深火热的时代，那个时代的美育所唤起的是人们改造旧社会，救国图强的审美创造。当今社会，面临的则是生态环境造受严重破坏，自然生态、社会生态、人们的精神生态需要营养的社会，生态美育的目标和任务也就不同了，但生态美育的实践导向的性质没有改变，从理论走到实践仍是美育的当代使命。

（五）个体性与大众性的统一

传统美育主要是以学校美育为主阵地，以艺术美育为核心，而且在艺术美育中往往以艺术技巧的传授和训练为主，而艺术的审美鉴赏反而放在其次，因而美育变成了精英阶层或少数人可以得到和达到的专利，是小众化的美育。生态美育把美育的范围从学校美育扩展到日常生活实践中，不仅使个体接受美育的时间由学校美育的阶段性变成了终身性美育，更重要的是使得受教育程度不同的人们都有了接受美育的机会，从而使美育由传统的精英美育发展成为大众美育，使普通人们的生活因为有了审美的普遍性而有了更高的品位，从而实现了美育的个体性与大众性的统一。

综上，生态美育的几个基本特征既具有相对的独立性，又是相互联系、相互制约、相互影响的。生态性与审美性的统一贯穿于生态美育之始终，引领着规范性与自由性的统一，规范性与自由性的统一则体现在行动与体验中，并最终和行动与体验一起，落实于个体与大众身上。由此构成立体性、网络性生态美育系统实践的规范与特性，促进了审美主体生态审美素养的生成、提升，促进了和推动着生态审美世界的生成，最终促成审美人生与审美世界的整生。

第二节　生态美育场的生成

生态美育是生态美育场对审美主客体的适构性培养和化育。生态美育场则

① 朱泽甫 . 陶行知年谱 [M]. 合肥：安徽教育出版社，1985：419.

是由生态审美场生发而来。生态美育场具有真、善、美、益、宜的生态中和美育功能。

随着社会大众文化而生发的日常生活美学以及生态文明时代催生的生态美学的发展，作为生态场的一部分的审美场发展走向了生态审美场，其具体的路径是作为生态活动一部分的审美活动日益扩展其疆界，走向和覆盖非审美的生态活动部分，于是审美活动与生态活动的双向对生融合而成生态审美场。从逻辑构成上来说，生态审美场可分为审美、造美和育美三个环节，三者之中，审美、造美是育美的前提和基础。但从功能状态来说，实际上审美、造美的过程也是审美、造美主体受到美的熏陶化育的过程，因而审美、造美的同时也是育美的。因此，生态美育场与生态审美场犹如一个硬币的两面，二者不可分离。生态美育场在生态审美场中生成、生存和生长。在具有一定审美育美氛围的生态美育场中，美育者和受育者遵循审美规律和教育规律进行审美和育美活动，使其审美素质、个性、人格及精神境界得到生成和提升，结晶为生态审美者，并生发改造世界的实践和行为，创生生态审美世界，形成生态审美者与生态审美世界的整生，也由此提升了生态美育场的整体质。如此循环往复，在具有新质的生态美育场中又开始新一轮的生态美育活动，使美育者、受育者及世界都获得新的生态审美陶铸，生态美育场的整体质也在循环中旋升。生长了的生态美育场通过提升生态审美者与生态审美世界的美质和整生，又增添和催生了生态审美场的新质。

一、生态美育场的生发

（一）审美场与生态审美场

1. 审美场

“场”（field）是一个物理学概念，由法拉第最先提出，是指物体相互作用产生共振效应所形成的客观空间形态。爱因斯坦说过“任何一种行为，都产生于各种相互依存的整体，这些相互依存的整体具有一种动力场的特征”[①]。“场”论蕴含着关于事物运动变化的普遍真理，后来被移植和引申到人文社会科学的各门科学，包括美学和美育学在内。社会学家布迪厄说：“我将一个场域定义为

① Kurt Lewin. Field Theory in Social Science[M].New York: Harper & Brother Publishers, 1951：25.

位置间客观关系的一个网络或一个形构，这些位置是经过客观限定的。”[①] 他认为场域是由于社会结构与功能高度分化而产生的形态各异的各种社会空间，各空间又以自身独特的法则、规律等形成独有的微观世界，即场域。场域不等同于一般的空间领域，不能理解为被一定边界物包围的领地，而是一个内含力量的、有生气的、有潜力的存在。布迪厄研究了诸如法律场、宗教场、政治场、教育场等许多场域，并提出了文学场或艺术场理论，认为“艺术价值的生产者不是艺术家，而是作为信仰空间存在的艺术场，信仰的空间通过生产对艺术家创造能力的信仰，来生产作为偶像的艺术品价值”[②]。现代美学也借用和延伸了物理学的这一术语，提出了审美场理论。如李欣复教授认为审美活动中“主体审美功能同客体审美信息发生全面的对应性联系，信息交流达到最高潮，才构成了一个完整、动态、有序结构的审美场”[③]，强调了审美场的系统性综合性特征。葛启进教授认为审美场是“美和审美关系都生成于审美场……在审美场中，真、善、美是统一的”[④]。他的看法有生发审美时空结构和以美统领真、善及真、善、美合一的意义。封孝伦教授则认为：“审美场是一种氛围，是日常生活中弥漫着的有社会时代特色的情感、情绪的浓雾或小雨，是人们进行审美活动时的心理大气候……这种情绪氛围是特定时代审美活动的土壤和温床，它本身并不是一种审美活动，而只是特定审美活动的驱动素和染色体。”[⑤] 这是建立在对审美文化的分析之上的，从审美社会学角度出发的氛围说的一种生动的描述，揭示了作为大系统的时代情感氛围对所属小系统的审美思潮、审美活动的影响，以及二者相互生发的规律，把审美场的界定从微观和中观境界提升到了宏观境界。袁鼎生教授在 1995 年出版的《审美场论》中把审美场定义为：“审美主体与审美对象相吸相引、相聚相合、相融相汇、同构同化的最佳审美现象。”[⑥] 他认为审美者于一定的时空中审视与自己的审美趣味和审美标准相适应的对象，主客体由于相互吸引产生了相聚相合、相亲相爱的亲和力，生成了类似“举杯邀明月，对影成三人”的物我同一的审美情境，主体还可通过诸如西方的审美同情或内模仿等参与式审美方式，设身处地地体验客体之美趣、美韵，于是就

---

① L.D. Wacquant . Towards a Reflexive Sociology :A Workshop with Pierre Bourdieu [J] .Sociological Theory,Vol.7,1989：39.

② （法）皮埃尔・布迪厄 . 艺术的法则：文学场的生成和结构 [M]. 刘晖译 . 北京：中央编译出版社，2001：276 .

③ 李欣复 . 审美场论 [J]. 人文杂志，1987（1）：105-111.

④ 葛启进．审美场论 [J]. 四川大学学报（哲社版），1991（1）：71-76.

⑤ 封孝伦 . 人类生命系统中的美学 [M]. 合肥：安徽教育出版社，1999：363-364.

⑥ 袁鼎生 . 审美场论 [M]. 南宁：广西教育出版社，1995：9.

形成了主客浑然一体的浑然融会境界。袁鼎生教授的审美场理论从现实时空与心理时空的交融，从主体与客体、审美现象与环境、历史与现实的多重双向汇聚来分析“审美场”概念及其内部生成机制，揭示了微观和中观审美场中主客体双向对生、环环相生的规律。袁鼎生教授在2007年出版的《生态艺术哲学》中又提出“审美场是由审美活动、审美氛围、审美范式三大宏观层次双向对生所形成的整生结构”①。进一步对审美场概念进行阐释和深化，把审美场的微观研究、中观研究和宏观研究结合起来了。美国环境美学家伯林特在《审美场：审美体验现象学》中对审美场的定义是通过对于艺术的定义而得来的，“用任何一种艺术理论来阐释艺术都只说明了一个片面的事实，因为艺术包含所有这一切甚至更多。无论有多少种阐释，艺术就是人类的体验。实际上，只有关涉到艺术活动、艺术对象和艺术体验所发生的整个情境，一个包含所有这些指涉甚至拥有更多含义的背景环境，艺术才能被定义，这就是我所谓的‘审美场’，艺术对象被积极有效地体验为有价值的一种语境”②。之后伯林特进一步指出审美场是“由审美对象、感知者、创造者和表演者所代表的这四种要素是审美场的核心力量，同时受到社会机构、历史传统、文化形式和实践、材料和技巧中的技术发展以及其他诸如此类的语境条件的影响。”③伯林特把审美场阐释为一种审美体验的语境，强调了审美场的体验性和综合整体性特征。

从上述不同学者的描述和界定中，我们可以概括出，审美场具有以下特征：一是系统性。审美场作为一个大系统，由审美者、审美对象、审美环境三大子系统构成，每一个子系统下面又有若干个更小的子系统，如审美者这一系统中包含有审美者的审美意识、审美趣味、审美理想、审美能力与造美能力等子系统，这些子系统都参与到审美者的审美活动中，成为审美趋力或避力，影响着审美者的审美对象的选择和审美者的审美注意、审美投入以及审美和造美活动。而审美对象的结构、形式、特征等也会影响着审美活动的进行，影响审美者的审美选择和审美投入。审美场的审美情境和氛围等审美活动的微观环境以及宏观的社会的政治、经济、文化背景等氛围也会影响审美者的审美选择和审美投入。审美活动中的审美主体总是要受到一定审美环境的制约和影响，因而审美场的环境对人的审美意识和审美理想等的形成、发展以及人的审美活动有一定的影响。审美者、审美对象、审美环境这些因素相互影响、相互作用，形成一

① 袁鼎生. 生态艺术哲学 [M]. 北京：商务印书馆，2007：25.

② A. Berleant . The Aesthetic Field: The Phenomenology of Aesthetic Experience[M]. Springfield，Ill: C.C. Thomas，1970：47.

③ A. Berleant . Art and Engagement[M]. Philadelphia: Temple University Press，1991：49.

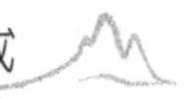

个交错的立体网络系统。二是整体性。虽然审美场是由审美主客体和审美情境和氛围等多种因素组成的复杂系统，但是审美主体、审美对象和审美环境不是彼此孤立、静止的，而是相互影响、相互作用的一种运动着的、连续性的关系性存在，即审美场是三者交互作用的结果。在审美活动中，审美主体与审美对象因审美主体的审美趋力与审美对象的审美吸力而形成具亲和力的审美关系。审美关系反过来又是审美活动和审美场的纽带。审美主体与审美对象虽具有各自的相对独立性，但又相对而生、相随互长。若没有客体的审美吸力，就没有也不会形成主体的趋力。因而，它们是相生互长的。主体的审美趋力与对象的审美吸力对应协同，把审美主客体“聚合”在一起，形成审美活动和审美关系，二者对生而生成的审美聚力与融力，形成了主客体的审美时空，即审美场。三是动态平衡性。由主客体审美活动所形成的审美场是一个动态的对生过程，有一定的层次性和节奏性。一般来说，主体首先是在一定的现实时空中欣赏对象的，客体一般也是以其形式在现实时空中吸引观赏者的，因而此时构成了现实时空下的主客体相吸相引、相趋相向、相聚相合的审美场。当审美活动进一步开展和深入，主体对客体的知觉形象通过记忆进入主体心中，成为审美表象。此时主体虽仍然在现实时空中，但审美活动的重点已经内移到客体表象的意蕴上了，这时的象为内隐象，代替了形式对主体产生的意蕴层面上的吸力，于是主客体形成了新的对应，产生新的聚力把主客体的意蕴聚合在一起，形成内在审美场。在此基础上，审美主体发掘自己的审美经验，充分调动审美联想力、想象力与创造力，构造出审美主客体相融合的象外之象，于是审美场的境界生焉。由此，审美场的生成是审美主客体对生而成一个完整而系统的动态结构，具有综合性、整体性的效应。同时，审美主体与审美客体的趋力与吸力在对生中形成的聚力、融力也会伴随着审美活动的发展，呈现出有节律的变化。审美初始阶段，审美主体感受客体形式的审美吸力，并在自身趋力推动下，携带着审美趣味、审美情感、审美经验趋向客体，于是在审美主体的趋力与审美客体的形式吸力的对生中达到聚合融会。这时的主客体聚合融会，形成的知觉形象主要是以客体知觉形象为主要特征，正如王国维所说的“无我之境”，但此审美意象并非全是客体原来面目，带有主体的色彩，并非完全“无我”，只不过是以客体为主而已。像“红杏枝头春意闹”的知觉形象，就是非纯客体的知觉形象，而是渗入了主体的情感、趣味及审美经验的知觉形象。由此，我们对审美场进行分析研究时不能仅仅着眼于单个要素的分析，还要从整体、动态角度考虑。

2. 生态审美场

生态审美场是由审美场与生态场的双向良性对生而来，袁鼎生教授指出“审美场与生态场的复合整生，构成时空无限的生态审美场”[①]。审美场与生态场的“双向良性循环是生成生态审美场的关键”[②]表现为双方在交换信息和能量中走向同化，即审美流进入生态场，使之走向审美性生态场，相应地，生态流进入审美场，使之走向生态性审美场。审美场与生态场的双向对生具有良性循环的特性，当审美流进入生态场同化后者的同时，自身也被后者同化，相应地，当生态流进入审美场同化后者的同时，自身也被后者同化，成为双方的共生物——中和形态的生态性审美流，即使审美场和生态场的生态性和审美性得到强化和协同为一，生态性和审美性相生共长，生成和强化生态中和质——生态审美性，最终共趋合为生态审美场。具体表现为，在审美场与生态场的对生中，由于二者的相互影响、相互作用与同化，使审美场诸层次具备了生态场相应层次的特性，生态场诸层次具备了审美场相应层次的特性，各自实现了自身质与对象质的相互重合与统一。于是审美场生成了生态性审美活动、生态性审美氛围、生态性审美范型，进而初步形成了生态性审美场，生态场则初步形成了审美性生态场。初成的生态性审美场与初成的审美性生态场在持续对生中，不断增强了同一性与亲和性，于是生成高度融合统一的生态审美场。袁教授的生态审美场理论扬弃了传统美学中主体和客体对立的观念和立场，强调审美活动及其结果效应由审美者与审美物耦合对生而出，实现了审美者和审美对象的同一。

生态审美场的结构具有形态结构和质态结构两个方面。生态审美场形态结构主要是指一定时代的民族或世界范围内的审美欣赏、审美批评、审美研究、审美创造活动在相生互长、相竞互赢中构成的良性循环、螺旋上升的审美文化生态圈。在生态审美场内，审美欣赏、审美批评、审美研究、审美创造活动各有自己特定的生态位，它们在保持各自的独立性和发挥自身的独特作用以及与其他审美活动相互作用和流转期间，形成动态平衡和整体发展的生态链。生态审美场的质态结构主要由审美情调、审美趣味、审美理想、审美范式和审美理式等构成，可从自上而下和自下而上两个方面生成。自下而上的路径，主要是指由审美欣赏、审美批评、审美研究、审美创造活动的周流运转，形成了浓郁的审美情调和审美氛围，正是这审美氛围使得审美场与人类的其他活动场区别

---

① 袁鼎生．审美生态学 [M]. 北京：中国大百科全书出版社，2002：101.

② 袁鼎生．生态视域中的比较美学 [M]. 北京：人民出版社，2005：73.

开来，有了自身本质的规定性，并由此展开了自身结构的抽象逻辑提升运动和整体的有机构建，即在审美氛围和审美情调的基础上形成更能集中地反映整个时代普遍审美趋求和审美标准的带有全局性、稳定性的审美风尚、审美趣味，以感性形式表现出来的时代的审美选择，使审美场的质态结构向理性化方向前进了一步。在此基础上，促成了时代审美理想的生成，它体现了特定时代审美的基本规律和基本规范，是特定时代的审美潮流。在审美理想的基础上形成的审美范式则反映了特定时代审美的普遍规律，是审美场的理性规范，其质的范塑力覆盖了整个审美场。审美范式的升华就形成审美理式，它是对特定时代审美场的本体和本源的规定，是审美场的根本规律和最高的理性规范，也是不同时代审美场区别的根本标志。由审美氛围、审美情调到审美风尚、审美趣味，到审美理想，再到审美范式、审美理式，是审美场质态结构自下而上的生成路线。在此基础上，已生成的审美范式、审美理式自上而下的规约和范生着审美理想、审美风尚、审美趣味和审美情调。正是这种双向对生运动，促进了生态审美场质态结构的生态化和有机化，也凭此规范了生态审美场形态结构。

生态审美场有其原始“原型”。在原始社会时期，原始先民的审美活动与劳动实践活动相结合，如抬木头时齐声呼着“吭哟，吭哟”的号子等，审美与劳动融为一体，生发生存审美场。同时，艺术审美活动与原始巫术、图腾崇拜的文化活动相结合，生成生态文化审美场，因而原始先民初步实现审美场与生态活动场的复合，实现审美规律与目的和生态规律与目的的统一，即生成了原始生态审美场。尽管原始社会时期的审美质、值、度都不高，但这就是生态审美场的“原型”。原始社会之后，随着生产力的提高，审美和艺术从生产劳动中独立出来，于是，古代社会和近代社会，形成了以纯粹艺术活动为主的审美场。以纯粹艺术活动为主的审美场虽然有了独立的审美活动，提升了审美活动的精度和纯度，但因与其他生态活动相分离，主体的审美时空受到限制。为满足生存和发展的基本需要，人除了审美活动外，还需置身于科技活动、文化活动、实践活动，日常生存活动中，因而，虽然审美是自由自主的，但是主体无法长期处于审美自由中，无法实现完全的自足的审美自由。他需要经常进入非审美的时空，处于非审美自由的状态。于是，到现代社会，出现了大众文化和日常生活美学现象和思潮，审美与生产实践活动及日常生活再度出现融合。于是，传统的以艺术形态为基础的审美场，与政治、哲学、宗教、科学、技术、伦理等社会文化生态圈复合，使政治、哲学、宗教、科学、技术、伦理等吸纳艺术的审美质，提升了各自的审美性，艺术也从政治、哲学、宗教、科学、技术、伦理等吸纳审美质，实现自身审美规定的系统化，这样，艺术、科学、文化、文明构成了一个社会文化生态圈，并形成了由艺术、科学、文化、文明组成的艺术化生态文本系统，艺术与科学、文化、文明相互影响共生为社会文化生态审美场。如艺术与伦理、科学、技术等相结合，可使善的伦理对象美化，成为善态美，如“里仁为美”；艺术与科学相结合，可使真的科技对象美化，成为真态美，如“道行天下成大美”“数理逻辑美”等。各类文化美普遍生成，于是传统的艺术形态审美场扩展成为生态文化审美场。布伊尔曾说过：“批评的对象不仅是自然写作、环境写作和以生态内容为题材的作品，还将包括一切‘有形式的话语’。”[①] 我国学者鲁枢元也说：“生态批评不仅是文学艺术的批评，也可以是整个人类文化的批评。”[②] 他们的论述可以给我们这样的启示：生态批评应是真、善、美等价值规律的整生。文学艺术文本与科学、文化、文明对生，从而使最初起源于文学艺术的生态批评的规则、质域、疆界扩展到整个人类科学、文化及文明等各个方面，在多重辩证整生中，增长和提升普适性。同理，审美场与人类的日常生存活动和实践活动对生耦合而成日常生存审美场。由此，艺术审美场与生态审美场于双向往复对生中实现了质态与量态耦合并进的整生，生成了生态审美场。生态审美场的生发，使人的审美活动超越了纯粹艺术审美的时空局限，实现了生态活动与审美活动的统一和融合，使人在生存中审美，审美中生存，从而实现了艺术审美生态化和审美生态艺术化。这样，人们在各式生态活动中，绿色阅读活动、生态批评活动、生态研究活动、生态审美创造活动依次展开、循环流转和螺旋上升，即体现为绿色阅读活动依次生发和推进生态批评活动、生态研究活动、生态写作（生态审美创造）活动，受到推进的生态批评活动、生态研究活动、生态写作（生态审美创造）活动转而提升了绿色阅读活动，使新一轮的生态审美活动在更高的平台上展开。

（二）生态审美场走向生态美育场

一般来说，人们认为生态审美场从逻辑顺序上可分为审美、造美和育美三个环节，其中，审美、造美是美育的前提和基础，“闻道有先后，术业有专攻”，只有懂审美、造美的人，才有可能开展美育活动。而美育又是为了使更多不懂

---

① 转引自鲁枢元．生态批评的空间 [M]. 上海：华东师范大学出版社，2006：12.

② 鲁枢元．生态批评的空间 [M]. 上海：华东师范大学出版社，2006：2.

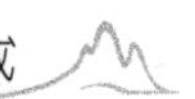

审美、造美的人学会审美、造美，进而参与到审美、造美活动中。因而，狭义上的生态美育场是生态审美场的一部分，是子系统。但从生态审美场的功能和因果循环上来说，审美、造美的过程其实也是美育的过程，美育者的美育活动也需要通过审美、造美活动作为载体来进行和展开。而且生态审美场的逻辑顺序事实上是一个圈态结构运行的，它的开端不一定都从审美开始，可以具有多端性，如从审美活动的因果和环节来说，先是要有接受过一定审美培育的，有一定审美知识基础和审美素养的人，才能进行审美的欣赏、评价、研究和创造活动，而人正是在审美的欣赏、评价、研究和创造活动中受到了审美的熏陶、化育，丰富了审美知识，提升了审美素养，进而能以更敏锐的眼光、更高远的境界参加新一轮的审美的欣赏、评价、研究和创造活动。因此，审美和美育事实上是同一过程中的两个方面，人们把它们分开来谈，只不过是为了在理论上更好地研究审美和美育各自的本质和特征。因而，生态美育场是在生态审美场的基础上生成的。从应然状态上来说，生态审美场中的审美和造美过程，是使人们的意识和能力得到提高，心灵得到陶冶的过程，因而同时也是美育的过程。实际上，生态审美活动的每一个环节，包括绿色阅读活动、生态批评活动、生态研究活动、生态写作（生态审美创造）活动，都应使人得到审美熏陶，使人的生态审美意识、生态审美态度、生态审美能力和造美能力得到提高，从而造就了生态审美者。生态审美者在进一步的绿色阅读活动、生态批评活动、生态研究活动、生态写作（生态审美创造活动）中又促进生态审美世界的创生。因而，生态审美场与生态美育场有高度的内在一致性。广义上来说，生态审美场就是一个生态美育场，它化育、生成生态审美者，也创造生态美的世界；它使人写作人类自己的心灵，形成自我美育；也写作美的世界，形成他人美育和世界美育。

（三）生态美育场结晶出生态审美主体和生态审美世界

生态美育场以生态审美范式、生态审美理想为规约和指引，通过生态审美欣赏、生态审美批评、生态审美研究和生态审美创造等活动，来系统地同化、范生美和审美主体，并达成两者的审美匹配，培育、结晶出生态审美主体和生态审美世界。

由生态美育场培育出的生态审美主体，其生态审美修养应包括生态审美知识、审美情感、审美态度、审美经验以及主体的审美品质等，它们相互作用，融通而浑成。其中每一个方面又形成自身独立的子系统，如审美知识系统。从类别来说，有一般美以及各种具体美的知识，以及对于这些美的欣赏、评价、创造、研究的知识和方法；从层次来说，那些一般美以及各种美的欣赏、评价、创造、研究的规律和原则、模式、方式、做法、技巧等。此外，上述知识与方法还可以分为历史形态的和现实形态的、本国形态的与世界形态的、本民族形态的与他民族形态的、主流形态的和地方形态的等。一个审美者应掌握和融通上述各种类型的审美知识，进而共生出自己的审美知识系统。审美主体的审美修养途径主要是通过生态美育场进行绿色阅读、生态批评、生态研究、生态写作（生态审美创造）等系列活动，使人得到审美熏陶，习得生态审美意识和生态审美态度，促进生态审美能力和造美能力的提高，塑造生态审美人格，提升人生境界，结晶生态审美主体。经由生态美育场结晶的生态审美主体，与一般审美主体相比较，生态审美主体的生态审美态度与能力较为特殊。在传统美学中，限于审美的无功利性，要求审美主体将美和审美的状态从现实的功利状态中抽离出来，这样美就只能是作为高于现实世界的理想来仰望。对于普通大众而言，去除功利性的审美难度太大，要求太高，只有少数人能做到，大部分人很难做到，即使能做到，停留于审美的时间也会较为短暂。而生态审美作为一种生态世界观和生态境界，将审美作为贯穿人生一切和人生始终的生存态度，力图消除功利和审美主体的分裂状态，弥合生命实践活动与审美的鸿沟，将人生自始至终、自上而下的每个时刻每一种行为看成审美的一部分，以生态美的标准来约束自身不美的行为，按照生态美的标准塑造自身，把功利与世俗的行为纳入生存之美的轨道，成为美生理想得以贯彻的组成部分。在结晶生态审美主体这方面，我们可以从中国古代道家和儒家的哲学思想中吸取营养。我们知道，道家主张出世，倡导“心斋”“坐忘”“涤除玄鉴”的心境和人生态度，而儒家主张入世，倡导“修身，齐家，治国，平天下”的奋斗人生。把儒道结合起来，就可得出“道主内，儒主外”的人生观，即人一方面保持静照、空灵、不计利益得失的内在的心境态度；另一方面积极发挥自身潜能，锐意进取，努力奋斗，将生产实践、生活实践与审美合而为一，以实现合生态为目的的人生目标，将人生上升到生态审美境界，成为完整圆融、灵韵生动、充满人性魅力的生态审美主体，使人在身心和谐及物我和谐的生命状态中达到存在与本质高度统一的生命之境。

经由生态美育场结晶的生态审美主体在生产、生活等生态审美活动中按照

美的规律生存、实践和创造，在这个过程中，基于主客体潜能的对应性自由实现，使主客体相互同化，优化了审美对象，进而创造了和谐美丽的生态世界。

二、生态美育场是真、善、美、益、宜中和整生的美育场

（一）中和整生的思想渊源

中和整生是整生的一种形式。生态美育场从生态审美场而来，因而它具有生态审美场的基本特征，即系统性、整体性、弥散性，同时又具有真、善、美、益、宜的中和整生性，即生态美育应是真、善、美、益、宜的生态中和与整生。也就是说生态美育不仅仅是传统美育的以艺术教育为核心或唯一美育，而是以艺术教育为基础，把美育拓展到文化场（善）、科技场（真）以及生产实践（益）和日常生活（宜）中和的美育，是贯穿人的全程全域的美育。

“中和”则是中国传统文化的核心思想和精神。中国传统“中和”思想从不同侧面为生态中和思想的形式提供了启示与借鉴。《国语·郑语》里说“声一无听，物一无文，味一无果，物一不讲”“夫和实生物，同则不继。以他平他谓之和，故能丰长而物归之；若以同裨同，尽乃弃矣”等都是认为遵循多样统一和对立中求统一的和谐原则，才能使事物有旺盛而长久的生命力，而简单、机械的雷同则会使事物失去张力和活力，最后导致事物灭亡。中国古代的“中和”思想丰富而深刻，囊括了人与自然、人与人、人与社会的和谐。如在人与社会关系和谐方面，《尚书·尧典》有：“克明修德，以亲九族。就九族既睦，平章百姓。百姓昭明，协和万邦，黎民于变时雍。”这是倡导国家、民族与集体的和谐。在人与自然和谐方面，《尚书·泰誓上》的“惟天地，万物之母；惟人，万物之灵”指出人要以天地为母。孟子的“上下与天地同流”（《孟子·尽心》）则是儒家对“天人合一”“天人感应”的体认，庄子的“天地与我并在，万物与我为一”（《庄子·齐物论》）也包含了人与自然原为一体的和谐关系的意旨。在人与人关系和谐方面，孟子的“天时不如地利，地利不如人和”（《孟子·公孙丑下》）是对人与人和谐关系追求的至真表达。还有人自身的内在和谐，包括身体与心理发展的和谐，如老子所倡导的“复归婴儿”及“婴儿心性”，孟子所推崇的“赤子之心”，都是人内心自我和谐极至状态的追求。孔子提出的“质胜文则野，文胜质则史。文质彬彬，然后君子”（《论语·雍也》）则体现了对内外兼修、身心和谐的君子

人格的追求。

中国古代的“中和”思想，是真、善、美、益、宜价值的“中和”整生。关于“和”的“真”之价值取向，如老子说“五色令人目盲；五音令人耳聋；五味令人口爽”(《老子·第十二章》)，认为五色、五音、五味等形式之美，只是悦耳悦目，并不是“和”的理想价值之所在。而认为“道之为物，惟恍惟惚，惚兮恍兮，其中有象；恍兮惚兮，其中有物。窈兮冥兮，其中有精；其精甚真，其中有信”(《老子·第二十一章》)。只有体现了“真”的“道”才是“和”的最高价值取向，才是大美。在“和”的“善”的价值取向方面。如《左传·昭公二十年》说：“和如羹焉，水火醯醢盐梅以烹鱼肉，燀之以薪。宰夫和之，齐之以味，济其不及，以泄其过。君子食之，以平其心。”彰显了“和”之利于君子人格养成的合个体目的之善。《中庸》有：“致中和，天地位焉，万物育焉。”则突出了“和”利于天下人与万物生长的群体目的之善。关于“和”的“美”之价值取向。《左传·晏子论乐》中说：“清浊，小大，短长，疾徐，哀乐，刚柔，迟速，高下，出入，周疏，以相济也。”强调了事物的多样统一的内容与形式之美。这是中国古代对“和”的真、善、美价值取向的认识和表达。到了当代，袁鼎生教授的整生论美学思想则把“和”的多元价值取向进一步丰富和发展，以整生方式把它们统合起来。袁教授明确提出：“生态和谐聚焦多重价值，具有价值的整生性。”[①] 他指出了“中和”整生是既具精神性又具物质性的合规律性合目的性的多元价值的整生取向。

（二）生态美育场的真、善、美、益、宜价值与功能的生态中和

首先是审美场与科技场展开基础性对生，形成的是“真”之生态美育。科学认知活动是人的生态活动的重要组成部分，对其他生态活动有着先导性意义，它实现的是生态真的认知规律与价值和审美规律与价值的统一，使人能将生态真转化为生态美，能遵循生态真创造生态美，是生态审美者系统生成的重要形态和关键环节。杨振宁说“科学与美不可分割”“艺术与科学的灵魂是创新”[②]。李政道说“艺术和科学的共同基础是人类的创造力”“艺术与科学是休戚与共的”[③]。科学认知趋于生态真的境界，对世界内部的生态运动、生态联系、生态

① 袁鼎生．生态和谐论 [J]. 广西社会科学，2007（2）：41-45.

② 梁国钊．诺贝尔奖获得者论科学思想、科学方法与科学精神 [M]. 北京：中国科学技术出版社，2001：12.

③ 梁国钊．诺贝尔奖获得者论科学思想、科学方法与科学精神 [M]. 北京：中国科学技术出版社，2001：15.

规律、生态目的所做的系统把握，就更为简洁和深刻，所形成的科学生态美就愈发精当、和谐、统一。就科学生态美来说，是美与真一体，大美与大真同构，至美在大真的深处。庄子的“庖丁解牛”“吕梁丈夫蹈水”“以鸟养养鸟”，均强调洞悉、把握和运用各种生态活动的深刻规律，最后才能“蹈乎大方”，达到逍遥游境界。随着生态文明时代的到来，生态科学越来越向全科学范围、科学形态渗透，并与全科学门类交叉、重叠和系统整合，逐渐成为主流性、主导性和整生性的科学群，科学审美者也就不断获得、生成和强化了“真”的生态审美的质。

其次是审美场与文化场的对生，形成的是“善”之生态美育，实现的是生态“善”的规律与价值和审美规律与价值的统一。狄德罗说过：“真、善、美是紧密结合在一起的。在真或善之上加上某种罕见的、令人注目的情景，真就变成美了，善也变成美了。”[①] 审美场与文化场的对生是在审美场与科技场对生的基础上进行的，所形成的生态文化审美场，积淀了生态科技审美场的成果。“善”之生态美育在遵循生态“真”的基础上，能将生态“善”转化为生态“美”，创造生态“美”。生态文化是审美场与文化场的对生，要求审美者对文化进行绿色审美，把观念、行为、器物、制度等一切文化形态，作为善的文本，进行绿色审美的阅读，把握其中的生态伦理之美。科学的本质是真理，文化的本质是伦理。伦理是一种依据真态关系发展起来的善态关系，传统的伦理主要关注的是人与人、人与社会的伦理关系，在人类遭受和经历了工业文明带来严重的环境污染等生态危机后，伦理学走向了生态伦理学，拓展了人与自然的维度，主要用以维护人与人、人与社会、人与自然的公平与正义、平衡与稳定、和谐与友好、安定与有序，以促进社会的文明与进步，这实质上就是生态性与审美性的统一。孔子在《论语•八佾》中论《韶》乐时说“尽美矣，又尽善也”，倡导“尽善尽美”，孟子主张“充实之谓美”[②]，荀子提出“不全不粹不足以为美”等，都是倡导完备的善态人格的美，是一种整生的精神之善和社会之善的美。生态文化把善从精神生态领域和社会生态领域拓展到了自然生态领域，完善、丰富和提升了整生之善，倡导了全善之美，潜生暗长了整生之善的绿色之美。

再次，审美场与实践生态场的对生，形成的是“益”之生态美育。人的实践活动，可以产生和创造功利性的“益”之生态价值。尼采曾说过美具有那种

---

① 陈育德. 西方美育思想史 [M]. 合肥：安徽教育出版社，1998：178.
② 万丽华，蓝旭注译. 孟子 [M]. 北京：中华书局，2006：303.

“有用益于、有助于生命的东西所含的‘生物学价值’”[①]。“益”是维系生命存在的价值物，是支撑人类与自然可持续生发和发展的物质基础，是十分重要的生态资源，由此，生发功利性的“益”的实践活动，是人类十分重要的生态活动。生态文明背景下和深生态哲学理念下的实践活动应是绿色的，即为生态实践活动。相应的，绿色审美也在生态审美活动序列中继生态文化之后展开，这是逻辑的必然性使然，因为“益”应是合规律合目的的产物，应在求真向善求美中生发，需以科学、文化和艺术为前提。益作为一种物质功利，建立在真、善的基础之上。人类的生产实践等功利活动，只有循真趋善，才有可能形成益，或者说是才有可能形成更大效度、更高程度、更持久与长远的益。因此，在科学技术日益普遍转化到生产实践时，所形成和应追求的正是这样的生态益。生态之益是一种生态功利价值与绿色环境价值以及绿色审美价值同生共长的益，它在生态实践中形成，更需要生态艺术的融入、生态科学的指导、生态文化的规约。因而，生态之益实为生态艺术、生态科学、生态文化整生之结果，在整生之艺术法则、整生之科学规律、整生之文化目的中生发，是整生之益。整生之益的绿色文本，由此拥有了整生的艺术情韵，整生的科学真韵，整生的文化善韵，形成了整生的实践益韵，有了整生化程度更高的绿色审美价值。审美者在生态实践活动中审美，更形成逐层提升的绿色阅读。对一般的实践活动文本，要读出其显态的真、善、美统一的益韵，还要读出其隐态的生态益韵的向性，更要读出其整生益韵的理想。对于缺失真、善、美统一益韵的实践活动文本，则要有为之“增绿”的自觉意识和行为。如，随着生态文明的发展，低碳经济、循环经济和生态经济将在全球范围内成为普遍的经济形式，实践活动就应相应转型。生态实践活动应该并将取代工业文明时代的非生态实践活动成为主流的普遍的实践活动。对于那些非生态实践活动和反生态实践活动，要勇于、敢于去揭露、批判和改造。在这样的背景下，实践的绿色审美者更加趋于整生态，他是显态的整生之绿的实践审美者与隐态的整生之绿的艺术审美者、科学审美者、文化审美者的统一。于是，审美者的绿色审美素质的系统化程度增高，绿色审美人生的足迹更深和更广。

最后，是审美场与日常生活生存场的对生，形成的是“宜”之生态美育。日常生活是人类基本的生存方式，是人类生态活动的重要形式，它的目标是宜。宜是指适宜，包括宜身、宜心、宜生。宜是美、真、善、益的综合体，美、真、

① （美）赫伯特·马尔库塞．审美之维 [M]．李小兵译．桂林：广西师范大学出版社，2001：101.

善、益是宜的前提和基础。离开美、真、善、益对宜的支撑、规范、统一、融结和聚形，就不可能生成生态美育场的宜。随着社会经济文化的发展，大众文化渐渐兴起并迅猛发展，兴起于欧美并于世界广泛传播发展的日常生活美学，从实践和理论上促进了审美的日常生活化和日常生活审美化，拓展了生态美学和生态美育的领域，为生态审美者提供了日常生活的文本。然而，由于工业文明所带来的影响，当今的日常生活文本还存在着以下三个方面的缺陷：一是生态性的缺失，导致日常生活“缺绿”“少绿”。这是由于消费异化或曰消费主义导致的。鲍德里亚明确指出：“我们处在‘消费’控制着整个生活的境地。”[①]马尔库塞也指出现代社会的消费很大程度上是“为了特定的社会利益而从外部强加在个人身上的需要。”[②]造成的后果就是不考虑后代发展需求，形成了“大量开采—大量生产—大量消费”的线性消费模式，对资源进行掠夺式开发，因此消费主义造成了消费的异化，导致了生产和日常生活的生态性缺失。二是大众文化的商品化导致了复制化、平面化、快餐化和同质化，导致审美性的流失，缺少“绿韵”。大众文化是技术理性和经济力量侵入文化领域的结果，科学的实用价值被推至极端，生产的高效率和利润的最大化被视为其发展的最高目标，艺术作品被批量复制，呈现出平面化、快餐化和同质化，艺术和审美丧失了独立价值，变成赚钱和获取利润的手段，沦落为一种消费品，成了经济活动的附庸。因而，大众文化在使文化艺术走向寻常百姓家的同时，带着商品化“镣铐”，导致了其审美性的流失，缺少“绿韵”。三是由消费主义及大众文化滋生的强制性和霸权性导致人文性的缺失，挤压和削弱了审美自由。消费主义和大众文化的突出特征是强制性和霸权性。表现为消费主义不断给大众制造出暗含强制性的“虚假的需要”，一些大众文化也是由利益阶级（集团）为了达到利润最大化开发和制造的，并以各种媚俗或夸张宣传施与普通大众的，把大众的自主研发、创造和欣赏文化艺术的审美自由也剥夺了，因而是具有强制性和霸权性的消费型文化。“宣传不仅仅提供了一种消费和意识形态，而且更主要地创造着‘我’这样才是自我实现的消费者形象，在这样的行为中消费者认识到自己并与他自己的理想相一致。”[③]这样的社会使人们丧失了主体性，削弱了审美批判性和审美自由。因此，审美需要走向日常生活，因为审美“是一种真正的解放力量，主体通过感性律动和兄弟情感而不是外加的律法联结成群体，每一个个体维护

① （法）鲍德里亚．消费社会 [M]．刘成富，全志钢译．南京：南京大学出版社，2001：5.

② （美）赫伯特·马尔库塞．单向度的人——发达工业社会意识形态研究 [M]．刘继译．上海：上海译文出版社，1989：6-7.

③ Henir Lefebvre. Everyday life in the modern world[M].by Allen Lane The Penguin Press,1971：90.

自己独一无二的特殊性，但是和谐地融入社会”①。

要治好日常生活的上述这三个“毛病”，需要靠生态艺术、生态科学、生态文化、生态实践来共同努力和参与，靠生态艺术的绿色情韵、生态科学的绿色真韵、生态文化的绿色善韵、生态实践的绿色益韵来“输液”和滋养。这说明，日常生活每个人都在过，但要实现日常生活的生态审美，却要有艺术、科学、文化、实践的绿色审美背景，要依次累积上述五个方面的生态审美背景。否则，日常生活，不是他的绿色文本，不能成为生态审美疆域。如法兰克福学派的赫伯特·马尔库塞基于消费异化的观点，认识到发达的工业社会对消费的操纵成为新的控制和压抑人的方式，使人在物欲横流中丧失了批判和超越的思维，成为无个性与思想的“单向度”的人，由此倡导审美教育介入人们的生活和消费活动中，拒绝“虚假性需要”，滋生出“真实性需要”，认为“只有在美的享受中，才能摆脱既有社会对于身心的束缚，才能够完全处于解放的自由之中”②。其实，“真实性需要”下的消费就是生态消费，就是绿色消费，由此，才可在一般的生存之宜基础上，增长出生态之宜，升华出整生之宜。这种整生之宜既宜于日常生活者的全部身心，全部时空，也系统地宜于他者、社会和自然。日常生活的整生之宜，以生态文明的系统生发为背景，在艺术、科学、文化、实践的整生化审美的序态展开中自然实现。整生化的日常生活审美者，在生态审美的历史积淀和逻辑发展中，生态审美修为趋向完备。他在日常生活中的自在自为，顺应了合乎生态审美规律与获得生态审美自由，实现生态审美功利，形成生态审美功能的整生化自由。他潜合暗符生态审美规范相对系统，接受的生态审美教育相对齐全，生态审美素质相对具备，绿色审美人生的程度较高，成为整生性的绿色艺术审美者、绿色科学审美者、绿色文化审美者、绿色实践审美者、绿色生活审美者的中和体。

综上，从生态美育场的真、善、美、益、宜价值与功能的生发中既有各自的相对独立性，又相互作用、相互影响、相互制约，按照一定的逻辑顺序在相生互长、相竞共赢的中和中生发的。

---

① （英）弗朗西斯·马尔赫恩．当代马克思主义文学批评 [M]. 刘象愚等译．北京：北京大学出版社，2002：75.

② （德）赫伯特·马尔库塞．单向度的人——发达工业社会意识形态研究 [M]. 刘继译．上海：上海译文出版社，1989：6.

第三节　桂林景观生态美育场的生成

景观原是一个地理学术语，是地理学家研究自然地理环境，划分地理系统常用到的一个术语，指的是自然地域和水域综合体。但随着时间演变和学科发展的不断深入，其内涵、外延也不断丰富和演进。如从美学角度看，整个地球白天或天气晴朗、惠风和畅，或阴雨淅淅沥沥、缠缠绵绵，夜晚则星光闪烁……则可称为地球甚或宇宙的美的景观。事实上，从人类产生之日起，景观不单纯是一种自然的综合体，而是被人类注入了不同的文化色彩，自然景观也被赋予了不同的文化含义。同时人类文化自身也在生物因素、地理因素、心理因素、文化传播因素等共同作用下而产生、变迁和发展成一道亮丽的景观。因而，景观作为一个涵盖了自然、文化和审美的生态系统，就不仅仅是一个场所空间，而有其自身的场所精神，具有以文化人、以美育人的功能，具有生态美育场的基本特征和功能。而桂林作为一个典型的景观生态文本，既是景观的一个子系统，同时又分有一般生态景观的基本特征，具有整体景观生态美育场的所有特征和功能，具有真、善、美、益、宜的生态中和性美育功能，并在真、善、美、益、宜的生态中和中生发了桂林生态美育场。

一、桂林景观是一个典型的生态美育文本

桂林景观具有一般生态景观的基本特征，而且，因其生发于独特的生境与环境中，又是生态性与艺术性完美结合的典型，是一个典型的生态景观文本，具有独特的生态审美意趣。桂林景观与生俱来的生态性，彰显其深刻的生命内涵与生发规律，其艺术性的生发恰似植物的生长，紧紧根植于喀斯特地貌自然山水的生态性和自然性这个特殊的土壤，灌注了人类与自然的灵气，生成了枝繁叶茂的个体。桂林景观因其生发条件与生长过程，成为生态性与艺术性完美结合的典型。桂林景观文本本身，作为生态视域中的景观经典，无论是其自身概念的历史生成，还是其概念的逻辑发展，都在特殊的生态艺术化过程中展现出生态审美特质与内在生态规律。

（一）桂林景观生态性与艺术性的完美结合

1. 生态性是桂林景观的基座

首先，桂林景观有着良好的生态性。桂林自然景观整体生态性良好。桂林在十几亿年前曾经是汪洋一片，经过地壳运动，并在气候、水文、地质等综合条件影响下，形成了现在的具有峰林平原、峰丛洼地和石林等山水相依的喀斯特地貌。桂林自然山水景观的整体形成是整个生态系统生态运行的结果，体现着内涵深刻的自然规律和生态规律。同时，桂林自然景观系统内部因素间生态性良好。桂林以山水景观著称，山与水呈现出良好的生态关系。桂林的山与水数量、比例是适宜的，因而山水是相依、相生、相成的。桂林的水来自于山，山成为水的源头，滋养了水。反过来，水又滋润着山，装点着山。

其次，在自然景观基础上发展起来的桂林人文景观具有良好的生态性。桂林的人文景观包括民俗、建筑、宗教、文化、农业、科技景观等。这些人文景观既具有它们作为自己特定领域景观的内容和特质，同时作为在桂林自然景观中生长起来的人文景观，体现了人与自然、人与人、人与社会的生态和谐关系，具有浓厚的生态意味。如桂林的民俗景观中，壮族能歌善舞，尤其酷爱山歌，形成了“三月三”歌节。侗族也非常热爱歌唱和舞蹈，把“饭养身子歌养心”贯穿于生产、生活实践中，被称为“生活在舞蹈中的民族”“生活在歌海中的民族”，形成了生活艺术化、艺术生活化的生态化生活艺术景观。在建筑景观方面，如侗族的风雨桥是一种集桥、廊、亭三者为一体，不怕风吹雨打，可遮风避雨具有实用性与独特艺术风格的建筑。壮族的干栏、吊脚楼等建筑，针对建筑大多建于山上或坡地，又因属桂林亚热带湿润季风气候，夏季天气炎热、潮湿多雨，因而设计为底层架空，有利于通风、防潮、防盗、防虫、防兽等。这些建筑风格和样式都充分显示了桂林居民适应自然生态规律的特征。在宗教文化方面。桂林宗教文化资源丰富，“全市有佛教寺庙 64 处，清真寺庙 15 处，天主教堂 4 处，基督教堂 7 处。摩崖石刻及造像达 2000 余件，其中西山的佛教摩崖造像是我国南方仅次于重庆大足石刻的第二大佛教造像群……桂林还有许多价值很高的古塔，这些古塔建筑材料各异，类型多样，具有很高的观赏价值”。它们镶嵌于桂林山水之中，与秀丽恬静的自然风光融为一体，使人们禅经悟道于天地山水间，生态效果良好。在政治、军事方面，红色文化、抗战文化等体现了中国人民不屈不挠的斗争精神和革命意志。在农业景观方面，如龙胜的龙脊梯田依山开发建造，既保证了当地生态资源的可持续发展，又满足了人们的耕作需求，为当地人们的物质生活提供了保障。科技景观方面，如灵渠的开凿，既达到水路交通运输的功能，又起到防洪防旱的作用，使漓江、湘江的生态环境都得到了保护和改善。

最后，桂林自然一人文景观之间具有良好的生态性。桂林自然山水景观与人文景观间的生态性良好。桂林景观虽然是以自然山水景观为主，是山水名城，但是人文景观丰富，彰显出深厚的文化底蕴，因而也是文化名城。与那些要么人文景观突出，自然景观稀少，要么自然景观突出，人文景观稀少的景观相比，桂林自然山水景观与人文景观更具生态中和性，更彰显出自然与人文的良好生态性。如张家界景观吸引着无数游客，它的特点是无限风光在险峰，景区内连绵重叠着数以千计的石峰，山势陡峭、奇险。山中生长着众多植物，除较为常见的古松、杉树、杨树、梧桐外，还有珍贵的红木、楠木，以及不可多见的合欢树等种类的树木，异草满坡，藤蔓绕树，徒步山中，绿韵悠悠，沁人心脾。若空山无人时有“鸟鸣山更幽”的诗化意境。若泛舟或漂流在山谷中的激流险滩上，惊涛骇浪伴着两岸秀色激起心底最原始的对自然的无限向往。虽然张家界山奇水美，有“只在此山中，云深不知处”般使人远离尘世的意境，但是人文景观不多见，是一个自足自得桃花源般的自然仙界，人与自然的依生、竞生关系明显，是一个自足的生态系统，形成的是“可行、可望”的山水生命境界。而桂林形成的是“可游，可居”的山水生命境界。

2. 桂林景观生态性与艺术性的完美结合

首先，桂林自然景观是生态性与艺术性的完美结合，形成天成性艺术景观。生态性与艺术性的完美结合是指景观在生成过程中既遵循自然规律、生态规律，又暗合艺术规律，因而从生态性景观走向生态艺术景观，实现景观的生态艺术化。桂林山水景观不需人工斧凿，自然天成。桂林的山高低起伏，碧绿如簪玉，宛如跳动的音符、起伏的舞蹈。桂林的水，宛如青罗带般，相依着山，缠绕着山，清澈见底，可亲、可游、可戏。桂林的山水遵循自然规律、生态规律，又暗合了艺术规律。正如刘勰所说的“云霞雕色，有逾画工之妙，草木贲华，无待锦匠之奇”（《文心雕龙·原道第一》）。桂林山水的整体形态就是美的形态，达到了生态性与艺术性的统一，是天成性艺术景观。

天成性艺术景观是桂林生态艺术景观历史与逻辑统一的起点。桂林的山，在地质、水文、气候等综合作用下，形成了石骨嶙峋、千姿百态、状物拟人的奇山怪石，如象鼻山、骆驼山、老人山、鹦鹉山、斗鸡山等，栩栩如生，都是世界难寻的天然艺术佳作。山峰高低起伏，错落有致，韵味无穷。由于山的高低、形状及江河的分布，使桂林山水自然景观形成了俊秀、媚秀、婉秀、雄伟和崇高等不同的艺术特色和审美特征。如处于漓江边的象鼻山山势平缓，整体呈婉丽之态，象鼻山自然形成的溶洞犹如大象伸出鼻子在漓江中吸水，其倒影在水中形成水中之月，故名水月洞。于是，漓江、象鼻山与天空构成了“水底有明月，水上明月浮，水流月不去，月去水还流”的诗意境界和天然艺术画卷。秀丽的漓江发源于华南第一高峰猫儿山，它自兴安一路南行，穿桂林城而过，从桂林流至阳朔段，沿岸是发育最为典型的岩溶峰林峰丛地貌，奇峰罗列，河流依山而转，形成“水绕青山山绕水，山浮绿水水浮山”的迷人景色，驾舟游于江上，形成“分明看见青山顶，船在青山顶上行”的意境。沿途形成书童山、浪石奇景、九马画山、黄布滩等景致，加上江岸堤坝上终年碧绿的凤尾竹，随风摇曳，婀娜多姿，亦被称为“百里画廊”。“何必丝与竹，山水有清音”正是对漓江及沿岸美景的生动写照。桂林自然山水景观的艺术性是自然天成、不需斧凿的，是天成性艺术景观。天成性艺术活动是人类最早的艺术活动。根据艾布拉姆斯文学批评理论的观点，文学（或艺术）由世界、作者、作品、读者四个部分构成，具体来说，包括艺术欣赏活动、艺术研究活动、艺术创作活动及艺术世界的生成。天成性艺术活动主要是以欣赏为主体和载体的艺术活动，其他的诸如艺术批评活动、研究活动和创造活动，以及由此而促发的艺术世界的生成和生发活动，都包含在欣赏活动中。其中选择是艺术欣赏活动的生发机制，也是艺术批评、艺术研究、艺术创造以及艺术世界的生发机制。可以说，最早的艺术欣赏是人的艺术活动潜能和整体艺术活动潜能的实现，而不仅仅是人的欣赏潜能的单项性实现。因此，虽然天成性艺术活动生态圈仅聚焦于、内在于欣赏活动中，但它包含了艺术活动各个位格的要素与基因，具备了生长出艺术活动循环圈的潜能与要求。正因为如此，它才成为人类艺术的发源形态。艾伦·卡尔松认为自然与艺术在本质上具有同一性，他说：“我们的自然欣赏是一种审美欣赏，而且在特性与其结构方面与艺术有相似性。二者之所不同在于：艺术范畴与知识由艺术批评提供，艺术史则与艺术欣赏相关；在自然欣赏中，范畴是自然范畴，知识则由自然史、自然科学提供。”① 爱默生也说过：“在一些凑巧的时刻，我们看到自然好像和艺术成为一体，自然像是完美的艺术——天

① A. Carlson. Nature and positive aesthetics [J].Environmental Ethics6,1984，6（1）：5-34.

才的作品。”[①]

其次，桂林人文景观生态性与艺术性的完美结合，形成生存性艺术景观。对于人文景观，特别是经典的人文景观，也是遵循自然规律、生态规律与艺术规律、艺术法则的统一。由于桂林的人文景观是衍生于桂林山水间，其生成、生长往往遵循着自然规律、生态规律与艺术规律的三位一体，因而形成了附丽于桂林自然山水景观的人与自然、人与社会结合的生态艺术美。如被誉为“世界最美梯田”的桂林龙脊梯田，在梯田开挖时，突出和强调了对水循环、物质与能量循环等生态规律的尊重与保护，遵循着等高线等科学原理，形成了集梯田、土地、森林、水源、人（村寨）为一体的整体建构，因而才有了梯田及其周围生态系统的可持续发展，龙脊梯田也被称为大地雕塑和大地艺术。龙脊的壮族干栏建筑不仅宜居、宜生，其独特的建筑风格也成为龙脊梯田景观中的一道亮丽的风景线。充满着人与自然、人与人、人与社会和谐的龙脊古村落也被评为首批国家级古村落。

最后，纯粹艺术景观的生态性与艺术性的完美结合，形成自然性、生态性艺术景观。桂林山水自然景观是桂林纯粹艺术景观生发的土壤。“文章借山水而发，山水得文章而传，”[②]这正是桂林纯粹艺术的写照。如桂林山水文学的形式多样，包括神话、传说、故事、诗词、散文、游记、观赏解说词等，几乎都是在山水景观的自然性、生态性下催生出来的。桂林自然景观的每一座山，每一湾水，以及由山水形成的线条、色彩、光影和形状都饱含着诗情画意，于是它就成为文人雅士的抒情作品。据不完全统计，关于桂林山水的民间神话、故事和传说，就有一千多篇；咏叹桂林山水的诗词歌赋有四千余首；散文和游记，有一千多篇；南朝时代便有了摩崖石刻，至唐宋更多，元明清又增添不少，包括诗、词、歌、赋、骚、记、告、赞、碑、铭志、祭文等体裁的作品，共计两千余件。如黄庭坚《过桂州》的“桂岭环城如雁荡，平地苍玉忽嵯峨；李成不在郭熙死，奈此百障千峰何？”韩愈《送桂州严大夫》中的“江作青罗带，山如碧玉簪”，白居易《送严大夫至桂州》的“山水衙门外，旌旗艛艓中”等，都形象地描述了桂林城在景中、景在城中的审美和艺术特征。到了现代，朱德、陈毅、徐特立、郭沫若、贺敬之等革命家、诗人游览桂林时，都留下了世人传颂的名篇，陈毅更是留下了“愿作桂林人，不愿作神仙”的感叹。桂林的生态书

① （美）爱默生．论艺术 [A]// 胡经之，伍蠡甫．西方文艺理论名著选编（中卷）[C]. 北京：北京大学出版社，1986：87.

② 周佩铎，郭其中，刘寿保．论桂林历史文化名城的主要特色和整体保护 [J]. 社会科学家，1987（4）：102-108.

法艺术景观——摩崖石刻是依托桂林山水而产生的，获得了“唐碑看西安，宋刻看桂林”的赞誉。在生态绘画艺术上，形成了以传统中国画为主体，以表现桂林山水意韵为主题的桂林漓江画派。如北宋的米芾曾画过《阳朔山图》，后失传。该摹本今藏于桂林博物馆。今尚可见有米芾自画像刻于还珠洞石壁上。中国历史上就有很多画家都画过桂林山水或因画桂林山水成名，如清朝初期的石涛及20世纪的齐白石、黄宾虹、徐悲鸿、李可染、张大千、关山月等。石涛是山水画的一代宗师，他曾在全州湘山寺静修，并在寺中刻有兰花图，其所刻兰花，碧叶迎风舒展，欲拂行人，暗香隐隐，似从石壁逸出，可谓神品。齐白石、黄宾虹、徐悲鸿、李可染、张大千、关山月等都到过桂林，齐白石创作了《独秀山》《漓江泛舟》等作品。黄宾虹创作了《桂林山水》《阳朔山水》《八桂豪游图》等经典画作。当时众多以桂林山水为题材者，以徐悲鸿先生的《漓江烟雨》最为著名，以大泼墨绘出山光云影，笔致洒落、殊有新意，后来他还创作出了《青厄渡》《漓江两岸》等画作。张大千在桂期间曾有画作《漓江山色》。关山月也创作了不少以桂林山水为题材的画作，如《月牙山全景》《訾洲晚霞》《桃花江》等，他还专门花了两个多月时间，创作了浓缩桂林漓江桥至阳朔段美景的一幅宽32.8厘米，长2850厘米的长卷《漓江百里图》，50年之后，他又创作了一幅《漓江百里春》。之后，黄格胜于1985年完成长达200米的长卷《漓江百里图》。作品全面地反映了漓江从桂林到阳朔的全程风光，既有气势磅礴的大山大水，又有细致入微的细节情趣，漓江的山形地貌、渔村农舍、晨昏晴雨、古榕吊竹、渔舟倒影等无不有机地包容其中。2015年5月，美国总统奥巴马收藏了著名旅美画家谢天成的国画《漓水月光行》，这无疑让桂林山水的美在国际上大放异彩。

（二）桂林景观其他特性在生态性与艺术性的基础上生发

生态性与艺术性的完美结合是桂林景观的整体特质和基本特质，同时，桂林景观具有自然性、审美性、科技性、文化性、教育性等特征。

1. 自然性

自然性是桂林景观的重要特征。桂林既是山水名城，又是历史文化名城。不论是其山水还是历史文化景观，都具有自然性，显现的是自然、人和社会的本真性。但其深厚的历史文化底蕴是由美丽的山水衍生出来的。首先，桂林的山水景观是自然天成的，具有自然性。相比其他园林景观，桂林的自然山水景

观的自然性特征尤为突出。如苏州园林是中国古典园林的典范，拥有诸多著名的景点，如网师园的“月到风来亭”，虽有风、月等自然景物，然而亭子及三面环水之水池毕竟是人造的，仍具有人为痕迹，而桂林象鼻山的“象山水月”之水是漓江自然流经之水，山是自然生成之山，“月”也是象鼻与漓江对生而成的“江上月”“水中月”与“天上月”的自然共生。苏州留园的冠云峰充分体现了太湖石的“瘦、漏、透、皱”之美，然而毕竟是由太湖中迁移至此，而桂林美如“碧笋玉簪”的无数石峰却是原生的，有“南天一柱”之称的独秀峰也是拔地而起的大地艺术。因此，桂林自然景观的自然性、生态性特征凸显。在人文景观方面，相比其他园林的人文景观，桂林的人文景观也更具有自然性、生态性的特点。如桂林的石峰，特别是市区的石峰上有大量的碑刻和摩崖造像，这些刻写在天然的石壁和山崖上的碑文，不仅使桂林获得了“看山如观画，游山如读史”的美誉，而且也较那些人为准备的木刻或碑刻或书写在匾额上的书法作品的自然性要高。

2. 审美性

卢梭说过：“一切真正的美的典型是存在大自然中的。”审美性方面，由于桂林自然景观和人文景观都具有高度的艺术性，而艺术的核心特征就是审美性，因而桂林景观的审美性特征突出。桂林的自然景观，由于其典型独特的亚热带喀斯特地貌，生成了独具特色的形式美，2014 年以桂林喀斯特地貌为代表和提名地之一的“中国南方喀斯特”第二期世界自然遗产获得成功，这标志着桂林喀斯特地貌正式列入《世界遗产名录》。桂林阳朔峰林在《中国国家地理》(2011 年第 10 期)“选美中国”活动中被评选为“中国最美的五大峰林”第一名。专家们通过全球对比研究后认为，桂林喀斯特峰林平原在“分布面积之广，石峰形态之优美，石峰相对高度之高和分布密度之大”，皆为世界第一。2015 年桂林阳朔峰林再次荣登“2015 旅游业最美中国榜•中国最美五大峰林”榜首。我们知道，形式美关涉到景观的层次分布、虚实搭配、质感配置、疏密组合、明暗对比、上下起伏、对称尺度、平衡比例等构景法则与组景规律，如景观的高低配置能在空间上产生层次感，内外配置产生曲径通幽感，亭台楼阁产生停顿，这与音乐艺术中的缓急、高低、曲折、停顿等艺术处理有异曲同工之妙。桂林的山水景观，山与水数量比例适宜、位置经营恰当，疏密组合适宜，既没有形成山对水的挤压，也没有形成水对山的吞没，而是形成“千峰环野立，一水抱城流”的山环水绕、山水相依相生的环形圈结构，既有水的灵动秀逸，又有山的挺拔俊逸，山水相生而成俊秀之美。也使得整个景观动静交织，在近景和远景及留空处的对比布局的关系形成虚实相济，生成于“山重水复疑无路”时，却迎来“柳暗花明又一村”的曲直对比，赋予了整体景观一种音乐般的律动之美。附丽、衍生于山水景观中的桂林人文景观也无不体现出人文生态美，如雕凿于山水景观中的桂林人文景观精品——桂林摩崖石刻和造像等，既有书法绘画的艺术之美，其内容又蕴含着中国深刻的哲理观念、文化意识和审美情趣，实为生长于山水景观中的生态艺术品。由于生境良好，也催生出丰富多样的戏曲景观如桂剧、彩调、文场、零零落等，其中桂剧、彩调、广西文场（申报地为桂林市）和桂林渔鼓先后被列入国家非物质文化遗产代表性项目名录。桂林还把这些传统戏曲景观，如彩调、文场、零零落等作为充实景观园林内容的组成部分，如现在的“两江四湖”景区的玻璃桥、东南亚景观园处，每周固定有几个晚上由戏曲文化志愿者演出彩调、文场、零零落中的经典曲目。这些演出除了形美之外，还有声美，且载歌载舞，与山水园林情趣在整体上是协调一致的，呈现出生态艺术之美。

3. 科技性

艺术求美，科学求真，二者虽各有侧重，但同时又是相辅相成、对生并进的。科学认知活动是人们对自然规律的认识，技术则是人们对所认识之规律的运用，是对“真”的探求、反映和运用。人们对自然规律认识的正确性、深刻性、全面性直接影响人与自然的耦合对生性，从而影响人们生存的状态。人们是否能诗意地生存与科技有关，与科技是否求美、显美有关。从本真意义上来说，科技也应该是显美、求美的，因而科技景观应既具有科学性又具有审美性。陈从周先生说过“造园，综合性科学也，且包含哲理，观万变于其中”[①]。如白居易和苏东坡等在设计规划和修建西湖景观时，都把西湖的灌溉、防洪、防旱等作为首要因素考虑，并在此基础上筑堤造景的。这样的设计理念既体现了生态规律，也体现了科学技术的运用。桂林的科技景观也是如此，它们是以科技性为基础，融合真、善、美、益、宜于一体的景观。如与郑国渠、都江堰并称为秦代三大水利工程的桂林兴安灵渠，就是科学技术与人文意韵结合的完美演绎。其设计修建不仅符合水利工程原理，设计出了以“大小天平”为核心的“人”

---

① 陈从周．园韵 [M]. 上海：上海文化出版社，1999：38.

字形分水坝、斗门等利于通航的设施，具有“真”之美，而且其“人”字形分水坝等设施又充满着形式与内容相统一的善之美、益之美、宜之美，是自然规律、生态规律与艺术规律的有机结合与融通。又如桂林榕湖的玻璃桥，既以科学性为基础，又是有创意的精美桥梁工艺品，具有典型的科技美的特征。该桥从榕湖北路连接榕湖春岛，桥长22.4米，宽2.64米，共有5个桥拱，桥型如欧式景廊，为保证其稳固性，采用钢结构承重体系，其余的包括桥的外部立面、栏杆支柱、廊顶屋面及廊檐口等均采用纯玻璃装饰，使整个桥体明净透亮，玻璃表面进行防滑彩釉花纹处理，独特新奇，晶莹剔透。桥拱下、栏杆柱及廊柱内部安装特种光纤，以内透光表达出玻璃构件的亮丽清纯；廊顶支架中均匀镶嵌蓝色或紫色荧光灯具，用照明光感柔化钢梁的质感，全方位地表现出玻璃的生动和张力，产生强大的视觉吸力，湖岸及桥头设置的暖色泛光，照度恰到好处，既增加背景亮度又映衬出玻璃桥的倩影，使之犹如神话中的水晶宫殿。玻璃桥临水而立，冰清玉洁；晚上在灯光的映照下，色彩斑斓，如梦似幻，让人产生漫游仙境的感受。榕湖玻璃桥这座充满创新意念的精美工艺品，融通了科技与美，为我国园林式桥梁的建设发展做出了有益探索和尝试。

4. 文化性

自然景观的文化性以及其对人的人格精神的熏染，古人已有论述，如孔子说“仁者乐山，智者乐水”(《论语・雍也》)。把山的厚重与稳定比德于人的“仁”之品格，把水的灵动比德于人的智慧品格，又说“岁寒，然后知松柏之后凋也”(《论语・子罕第九》)，把松柏的凌寒不凋比德于君子的坚强性格，等等。“生态系统是文化的‘底基’，自然的给予物支撑着其他的一切。”[①] 桂林景观不仅有美丽的自然山水景观，还有丰富的历史、民俗、建筑、政治、军事等人文景观，使人们游览桂林时获得“看山如观画，游山如读史”的人文精神的陶冶，感受和体验到桂林景观场域中独特的文化特色及精神内涵。如桂林史前文化丰富，是目前中国发现洞穴遗址较丰富、较集中的地区之一，有“旧石器时代晚期洞穴考古看法国，新石器时代早期洞穴考古看桂林”[②] 的说法。如桂林资源县晓锦寨山坡遗址是1996年发现，经考查被确定新石器时代晚期遗址。[③] 甑皮岩遗址为1965年发现的，现已建成的甑皮岩遗址博物馆是目前广西唯一的史前遗

① （美）霍尔姆斯・罗尔斯顿．环境伦理学 [M]. 杨通进译．北京：中国社会科学出版社，2000：4.
② 李湘萍．拾历史遗粹，铸精神家园——柳州、桂林文博事业巡礼 [N]. 广西日报，2010-6-20（3）.
③ 罗素玲．晓锦古遗址，距今4700年 [N]. 桂林晚报，2000-04-12（1）.

址博物馆。考古遗迹有利于人们研究和了解古代人类活动，“对于古代的遗物，自一瓦一钉以至于残碎的小偶像，都是十分宝贵的，有时一片碎陶器叙述出来的古代生活和艺术反而较之王宫王墓更为重要。”① 因此，桂林的史前文明景观会使游览者感受到桂林原始先民所创造的璀璨文化。总体而言，不论是桂林自然景观还是人文景观，充满着深厚的人文意蕴，熏陶人们的情感、意志与人格，促进人们精神境界的提升。人们鉴赏景观，不仅仅是一个观看外在景观的过程，而是“尽量将环境同我们的身体周遭和景观、同我们对景色的视觉、知觉和我们所阐释的理念、态度联系起来”②，即我们原有的知识、观念、信仰和态度都参与到了经验的过程当中，并在此基础上建构和形成新的经验。因而，不论是自然景观还是人文景观，都会有一定的人文内涵和人文精神，而不仅停留在给人们以美感和愉悦上，并且具有激发人们的情志，给人以心灵的慰藉，对人的人格和精神予以陶冶的功效。

5. 教育性

随着社会的发展，人们越来越趋向于出行旅游、休闲等户外活动，于是，景观逐渐成为人们获取知识、接受教育的重要途径之一。实际上，人的认知活动随时随地都在进行，“认知是在感应的基础上建立的，强调以往感应过的环境刺激再现大脑和再认识”③。在人们的自愿性、自发性旅游活动中，文化传承、行为习惯、艺术修养、环境保护等人类思维都可以在人们的观景活动中反复被影响，从而提高人类的整体素质，使社会环境得到优化。1969 年，美国设计师路易斯提出“4E”景观建设方法，分别是教育（educational）、生态（ecological）、美学（esthetic）和环境（environmental），并提到将“景观栖息地作为教育的区域”④。“行万里路”与“读万卷书”同样重要，且二者可以相互促进。景观可以是教育学中所说的隐性课程，无须人为说教，人们在驻足、观赏、参与其中之时就已受到它的滋养和哺育。“在美国的公民教育中，田野研究是一种有计划的旅行式的学习体验，它是田野旅行（field trip）改进后的形式 ……使学生能够置身于真实的环境中学习。”⑤ 人们沐浴于自然景观中的花草树木、山川、溪流中，会不知不觉地受到润物无声的陶冶，儒家“仁者乐山，智者乐水”的“比德”

---

① 谢辰生．纪念西谛先生诞辰百周年郑振铎文博文集代前言 [N]. 中国文物报，1998-10-28（2）.

② D.W.Meinig.The Interpretation of Ordinary Landscapes[M]. New York:Oxford Univercity Press，1979：3.

③ 王兴中．对旅游景观认知构成与评价的浅见 [J]. 人文地理，1990（1）：15-19.

④ 转引自张毅川等．景观设计中教育功能的类型及体现 [J]. 浙江林学院学报，2005（1）：98-103.

⑤ 转引自王红．美国公民教育的目标、内容、途径与方法综述 [J]. 外国教育研究，2004（3）：14-17.

说就是看到了自然山水景观对人的品德的化育、生成作用。“自然是思想的载体，在简单的层次上是如此，在更深的层次上也是如此。”① 有人类设计或改造痕迹的人文景观或园林景观对人的教育熏陶作用则更为明显。如被称为“晚清第一园”的扬州何园，园中东北角有一座读书楼，是何家长子何声灏当年读书的地方。要登上此楼，需绕过东侧三段小路，有“书山有路勤为径”的寓意；读书楼前的地面是用鹅卵石铺成的水波纹，有“学海无涯苦作舟”的寓意。人们游览何园，还会得知，何氏家族历来重视教育，厚学重教、诗礼传家，精英满门，出现了“祖孙翰林”“兄弟博士”“父女画家”“姐弟院士”等，还不吝出资办学，兴办了“持志大学”（上海外国语大学的前身）。游人到此游览，无不深受教育和感染，感受到何氏一家之所以自清朝到现在仍精英不断，与其重视教育有着千丝万缕的关系。就桂林的景观而言，由于桂林山水美景世界闻名，又是历史文化名城，因而其教育性特征也是非常凸显的。人们通过游览观赏，可以受到德育、智育、体育、美育等方面的教育。如游人通过参观游览蒋翊武就义处纪念碑、红军长征突破湘江烈士纪念碑园等景观，可受到爱国主义教育；通过游览观赏桂林的自然、文化景观，旅游者可以获得包括历史、民族风情、农业生产、科学技术等方面的知识，起到景观智育的功能；通过在桂林的参观游览、徒步、自行车绿道骑行、漂流等达到锻炼身体和意志，发挥景观体育教育的功能等。此外，桂林景观还可以作为国家课程出现在中小学教材中，发挥其教育性功能。如作家陈淼的《桂林山水》被编入人民教育出版社的小学语文新课标教材、语文出版社的小学语文新课标教材，贺敬之的《桂林山水歌》被编入语文出版社的初中语文新课标教材，让无数因种种原因未能来桂林旅游的人，在品读该文章时，通过联想和想象性体验获得美的享受和愉悦，并产生“我想去桂林”的审美冲动。

二、桂林景观生态美育场的生发

罗尔斯顿认为自然具有经济价值、生命支撑价值、消遣价值、科学价值、审美价值和生命价值，具有多样性和同一性价值等。② 桂林景观作为一个典型的生态美育文本，由于其生态性与艺术性的完美结合，又具有自然性、审美性、科技性、文化性、教育性等特性，因而能在其景观生态审美结构和特征的生态

① （美）爱默生. 自然沉思录：爱默生自主自助集 [M]. 博凡译. 天津：天津人民出版社，2009：27.

② （美）霍尔姆斯·罗尔斯顿. 哲学走向荒野 [M]. 刘耳，叶平译. 长春：吉林人民出版社，2000：122-139.

中和中生发出生态美育场，具有真、善、美、益、宜的生态中和性美育功能，化育出生态审美者和生态审美世界。

（一）桂林景观生态美育场的真、善、美、益、宜中和整生功能

桂林景观“真”的生态美育功能。巴里·康芒纳认为“大自然最有智慧”[①]。钟灵毓秀、山明水秀的自然环境能滋养和造就出聪明杰出的智慧人才。我国教育家陶行知先生提出“生活即教育”的主张，他提出“真教育是在大自然与大社会里办……到大自然里去追求真知识”[②]。倡导大自然和社会生活中的教育。于桂林景观中进行美育，可以美启真，美、真相生相长。景观的欣赏，往往是与思维的活跃、知识的获取、情感的激发融为一体的。如成就李白“诗仙”的创造成就与他“五岳寻仙不辞远，一生好入名山游”是分不开的。安徒生的童话之所以具有不朽的魅力，与他从小生活在优美迷人的自然环境中密切相关。贝多芬在与友人谈到《田园交响曲》的创作时说：“周围树上的金翅鸟、鹑鸟、夜莺和杜鹃是和我们一块作曲的。”[③]艺术美源自生态美，艺术美的规律源自生态美规律的深化，并和最深刻的生态规律相关联。如桂林的峰林、峰丛景观，其拔地而起的挺拔俊俏之美，正是其喀斯特地貌及亚热带气候、水文等构成的生态系统按照生态规律运行的结晶。泰戈尔曾说：“在花丛里存在美；在果实里存在着甜蜜；在生物里存在着同情；在对‘多数’发出自我恳求的地方，我们就从内心感受到自己个别与世界关系的永恒结合。”[④]游览者进入桂林景观场中，不仅可以欣赏感受桂林景观之美，还可以学习和了解关于桂林喀斯特地貌发育、形成方面的知识，可以学习和理解灵渠设计的科学、巧妙之处，还可以学习和理解龙胜龙脊梯田所遵循的生态规律，所体现的人与自然的和谐。因此，真和美二者不可分离，真的事物一定蕴含着美，反之，美的事物也一定蕴含着真。同时，掌握科学知识的“真”也有利于人们认识事物之美。艾略特就非常强调根据生态学知识来欣赏和评价自然：“生态学家们所看见和估价的，是他们对生态机制的理解的表现，正是这种生态机制使景观维持它现有的样子并决定它按照这种样子向我们显现。这就像有关艺术史、绘画技术等的知识，决定我们对艺术的审美评价并改变我们的审美知觉那样，生态学的知识具有将迄今为止的

① （美）巴里·康芒纳．封闭的循环 [M]. 侯文蕙译．吉林：吉林人民出版社，1997：1.

② 江苏省陶行知研究会，南京晓庄师范陶行知研究会．陶行知文集（上册）[M]. 南京：江苏教育出版社，1997：463.

③ 徐恒醇．生态美学 [M]. 西安：陕西人民教育出版社，2000：69.

④ （印）泰戈尔．泰戈尔论文学 [M]. 北京：人民文学出版社，1984：260.

对景观的理解转变成为一种强制形式的作用。”[①]科学知识是怎样和为何将自然世界变得似乎美丽起来？罗尔斯作了初步的回答“生态学描述发现整体、和谐、相互依赖、稳定性等等……从而改变了我们的和谐、稳定等观念，使我们在以前看不见美的地方看见了美”[②]。倘若人，特别是城市里的孩子，过多地生活在人工化环境里，缺乏接触自然，缺乏与自然对话的机会，就容易造成感性知识贫乏，想象力和创造力有被扼杀和泯灭的危险。

桂林景观“善”的生态美育功能。艺术求美，科学求真，文化求善。罗尔斯顿提出“在生态系统机能整体特征中存有与之俱来的道德要求”[③]“荒野是我们的首份遗产，是我们伟大的祖先，它为我们提供了接触终极存在的体验”[④]。于桂林景观中进行美育，可以美蕴善。自然景观可以熏陶感染人的性情、人格和精神，儒家把这种以山水之形态比作仁、义、智、勇等美德的方式归纳为“比德”说。桂林的文化景观具有深厚的人文性，因而能使进入景观区域的审美者既能接受美的熏陶，又能接受景观中的历史景观、建筑景观、民俗景观等文化景观的人文性熏陶，提升人的人格与精神境界，从而实现“求善”与“育善”的目标与功能。如历史文化景观作为景观的一种就不仅具有审美价值，还具有历史文化的价值。例如，蒋翊武就义处纪念碑，处在美丽的榕湖岸边，游人到此参观，既可欣赏到榕湖及其周围的秀丽风景，又可感受到蒋翊武为争取中国民主主义革命的胜利不畏牺牲、英勇就义的无畏精神，于美丽景致中进行的“善”的教育，效果可能要胜过学校老师在教室里对学生进行机械的说教。而且美育作为一种教育形式，在具体的教育实施过程中不应也不可能把美育仅仅局限于纯粹的审美范畴，而应该在单纯的审美教育之外充分实现其综合的教育价值。这就要求审美者进入景观场之前，可以预先了解到相应景观物的历史、民俗文化、节庆文化、建筑文化等，进入景观场之后就可更深入地感受和体验到景观场域中独特的文化氛围和人文精神。桂林景观“善”的功能和价值其实就是审美活动个体价值与社会价值统一起来，使山水既有熏陶和怡悦的审美价值和功能，又有提升个体道德境界，具有“适意而已”的精神解放与超越。

桂林景观“益”的生态美育功能。爱默生很反对把美和实用划分开来，认

---

① A. Carlson.Aesthetics and Environment:The Appreciation of Nature[M].New York:Routledge,2000：85.

② A. Carlson.Aesthetics and Environment:The Appreciation of Nature[M].New York:Routledge,2000：86.

③ Holmes Rolston,III. Philosophy Gone Wild: Essays in Environmental Ethics Buffalo[M].N.Y.: Prometheus Books, 1986：13.

④ Holmes Rolston,III. Philosophy Gone Wild: Essays in Environmental Ethics Buffalo[M].N.Y.: Prometheus Books, 1986：121.

为“人们把艺术想象成有些和自然相反，从开始就充满着死气。如果从较高远的地方开始——先为理想然后再说吃喝，就在吃喝里，在呼吸里，在各种生活功能里来为理想服务——这岂不是要比较好些吗？美必须回到实用艺术里去，美的艺术和实用的艺术这个分别必须抛开”①。于桂林景观中进行美育，可以实现以美促益。人类的实践是功利活动，是循真向善成益的。益有真善内涵，然后生成美，于是真、善、美、益相辅相成、相互生发、相得益彰。桂林景观中有相当多是美与益结合的景观，如龙胜的龙脊梯田，既是大地艺术，居民们又可以进行耕种，获得粮食等经济效益。如阳朔的遇龙河油菜花景观、生态金橘产业示范带，恭城红岩的月柿、西岭的桃子生态水果产业示范带等，每年大量的游人到此参观游览，既给游人带来了美的享受，也给当地带来的巨大的经济效益，因而景观的美与益是可以相生共赢的。

桂林景观“宜”的生态美育功能。于桂林景观中进行美育，可以起到以美、真、善、益促宜，以美、真、善、益成宜。人们在景观场域中进行生态审美，在美、真、善、益等方面得到了提高，促进了身心的全面和谐和健康发展，因而对于身心起着“宜”的作用。谢灵运的《石壁精舍还湖中作诗》中说：“昏旦变气候，山水含清晖。清晖能娱人，游子憺忘归。”李清照在《怨王孙·湖上风来波浩渺》中说“水光山色与人亲，说不尽、无穷好”。如人们游览桂林景观，要欣赏美景，往往需要走路或攀爬，比如要观赏和感受桂林阳朔月亮山之“月亮”，需要游人的走动和位移参与造景，由于月洞后峰的叠印随着游人所在位置的移动，月洞呈现的形状会从弯弯的上弦月，逐渐变成半月、圆月，继而又变成下弦月。在这游人参与造景的奇妙过程中，游人既得到了美的享受，又使身体得到了锻炼，“宜”身亦“宜”心。根据国内外专家、学者的研究结果，环境绿化在改善生态环境的基础上能够使人们身心愉快，减少疾病并延长寿命。如保加利亚的斯莫利安村被针叶树林笼罩，路旁繁花盛开、芳香四溢、风景如画、秀丽宜人，百岁以上老人有65名，我国广西巴马瑶族自治县花草树木资源丰富，绿化覆盖率较高，总人口23万多人，就有70多位百岁老人，有3100多位80～90岁的老人，是目前世界五大“长寿之乡”之一。许多研究证实，情绪状况直接影响人们身体内在的生化过程。当人们处于积极的情绪状态时，体内的内分泌系统会释放出对人们身体健康有益的特种物质，使人们精神愉快，引起血压下降大约20毫米汞柱，脉搏跳动每分钟减少8次左右，起到延长其寿命的

① 伍蠡甫，胡经之．西方文艺理论名著选编（中卷）[M]. 北京：北京大学出版社，1986：92.

效果。当人们处于负面消极的情绪状态，心情比较郁闷时，在人的体内会产生对神经系统以及心血管系统有害的特种物质，不利于人们的身心健康。[①]而环境的绿化美化在促进人们积极心理状态的产生和保持中有着重要作用，是人们身心健康的重要保证。

（二）桂林景观生态美育场生发化育出生态审美者和生态审美世界

桂林景观生态美育场以它的生态性与艺术性、人文性、科技性等熏陶和化育出了生态审美者，被化育的生态审美者以生态审美的态度和意识去创造生态审美世界，于是生态审美者和生态审美世界对生共进，耦合旋升。桂林景观生态美育场所化育出来的生态审美者，一方面，具有普通生态美育场生态审美者的普遍的、一般的和典型的特征和素质，如以生态整体主义为哲学基础的，整生化的生态审美意识与态度、生态审美理想和生态审美能力。另一方面，由于桂林景观作为典型的景观生态文本，具有一般景观的生态审美特征，包含着类型性与普遍性，同时又具有自身的个性和独特性，因而桂林景观生态美育场培育出来的生态审美者，具有独特的个性特征。所谓物华天宝、人杰地灵，一方水土养一方人。环境与人是互动相连的，人体之美与环境之美是相塑互造的，因而才有了不同地区环境美与人体美的对应匹配。重庆滋润飘逸的水雾与起伏流转的地形，就塑造了重庆女性秀逸白嫩的体貌。人的生态活动要合相应的生态规律方能实现生态自由。而最深刻的生态规律，往往也潜含着深刻的艺术规律特性，与艺术规律相关联。桂林为典型的喀斯特地貌，山清水秀，洞奇石美，山与水相依相生，比例协调，天生一幅清新淡雅的水墨画生境，呈现出大自然特有的深刻的生态规律与大地艺术规律的耦合对生和天然合一，加上桂林深厚历史文化底蕴，于是桂林景观整体生态结构均呈现出俊秀的审美特征和风格，因而有“桂林山清水秀出丽人”之说，其培育和生化出的生态审美者皆染上俊逸秀雅之风貌。

桂林景观生态美育场生发、化育出来的生态审美者，会以生态审美的态度去对待一切自然、社会和人等所有客观存在物，以生态审美的准则去判断是非、善恶与美丑，并把生态审美意识内化、转化为生产和生活实践中的具体行为，以生态审美的精神和境界去对待和改造自然、社会、人和自身，推动自然、社会、人的生态化审美化发展，推进整个世界的审美生态化发展，进而创生生

① 陈晓慧，孙涛．城乡一体化建设中环境绿化的审美效果分析 [J]. 农村经济与科技，2013（2）：67-68.

态审美世界。与一般的生态美育，特别是学校封闭的教室里实施的生态美育相比，景观生态美育需要审美者走近景观，走进景观，直接观察和直接感受景观的生态之美，因而更具有开放性、参与性和实践性，更具直观性、形象生动性和鲜活性。人们在审美欣赏中，不仅能感受到景观自然生态美的无限生机的魅力，也可以加深对生态问题的直接感悟，因而比在封闭的教室里单纯地授受和思辨的美育更有影响力。对于景观美育，特别是自然景观美育的独特作用，恩格斯曾生动地描述过他在大海中航行感受到的"幸福的战栗"："那里，波涛汹涌，永不停息，那里，阳光从千千万万舞动着的小明镜子中反射到你的眼里；那里，海水的碧绿同天空明镜般的蔚蓝以及阳光的金黄色交融成一片奇妙的色彩；那时候，你的一切无谓的烦恼，对俗世的敌人和他们的阴谋诡计的一切回忆都会消失，并且你会融合在自由的无限精神的自豪意识之中！"① 鲁枢元教授也说："我们每个人都会有置身在大自然怀抱之中，从而体验到心胸变得宽阔，头脑变得清静，心情变得怡然的美好感受……人的精神境界确实会获得一种美感，一种升华。"②

小　结

根据马斯洛的需要层次理论，审美需要是人的高级需要，"这种现象几乎在所有健康儿童身上都有体现。这种冲动的一些证据发现于所有文化，所有时期，甚至可追溯到洞穴人时代"③，"追求和满足高级需要代表一种普遍的健康趋势。"④ 艾伦·迪萨纳亚克也认为"艺术也是生物的或'自然的'。可以被看作是一种天然而普遍的倾向"⑤。美育就是要满足和促进人的审美需要和审美素质的发展。传统的美育主要是以艺术教育为主的美育，主要强调在学校教育中实施，忽视包括自然科学与人文科学在内的学科美育、生产实践与日常生活美育，忽视家庭美育、社会美育和成人美育，显现出美育的单一性、阶段性和片面性，以及基于对工业文明造成的自然资源的枯竭、大气污染、温室效应等严重生态

① （德）马克思，恩格斯．马克思恩格斯全集（第41卷）[M]. 北京：人民出版社，1982：95-96.

② 鲁枢元．精神生态与生态精神 [M]. 广州：南方出版社，2002：68.

③ （美）马斯洛．动机与人格 [M]. 许金声，程朝翔译．北京：华夏出版社，1987：59.

④ （美）马斯洛．高级需要与低级需要 [A]// 马斯洛等．人的潜能和价值 [C]. 林方主编．北京：华夏出版社，1987：202.

⑤ （美）艾伦·迪萨纳亚克．审美的人 [M]. 户晓辉译．北京：商务印书馆，2004：7.

危机的反思，基于深生态哲学的生态整体主义理念，基于整生理论，生态美育以生态审美者和生态审美世界的整生为目标，使审美者以生态审美的态度和行为对待自然、社会与自身，尊重自然、关爱生命，把世界建设得更加绿色、更加美丽，从而实现人的诗意栖居，实现人与世界的生态审美创生。生态美育是在传统美育中增加了生态维度，增加了人与自然的生态和谐的维度，并在传统的社会美和艺术美中也增加了生态的维度和内涵，使美育从单一性的艺术为主的学校美育走向了包括科技美育、文化美育、生产实践和日常生活美育，覆盖学校教育、家庭教育和社会教育以及所有生态活动的全程全域的美育。我们认为，生态美育是生态美育场来对审美主客体的适构性培养和化育。生态美育场则是由生态审美场生发而来，是生态场与审美场的复合场。生态审美场有其原始的"原型"，在当今，则是随着社会大众文化发展而生发的日常生活美学以及生态文明时代催生下的生态美学的发展，使原来作为生态场的一部分的审美场发展走向了生态审美场。具体表现为审美场走向和覆盖生态场中非审美的生态活动部分，包括科学技术活动、文化科学活动、生产实践和日常生活等，审美活动与生态活动双向对生融合而成生态审美场。由此，生态审美场不仅具有原来审美场的艺术之美、诗态之美，还具有了科学技术活动的真之美，文化科学活动的善之美，生产实践活动的益之美，日常生活的宜之美。从逻辑顺序来说，生态审美场可分为审美、造美和育美三个环节，审美、造美是育美的前提和基础。但从某种意义上来说，审美、造美的过程也是审美、造美主体受到美的熏陶化育的过程，审美、造美的同时也是育美的。因此，生态美育场与生态审美场犹如一个硬币的两面，二者不可分离。从育美的角度来说，生态审美场就是生态美育场。由此，生态美育场也从传统的以艺术为核心的美育走向覆盖艺术活动、科学技术活动、文化科学活动、生产实践和日常生活等生态活动全领域的美育场，因而具有真、善、美、益、宜的生态中和美育功能。

桂林景观是一个典型的生态美育文本，具有生态性与艺术性、自然性、审美性、科技性、文化性、教育性等特征，因而能在其景观生态审美结构和特征的生态中和中生发出生态美育场，发挥真、善、美、益、宜的生态中和性美育功能，从而化育出生态审美者和生态审美世界。与一般的生态美育，特别是单纯的学校教育中的生态美育相比，景观生态美育更具有开放性、参与性和实践性，更具直观性、形象生动性和鲜活性，因而比在封闭的教室里单纯的授受和思辨的美育更有影响力。

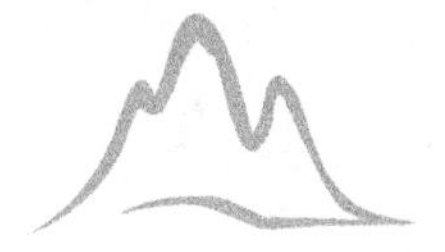

第二章　桂林景观的审美生态结构

景观生态学认为景观结构是指“景观组成要素数量、质量的对比关系及空间构型”[①]。即景观的构成及其空间分布形式和格局。景观结构的生成生长有其内在的生态规律，即发现景观结构的生态性。景观结构的合生态规律性中则包含着深刻的审美法则和审美规律，正如庄子所言“天地有大美而不言”。当我们仰观俯察、感悟天地自然的形质时，需要有一种“游心于物之初”的审美观照和审美情趣，正如《易经》所说的“观物取象”，能够取得一种“废其物而取其真”的审美经验和感受。美学家狄德罗也说过“美是关系”“美是随关系而产生、发展和消亡的”[②]。他指出，若单就一个对象本身去说它美时，“我所指的就只能是我在它们的组成部分之中见出秩序、安排、对称和一些关系。”[③]桂林作为典型的亚热带喀斯特地貌景观，若从景观的生态关系与审美特征去整体把握，你会发现它有着独特的环形景观形态，其环形景观形态是经过沧海桑田的变迁和长期的进化生成的整体和谐质的景观结构生态。

第一节　桂林景观的多层次环形结构

桂林景观由自然景观和人文景观两大部分构成。人文景观是在自然景观的基础上衍生而来。人文景观在与自然景观的耦合对生中，自然性和生态性逐渐增长，与自然景观相融相生，从某种程度上来说，已成为桂林自然景观的一部分。因而，我们分析桂林景观的审美生态结构主要以其自然景观为主，并把自然景观

① 刘惠清，许嘉巍．景观生态学 [M]. 长春：东北师范大学出版社，2008：123.
② （法）狄德罗．狄德罗美学论文选 [M]. 徐继曾等译．北京：人民文学出版社，1984：29.
③ 朱光潜．西方美学史 [M]. 北京：人民文学出版社，1984：269.

和人文景观作为一个整体来分析。景观本身是一个有着整体质的生态系统，它的生成、发展与地质构造有关，是与其整体的结构特征和内在法则相关联的。“每一件艺术作品都应该是一个有机的形式。”①桂林山水景观的主要构成要素有石峰（峰丛和峰林）、溶洞、水（江河、湖塘）等在地质、地貌、降水、气候、水文等自然因素长期的综合作用下而形成了桂林多层次环形的审美生态结构。

一、桂林景观的主要构成要素

桂林素有“山青、水秀、洞奇、石美”的赞誉，其主要构成元素有山、水、洞、石等，构成审美形态的峰林平原、峰丛洼地、洞穴景观和水域景观单元，并以此自然景观为基础生发了丰富多样的灿烂的文化景观。

（一）碧莲玉笋的峰林平原景观

桂林市区及周边石峰数目众多且拔地而起，柳宗元在《与浩初上人同看山寄京华亲故》诗中有“海畔②尖山似剑铓”③的生动描述，徐霞客在其游记中则称桂林为“碧莲玉笋世界”④。在桂林市城郊565平方千米的范围内，就有大小石峰近3000座，其中，在桂林市区及周边150平方千米范围内互相离立、拔地而起的石峰就有220座，平均高度74米。其基部不相连，往往是孤峰挺起，且位于大致平坦的平原之上，这些石峰统称为峰林。岩溶地貌学将这类地貌称为“峰林平原”。桂林至阳朔一带有许多奇异的石峰，最著名的有独秀峰、伏波山、叠彩山、七星山、象鼻山、骆驼山、鸡冠山、净瓶山、月亮山等。阳朔县葡萄镇一带是世界上发育最好、面积最大的峰林平原，远眺石峰点点，玉笋攒立，穿行其间则如出没于碧莲玉笋之中，田园风光如诗如画。

（二）层峦叠翠的峰丛洼地景观

相对峰林平原中石峰的互相疏离，峰丛往往山体高大且基座紧密相连，绵延不绝，石峰则一丛丛、一簇簇冲向天空，层峦叠翠。“万点桂山尖”正是峰丛地貌的写照。这些底座相连的石峰之间，是一个个互不相连的洼地，峰丛洼地

---

① （美）苏珊·朗格. 艺术问题[M]. 藤守尧，朱疆源译. 北京：中国社会科学出版社，1983：41.
② 笔者注：指漓江畔.
③ 丘振声. 桂林山水诗美学漫话[M]. 南宁：广西人民出版社，1988：9.
④ （明）徐霞客. 徐霞客桂林山水游记[M]. 许凌云，张家瑶注译. 南宁：广西人民出版社，1982：113.

往往连片分布，面积多在100平方千米以上。在桂林，峰丛洼地最集中的是从草坪乡潜经村到兴坪古镇的漓江峡谷段。这一段的漓江两岸是相对高度一般为二三百米的陡崖绝壁，奇峰座座，令人目不暇接。泛舟漓江之上，水碧山青，江中倒影清清，一幅幅绝美的画卷依次展开，令人惊叹连连。叶剑英元帅有“万点奇峰千幅画，游踪莫驻碧莲间”的感触。阳朔遇龙河两岸也是典型的峰丛洼地景观，两岸连绵的山峰海拔300～500米，河谷宽度约600米，河岸翠竹青青，田畴千亩，村庄错落，炊烟袅袅。河中筑有一个个首尾相连的拦河坝，使得水流平缓，如镜的水面将江边的翠竹、群峰及天上的蓝天白云倒影其间，撑一叶竹筏悠游于遇龙河，恍如人间仙境，使人流连忘返。

（三）幽美绚丽的洞穴景观

洞穴是具有侵蚀性的流水沿石灰岩层面裂隙溶蚀、侵蚀、塌陷而形成的岩石空洞，是石灰岩地区地下水长期溶蚀的结果。洞穴景观是大自然在千百万年中形成的地下岩溶景观，《易经》《山海经》等都有关于岩洞的记载和描述。桂林素来有“无山不洞，无洞不奇”的盛誉，宋代范成大的《桂海虞衡志》中专门介绍了桂林30多个经他亲自察看过的奇特的有名可记的岩洞，并将志岩洞列为书的第一章。明代徐霞客的《徐霞客游记》是世界上最早系统记载岩溶的科学文献，书中记述了一百多个岩洞，其中记述桂林的岩洞就有五十多个。据有关方面统计，桂林城区附近150平方千米范围内的80座（总量220座）山峰内，已被探测到的洞穴达292个，总长超过20千米。从洞穴成因看，可分为渗流带洞穴、潜流带洞穴和地下水位洞穴。其中，地下水位洞穴最为多见。岩洞石景有地下水溶蚀成的石钟、石笋、石柱、石花、石帘、石幔、石瀑、石针、石球等，还有地下暗流、河湖潭池、瀑布跌水、泉溪水帘等，所形成的光、影、形、声效果与在洞外景致相比，别有一番情趣。洞穴中有石笋、石柱、穴盾、石瀑布、流石坝和流石塘、穴珠等景致，在光照下晶莹剔透、五彩缤纷，十分美妙，令人叹为观止。如桂林的芦笛岩被称为神奇的“大自然艺术之宫”；七星岩的开发游览历史已超过1400年；象鼻山岩洞形成的“象山水月”已成为桂林城徽的标记。阳朔的莲花岩，拥有举世罕见的众多石质莲花盆；罗田大岩，高大雄伟，洞底面积5.7万平方米，数根高达50余米的擎天石柱耸立洞内；雁山区的冠岩，地下河总长达12千米，已开放游览通道为2千米；荔浦县的丰鱼岩，游览水程为3千米，单个大厅面积近3万平方米。

（四）澄澈灵动的水域景观

“山有水则活，无水则枯。”越城岭至大苗山东南以永福为中心的兴安、灵川及桂林城区一带为广西三大降水中心之一，年降水量达2000毫米以上。丰沛的降水量造就了桂林境内大量的河流、湖塘与飞瀑流泉，与桂林的青秀峰林结合，使桂林获得“群峰倒影山浮水，无水无山不入神”[①]的美称。桂林境内主要的河流有漓江（桂江）、湘江、资江等。河流水量丰富，大多时候碧水澄澈、风光秀丽。桂林风景河段主要集中在漓江，它流经不同岩性地段时，所呈现的河谷形态各不相同，特别是流经由纯碳酸岩组成的河谷中时，会呈现出美丽的景致。桂林城区湖塘星罗棋布，有大大小小上百处。西湖、芳莲池为天然岩溶湖。而作为“两江四湖”最重要水体的榕湖、杉湖、桂湖、木龙湖为桂林增添了无限灵动之美。阳朔的西塘是一个巨大的天然岩溶湖，它深藏于峰丛洼地中，如硕大的翡翠镶嵌在群峰里，美得自然、纯净。在桂林大小数百座水库中，绝大部分景色宜人，较著名的有灵川青狮潭、永福板峡湖、兴安灵湖、临桂罗山湖。还有全州天湖，位于海拔1600米的高山之上，春夏时节，四周绿草如茵，野花烂漫，一片辽阔草原风光，即使盛夏季节亦非常凉爽，是夏季避暑纳凉的好地方。

丰沛的降水量还造就了桂林境内大量的飞瀑流泉。桂林有名的瀑布有古东瀑布、九滩瀑布、宝鼎瀑布、红滩瀑布等。如临桂的九滩瀑布是一个由九级山崖跌落而成的形状各异、高低不等的瀑布群，位于深达140米的峡谷中，总落差达300多米，最高的瀑布落差达70米，水声震耳，气势磅礴，溪边古木参天，深潭水清见底。著名的宝鼎瀑布由200米高处倾泻而下，随山势多次转折，最大宽度达180米，最窄处2米多，经逐级跌落，最后从80米高断崖凌空坠落宝鼎湖，瀑声轰鸣。因瀑布形成于黑云母花岗岩上，岩石中含有石英、云母、长石等，这些不同颜色、不同晶形的矿物晶体在阳光照耀下，色彩斑斓。溟濛的水雾在阳光照射下，有时可形成彩虹，成为名副其实的“彩瀑”。再如位于花坪林区的红滩瀑布与紧临的水竹湾飘泉，两个瀑布一大一小，一高一低，一个声如轰雷，一个轻如絮语，相映成趣。漓江两岸平时难见飞瀑，若遇盛夏暴雨，山间洼地积聚的洪水通过谷口或山洞向漓江倾泻，犹如在山崖上挂上一条条飘舞的白练，和缭绕山顶的阵阵白雾，形成平时难得一见的景致。奇特的桂林山水，也孕育了众多形态各异的泉水。泉是地下水的天然露头。桂林的泉大多数

① 吴迈．桂林山水 [A]// 秦臻．阳朔文史地理词典 [M]．南宁：广西人民出版社，2013：63.

是岩溶泉，也有少数为非碳酸岩的泉水。据统计，仅桂林城区就有泉65处，有名的如南溪山的白龙泉、独秀峰的独秀泉、尧山的天赐田泉、灵川的四方灵泉及城区的圣母池等。温泉有龙胜矮岭温泉、资源车田湾温泉全州炎井温泉等。此外，桂林境内还散布着一些潮汐泉或称虹泉的间歇泉。如灌阳的潮水岩、兴安白石乡的“喊泉”、阳朔杨堤乡的多潮泉等。

（五）自然景观基座中生发的灿烂文化景观

桂林的文化景观与自然景观交相辉映，桂林于1982年成为国务院命名的国内首批风景旅游城市和历史文化名城。美国著名文化地理学家苏尔（Sauer）认为文化景观是“附加在自然景观之上的各种人类活动形态”[①]。桂林作为山水名城和历史文化名城，其深厚的文化底蕴是在桂林自然景观的基座中生发的，是在桂林独特的自然生态环境中孕育生长的。在独特的自然景观滋养下，桂林形成了包括史前文化、民俗文化、山水文化、藩王文化、抗战文化、宗教文化、曲艺文化、教育文化等独具特色、类型多样的文化景观。如史前文化遗址方面，“桂林发现的70余处洞穴遗址大致分为甑皮岩聚落群、大岩聚落群、庙岩聚落群等三个聚落群，距今大约35000年，建构了华南地区史前文化基本发展序列。这么丰富和集中的大规模洞穴遗址，从中国目前的考古发现来看，只有桂林具备。”[②]其中，甑皮岩遗址为全国重点文物保护单位，是国内24处国家考古遗址公园之一。[③]藩王文化方面，桂林独秀峰下的靖江王城为明代的藩王府城。洪武三年（1370年），明太祖朱元璋赐封侄孙朱守谦为“靖江王”，“明洪武五年（1372年）始建王府，二十六年（1393年）修筑王城，袭27代，历270余年”[④]。清顺治九年（1652年），农民起义军将领李定国围攻桂林，清定南王孔有德兵败自焚，王府内建筑大部被焚毁，留下现今仍保存较完好的建筑台基、石栏、云阶玉陛、承运门、承运殿、宫城城墙及四座城门等。清代初期靖江王府为广西贡院，由于桂林儒学兴盛，科举考试中屡获佳绩，至今仍存的王城正阳门、东华门、西华门上的“三元及第”“状元及第”“榜眼及第”石坊就是明证。孙中山为组织北伐曾驻跸王城，在王城内设总统行辕和北伐大本营，当时王城为广西省政府所在地。可见靖江王城历史文化的厚重，是全国重点文物保护单位、国家4A级

---

① 转引自蔡晓梅，赖正均．旅游者对广州饮食文化景观形象感知的实证研究[J]．人文地理，2007（1）：63-66.

② 陈娟．甑皮岩考古遗址公园动工 国家首批[N]．桂林日报，2011-5-17.

③ 何英德．桂北史前考古遗址博物馆建设与开发的遐思[J]．史前研究，2011（1）：42-46.

④ 刘涛．桂林旅游资源[M]．桂林：漓江出版社，1999：549.

旅游景区。

二、桂林景观的多层次环形结构

（一）桂林自然景观的多次环形结构

1. 桂林自然景观的多层次环形结构的提出

对于桂林自然景观的环形结构，宋代刘克庄曾以“千峰环野立，一水抱城流”进行了形象描绘。当代的生态美学家袁鼎生在20世纪80年代就对桂林山水的环形结构进行了进一步深入地研究和探讨，并对桂林景观的环形结构进行了分形和审美抽象及概括。袁鼎生教授1988年在其《俊秀的桂林山水》一文中就提出了桂林山水是一个由俊秀核心圈、媚秀圈、婉秀圈、俊秀圈和雄秀圈构成的多层次环形结构，认为桂林山水是一个按照严格的等级和秩序构成的多层次系统。① 在2013年出版的《桂林景观生态与环境研究》一书中，袁鼎生教授、蒋新平教授与龚丽娟博士等人又一次明确指出桂林为由俊秀核心圈、媚秀景观圈、婉秀景观圈、俊秀景观圈、雄伟景观圈、崇高景观圈构成的圈态景观结构，并分析了其由秀而雄、双线对生的审美内质。②

2. 桂林自然景观多层次环形结构的具体组成

（1）俊山核心区

桂林景观多层次环形结构的圆心即核心区主要由独秀峰、叠彩山和伏波山等山峰组成。它们都位于桂林市中心，其中独秀峰位于桂林市王城内，是塔状石峰的典型代表，海拔高度216米，相对高度66米，坡度一般在60°以上，平地拔起，孤峰高耸，四壁陡峭如削，正如古人形容的“皆旁无延缘，悉自平地崛然特立”③。伏波山东去独秀峰约500米，位于漓江西岸，海拔高度213米，相对高度63米，南至解放桥约700米，孤峰峭立，雄峙江滨。叠彩山海拔高度251米，相对高度100米，东临漓江，南距独秀峰和伏波山皆约700米。

独秀峰、叠彩山、伏波山三座山峰之间相距仅500～700米，共同构成了桂林的“自然之心”，即最核心的景观区域。它的总体审美特征是俊秀，即俊

① 袁鼎生．俊秀的桂林山水[J]．广西社会科学，1988（1）：227-238.

② 袁鼎生，蒋新平，龚丽娟．桂林景观生态与环境研究[M]．北京：社会科学文献出版社，2013：1-9.

③ （宋）范成大．桂海虞衡志[M]．北京：中华书局，1991：1.

朗秀丽，具体表现为骨俊神秀，雄和秀兼而有之，为阳刚之美与阴柔之美的中和。如独秀峰，外形秀拔，卓尔不群，一派出类拔萃、秀出云表的意态。裸露的巨大岩石是山之骨，给人“直入青云势未休”之感，故有“南天一柱”的美称。袁枚的“来龙去脉绝无有，突然一峰插南斗。桂林山形奇八九，独秀山尤冠其首”[①]道出了独秀峰的雄奇与阳刚。刘勰形容风骨时说：“唯藻耀而高翔，固文笔之鸣凤也。”[②]即具有风骨的作品，既文采缤纷，又质实有力。方熏评元代画家黄公望“其画气清质实，骨苍神腴”（清·方熏《山静居论画》），肯定他的作品形清、不枯淡、有生机，而内质坚实挺傲刚劲。具有风骨美的桂林之独秀峰也一样，其资质为内实外华，既具风骨又不失秀雅之韵。内部是巨石坚岩相叠，质实沉稳有力，外部为秀木蒙其表，轻云淡雾缠其顶，秀水绕其身，浮其根，一派实于中而秀其外的资质性态。独秀峰为喀斯特地貌山体，山体都是由挺拔、陡峭的石灰岩构成，呈灰黑色，且十分坚硬粗糙，显得铁骨铮铮，极具阳刚之美；而由于桂林气候温润，降雨丰沛，山体又往往覆盖着茂密的花草树木，即便在陡峭的崖壁石缝中往往也可以生长出繁茂的花草树木，仿佛为山体披上了绿色的纱丽，故古人形容桂林的喀斯特地貌的山为“山如碧玉簪”。雨后常有云雾缭绕山际，飘逸动人，于是阴柔之美生焉。附丽于山体上的有大量的或气势恢宏或秀雅娟丽的摩崖石刻，依偎在山脚的有杨柳依依、水榭回廊的月牙池。月牙池的活水出自于独秀峰这座山，最终又润泽山和归于山，如此循环不已，生成了既和谐美妙又科学合理的、具有良性循环的生态运行机制。掩映在独秀峰周边古树浓荫中的是明代靖江王府古建筑，后曾为古代学府、贡院所在地，中华人民共和国成立后为广西师范大学校园，处处洋溢着书香。这些都为独秀峰增添了无限的生机与神采，增添了无尽的秀雅风韵。另外的两座山峰——叠彩山、伏波山也如独秀峰般兼具阳刚与阴柔的中和俊秀之美，它们共同将秀韵意态荡起的层层涟漪不断向外播撒，汇聚成桂林美的海洋。

（2）秀水景观圈

秀水景观圈是指“两江四湖”景观圈，由位于桂林市中心区域的漓江、桃花江、榕湖、杉湖、桂湖、木龙湖等环城水系环绕成圈构成。早在一千多年前，桂林就形成了完整的护城河水系。“两江四湖”的“两江”即漓江、桃花江，本是两条自然的河流，从东西两面如青罗带般环抱着桂林。榕湖、杉湖、桂湖、

① （清）袁枚．题独秀山诗 [A]// 古代桂林山水诗选 [C]. 刘寿保注．桂林：漓江出版社，1982：46.
② 周振甫．文心雕龙今译：附词语简释 [M]. 北京：中华书局，1986：266.

木龙湖四个湖泊与漓江及桃花江之水相接相通。其中，榕湖、杉湖以阳桥为分界线，两湖水体相接，杉湖位于阳桥东面，湖长450米，水面5.94万平方米，榕湖位于阳桥西面，湖长750米，水面9.0万平方米。宋代为护城河，明代因城市向南扩展成为内湖，统名阳塘，湖上之桥为阳桥。桂湖自北向南由西清湖（湖长660米）、宝贤湖（湖长738米）、丽泽湖（湖长588米）组成，统称桂湖，古称西壕塘，为宋代静江府西城护城河遗址，水面面积共为16.64万平方米。木龙湖，根据《静江府城池图》，宋代为华景塘，后来因城市发展遭填塞建房。在1999年~2002年的“两江四湖”改造工程中，通过疏通古朝宗渠将上游漓江水引入桂湖，挖通木龙湖并通过船闸与漓江相连，榕湖、杉湖、桂湖通过截污清淤使之进一步通畅，与榕湖相连的春天湖又与桃花江连通。“改建后的四湖水面面积为38.59万平方米，容积为78.24万立方米，”[①]造就了一个回环交错的生态活水圈和生态廊道。

“两江四湖”一带地势较平坦，江水流速平缓，不是“黄河之水天上来”的气势磅礴，不是“惊涛拍岸，卷起千堆雪”的激情澎湃，而是清澈洁净、娴雅安静，灵动圆活而不呆板凝滞，给人以“春水碧如天，画船听雨眠”般的清雅审美感受，因而总体审美特征为媚秀。桂湖、榕湖、杉湖在桂林的风景名胜中，是极其灵秀和恬雅的，湖水清澈碧透、明净空灵，历来就有“镶城碧玉”的美誉。“两江四湖”景观圈是水的世界，清澈的漓江水从桂湖北端的暗渠口涌进西清湖，以缓慢的步伐向两个方向流去，一部分东流向木龙湖，经船闸流入漓江，另一部分沿桂湖的宝贤湖、丽泽湖缓缓南下，经榕湖、杉湖，流入桃花江，在象鼻山下与漓江再次相会。由于有船闸的衡水功能，四湖之水大致形成了同一水平面，整体形成流动舒缓宽和的节奏和韵律，没有水流高低起伏引起的激荡和惊涛拍岸，没有形成对立、冲突与矛盾，形成了静态平衡之美。经船闸与四湖相连的漓江和桃花江，也是静水流深，波澜不惊。在河水与湖水、湖水与湖水、河水与河水的相融相合中，形成了一派平和匀称与明秀之美。“两江四湖”两岸名山荟萃，从北到南有自然生成的叠彩山、宝积山、老人山、骝马山、伏波山、象鼻山等，山水相依相偎，山得水而活，水得山则丽，奇峰倩影，景致柔媚清丽。桂湖与老人山对生而成的“老人高风”，与宝积山对生而成的“桂岭（宝积山之别称）晴岚”在古代就是著名的景致，历代均有名篇相遗。明代的张鸣凤在《桂胜》中就有：“西清、宝贤，其壕水春夏之交，滃沦山麓，涯花水藻，

① 罗桂江．解读桂林市两江四湖[M]．桂林：漓江出版社，2009：53.

从发清绮。”宗炳说：“山水以形媚道。”[1]郭熙说：“山得水而活，水得山而媚。”水是万物生机之源泉，可见，媚秀又是自然、活态的生命力的体现。

（3）秀山景观圈

秀山景观圈由俊秀核心区以外和秀水景观圈以内的景观单元构成，如桂湖边上的骝马山、老人山，与桂湖和木龙湖相连的宝积山，木龙湖畔的铁封山、鹦鹉山，小东江畔的月牙山，与漓江、桃花江相依相偎的象鼻山等组成。它们的海拔高度大都低于250米，相对高度在100米以内，其中宝积山、象鼻山低于60米，大都呈平缓之势和婉丽之态，与俊秀核心区及外围的高大山体比，它们的总体审美特征是婉秀。秀山景观圈山体的一个共同特点就是都紧邻江河湖塘，因其拔地而起，以及在一湾柔水旁边而显出阳刚，又因秀水的映照而显秀丽灵动。如象鼻山位于漓江和桃花江的交汇处，形如一只在埋头痛饮江水的大象，山形生动秀丽。特别是水月洞的倒影，如月浮江，美妙奇绝，呈“象山水月”奇观。宋代蓟北处士的《和水月洞韵》赞道“水底有明月，水上明月浮，水流月不去，月去水还流”[2]。天上月、水中月、水月洞相映成趣，山与水紧密结合形成的景观是如此灵秀动人。这些环状分布于婉秀圈和核心区之间的景观单元，既有秀气又有灵韵，温婉动人，令人回味久远。

（4）俊山景观圈

秀山圈再向外延展，山势逐渐变得挺拔，由七星山、屏风山、猫儿山、飞凤山、西山、牯牛山、南溪山、穿山等形成的一个比较完备的圈态景观生态结构。这些山的山体普遍比秀山景观圈高大、厚重，海拔高度均在200米以上，400米以下，平均海拔高度超过250米，平均相对高度超过100米，但由于它们或临水而立，或线条柔软，仍不失灵秀之气，皆为俊秀之山，因而生成俊山景观圈。如俊山景观圈内的西山，其主峰西峰是西山的最高峰，海拔357米，挺拔高耸，呈现雄秀特质。群峰环绕虽呈绵延之势，但整体上线条柔软，与西山下的西湖、桃花江相映带，湖光山色，美不胜收。尤其是临近黄昏，一抹夕阳斜挂西峰，夕阳与天与云，与山与林与水，线条、形状、色彩氤氲相生，变幻无穷，成为脍炙人口的桂林八景之“西峰夕照”，愈显灵秀之气。

桂林俊山景观圈内的山峰大都修建了登山步道、观景亭等设施，可居、可游、可登临，更增加了人与山的亲和感，正如桂林的水让人可亲、可戏、可融

① （宋）宗炳，王微．画山水序 叙画 [M]. 陈传席译解．北京：人民美术出版社，1985：1.
② 曾有云，许正平．桂林旅游大典 [M]. 桂林：漓江出版社，1993：98.

入其中一样，可使人更深入地领略它的神韵仙态，从而使以俊秀景观圈为主体的桂林山水更广为古今的游者所接受，所传颂。

（5）雄山景观圈

雄山景观圈主要以雄伟为审美特征。雄伟作为景观风貌的一种风范，是一种充满力量与气势之美，较之于俊秀，增加了昂扬向上、峻拔刚健的阳刚之气，而减少或隐去了秀丽婉约、明媚生动的阴柔之气。以独秀峰为圆心的桂林景观生态圈层层外扩，由媚秀、婉秀、俊秀向雄伟提升，以马鞍山、芳莲岭、磨盘山、狮子山、天圣山、龙头山、野狗山、罗汉山、猴山以至尧山等为景观点，共同构筑了雄奇伟丽的景观圈。这些山大都山势高大，绵延起伏，并且在分布位置及疏密结构上与其他景观圈的景观单元相互交错，紧紧拱卫着桂林，将桂林围成一个盆地。特别是桃花江西岸的山，虽然仍是岩溶地貌景观，但山体高大且绵延不断，有的长达数千米。如位于桂林城区的尧山，冈峦起伏，气势磅礴，主峰海拔达 909.3 米，相对高度 760 米，虽然因葱茏青翠仍有“秀”的内蕴，但整个山势给人的是高大雄伟之感，所以元代的吕思诚描写为“高倚暮云屏掩翠，半消晴日玉开田”[①]，将尧山那云锁的山峰、浓碧的树林之雄伟风光形象地刻画了出来。纵观桂林整个雄山景观圈，明显有别于桂林城内峰林平原中的秀巧之“秀”美风格，因此，观赏这个储“秀”于内的景观圈，会产生一种雄伟美感，而异于先前的秀美审美心境，整个大桂林景观圈的审美风格也由此完成了从秀丽向雄伟的过渡。

（6）巨山景观圈

朗吉弩斯认为，崇高是“掌握伟大思想的能力”、“强烈深厚的感情”、“修辞格的妥当运用”、“高尚的文辞”和“把前四种联系成为整体的”“庄严而生动的布局”[②]。“爱迪生在《想象的乐趣》诸文里指出伟大——崇高的特质——只有在自然中才可见出。”[③]康德提出“自然引起崇高的观念……主要它标志出体积和力量”[④]。认为崇高是在审美判断中，自然的力量激发、唤起了人的惊讶和崇敬感。康德把崇高与美看成是审美判断之下的两个对立面，他虽然肯定了崇高与美都不涉及明确目的和逻辑的概念，但是更强调了崇高与美的差异性。崇高于中国古典美学中，则是美的一种形态，是一种表征雄壮、有力的阳刚之美，

① （元）吕思诚．尧山冬雪 [A]// 刘寿保注．古代桂林山水诗选 [C]. 桂林：漓江出版社，1982：67.
② 朱光潜．西方美学史（第 2 版）[M]. 北京：人民文学出版社，1963：106.
③ 朱光潜．西方美学史（第 2 版）[M]. 北京：人民文学出版社，1963：365.
④ 朱光潜．西方美学史（第 2 版）[M]. 北京：人民文学出版社，1963：366.

与秀气、温婉的阴柔之美相互对应、相互依存，从而构成美的两种典型形态。

桂林外围处于南岭山地五岭山区，整个是一片山的海洋，北有越城岭、猫儿山（兴安），西有八十里大南山、天平山，南有架桥岭、大瑶山、花山，东有海洋山、都庞岭，这些山脉无一例外都高大险峻、横亘无际。主峰海拔超过1700米的有6座，超过2000米的有3座，其中猫儿山主峰海拔2141.5米，为华南第一峰。这些山脉气势雄伟、起伏绵延，藏着许多迥异于桂林喀斯特地貌景观的绮丽风光，如资源八角寨景区奇异的丹霞风光，使资源八角寨景区拥有了“丹霞之魂”的称号。该景区由巨厚的红色砂砾岩在长期的水流侵蚀作用下形成，垂直岩缝发达，奇峰异石林立，岩壁如削，气势磅礴，让人惊叹自然的鬼斧神工；又如天湖水库区域的草原风光。天湖水库是在越城岭东麓海拔1600米的高山修建的，周边山势和缓，夏秋绿草如茵，一望无际，呈现一派大气磅礴的北国草原风光；还有如龙胜梯田风光。据统计，龙胜梯田2000亩[①]以上的连片梯田有9处，其中龙脊片区达10.7万亩，层级达1100条级，是名副其实的梯田王国，加上梯田历史悠久，堪称“世界梯田原乡”。上述这些景观都具有雄伟崇高的内质。此外，穿插在崇山峻岭之间还有奔腾的江河，无数的飞瀑流泉。如桂林资源县境内最大的一条河——资江，属长江水系，发源于华南第一峰猫儿山东北麓，浩浩北去，流经湖南省境内，最后注入洞庭湖。资江两岸奇峰突兀、耸峙，既有自己别具一格的雄伟险峻，由于山上及两岸植被良好，又兼有桂林漓江的清纯秀丽。资江漂流河段为县城下游5千米至梅溪乡胡家田，全程长22.5千米，有45个滩，需拐31道湾，其流量、流速相对稳定，似一条玉带穿梭于奇山峻岭之间。著名诗人贺敬之赞资江漂流为“华南第一”。

（二）桂林景观艺术的自然、社会、精神生态的多层次环形结构

“生态辩证法强调精神与物质的辩证关系。”[②]人类作为自然之子，作为有意识、有主观能动性的高级物种，是生态系统的一个重要参量。人类的生态观就是生态系统的自我意识，人类的生态行为是生态系统的自我把握、自我修正与自我调节。因为有了人类，生态系统成为更为复杂与更为高级的整体，不仅拥有物质的自然生态，还拥有社会生态与精神生态等系统。桂林整体景观是在自然景观的生态基座上孕育、生成的。桂林景观在自然景观的生态基座上孕育、

---

① 1亩≈666.67平方米。

② 赵士发．论生态辩证法与多元现代性[J]．马克思主义研究，2011（6）：96-108.

生成了社会文化景观，并由此生成了自然生态艺术、社会生态艺术和精神生态艺术，形成相依相存、相生互发的多层次环形结构。

1. 自然生态艺术圈

桂林自然景观主要包括山、水、洞、石等，素有“山青、水秀、洞奇、石美”的赞誉。桂林的山是“万点尖峰锁碧空”，桂林的水是“群峰倒影山浮水”，桂林的洞则被称为“大自然的艺术之宫”，桂林的山石则是奇形万状，如大象、骆驼、老人、公鸡……不一而足。桂林自然景观于生态运动中生成了俊秀核心区、秀水景观圈、秀山景观圈、俊山景观圈、雄山景观圈、巨山景观圈，具有俊秀、媚秀、婉秀、雄秀与崇高等类型多样的审美质，显示出桂林自然景观自然规律、生态规律与审美规律的统合，不需人工斧凿而又“有逾画工之妙”，是宇宙自然最富原始生命力的表现，达到了生态性与艺术性的统一，具有自然天成的生态艺术之美。桂林自然生态艺术圈内的自然生态艺术，是相互影响、相互制约、相依相生的。因为有了秀山、俊山、雄山与巨山的青翠碧绿，涵养了水源，才有了水的清澈、秀丽、可人，有了山的青翠碧绿及水源，才有滋生出洞穴千姿百态的石柱、石笋、石幔等钟乳石。而水的清澈、洞穴的幽美绚丽又映衬出山的妩媚多姿，因此，“山青、水秀、洞奇、石美”是山、水、洞、石相互作用、和谐共生的结晶。例如，在桂林春天细雨蒙蒙的时节里，所形成的烟雨桂林更是桂林四季中最独特的景观。这是由于春天暖湿气流的影响加上桂林群峰环绕，水汽丰富，使得江面上云雾缭绕，竹筏点点，与两岸青山、云雾、绿树、翠竹连成一片，天与云与水对生同构，天地氤氲，缥缈幽远，形成了如水墨画般的烟雨桂林意境。这“肇自然之性，成造化之功”（唐•王维《山水诀》）的景致令人油然而生“倚棹中流更回望，居然海上看瀛蓬”[①]之感。刘熙载在《艺概•诗概》中说：“山之精神写不出，以烟霞写之；春之精神写不出，以草树写之。”[②]漓江烟雨则是天地自然之情韵，桂林山水之精神的活态书写与显现。

2. 社会生态艺术圈

人与环境，包括人与自然、人与社会、人与人所构成的社会生态系统中产生的系列艺术称为社会生态艺术圈。桂林为“大舜隐真之地，达人遁迹之乡”[③]。

① （明）唐暄．漓江诗 [A]// 阳朔县志编撰委员会．阳朔县志（1986—2003）[M]. 北京：方志出版社，2007：852.

② （清）刘熙载．艺概 [M]. 上海：上海古籍出版社，1978：82.

③ 刘英．名人与桂林 [M]. 南宁：广西人民出版社，1990：5.

桂林当地居民在生产实践、日常生活中，创生了丰富的生态文化景观艺术，包括生存性景观艺术、生活性景观艺术等。生存性景观艺术主要是人类为了生存与发展的需要，既尊重生态规律、自然规律，又灌注了生态审美法则与规律，有意识地改造客体而形成的社会生态景观艺术。桂林各民族的生存是一种审美化的诗意生存，其生存本身就是一种生态艺术。如桂林各地都种植的竹子，可用于竹编、竹建筑、造纸、竹炭等，实用性强。同时，竹子清高挺拔、清静淡雅，在中国的竹文化中，“竹”是“四君子”之一，也是“岁寒三友”之一。苏轼的“宁可食无肉，不可居无竹”道出了人们对竹之品格的赞赏与热爱。桂林兴安华江瑶族乡村边或山坡上常种植有数千亩或上万亩毛竹林。那碧波万顷的竹林，加上“竹里泉声百道飞”[①]的山泉，对于游览者而言，犹如置身于绿色的乐章与活态立体的画卷中。竹子那说不尽的清韵与生态，既可陶冶情操，使人产生“清”的体悟与哲思，使人淡泊明志，精神得到洗涤，也有利于人们体会、品悟生态的生存环境，产生对绿色生存环境的向往，从而提高生态保护意识。类似的活态画卷还有灌阳的梨花景观、灵川的银杏景观、阳朔的金橘景观等。桂林灵川海洋乡的居民于房前屋后广种银杏，“较集中的两片区域约 2.2 万平方米，有成年银杏约 400 株，郁闭度 70%，林龄在百年以上”[②]。被称为银杏林之乡，每到秋天就呈现“满村尽带黄金甲”的壮观景色。这都是人与自然和谐产生社会生态艺术之美的表现。又如壮族的干栏建筑，侗族的风雨桥与鼓楼等，美与实用兼具，集生态伦理、生态审美与艺术观赏于一身。桂林各民族在生存、繁衍、发展的历史长河中形成了多姿多彩、古朴醇厚的民俗风情。如龙胜壮族把“四月八”定为“祭牛节”，意为庆祝牛的生日。每年的这一天各家各户不仅用祭品敬奉牛，还为牛刷洗身子，不让牛耕田，放牧到水草丰美的地方，并给牛唱山歌。桂林景观中还有诸多上述这些生存性生态艺术，它们是生态伦理与生态审美规律融合共生的产物。同时，桂林景观中还有许多生活化艺术。生活化艺术是社会生活艺术化或纯雅艺术通过多种途径融合在日常生活中的艺术。桂林位于古“百越之地”，有壮、苗、瑶、侗、回等十多个民族聚居在此。居住在桂林的很多民族都喜爱歌舞，如侗族爱唱大歌，行歌坐月；壮族爱唱山歌，有“三月三”歌圩节等民俗狂欢节日，他们将歌舞艺术形式融入到了生活中，以歌会友，以歌择偶，在歌声中生活，在生活中放歌，在放歌中使个体获

① （唐）沈佺期. 奉和春初幸太平公主南庄应制 [A]//（清）彭定求. 全唐诗 [M]. 北京：中华书局，1999：1041.

② 刘涛. 桂林旅游资源 [M]. 桂林：漓江出版社，1999：469.

得高峰体验与情感的净化，获得心灵的高度自由，增进了友谊，增强了群体凝聚力，是社会生态的艺术表现。这是桂林人们的生活符合生态规律符合审美准则的生活艺术化的表现。巴赫金的"狂欢理论"认为,"节庆活动（任何节庆活动）都是人类极其重要的第一性形式……节庆活动永远具有重要和深刻的思想内涵、世界观内涵"[①]。因为"狂欢化提供了可能性，使人们可以建立一种大型对话的开放性结构，使人们能够把人与人在社会上的相互作用，转移到精神和理智的高级领域中去"[②]。节日狂欢是建立普天同庆的自由、民主的理想世界的文化艺术策略，充满着人文主义精神。又如在滚滚历史长河中，桂林这片土地上生发了很多英雄人物可歌可泣的故事，如叠彩山上仰止堂（抗清二英烈瞿式耜与张同敞），蒋翊武就义处纪念碑，七星山的抗日三将军与八百壮士墓等，他们都是为了捍卫国家、民族的尊严，为了正义而牺牲，他们的行为令人崇敬，使人油然而生崇高之美。这些景观或分布在美丽的桂湖畔，或是石纹交错的叠彩山上或是如七星伴月般的七星山麓，生态、艺术与文化融为一体，因而人们瞻仰英雄事迹时产生的崇高之美也就成了生态艺术之美。因此，这些社会景观是社会生态伦理与生态审美规律的融合，为社会景观生态艺术化的表现。

3. 精神生态艺术圈

精神生态可理解为与人类内在价值系统密切相关的观念体系及活动。鲁枢元教授认为"文学艺术实质上是一种精神生态活动，它可能在一个较高的层面上对人类的生活，乃至整个地球生态系统发挥着重要作用"[③]。桂林景观中的文学艺术景观较为丰富多样。例如，桂林的奇山秀水孕生了数量丰富的桂林山水诗词、名胜楹联、神话传说等文学作品，以及摩崖造像、摩崖石刻2000多件和难以计数的书法绘画作品，其数量之多，形制之大，名列我国前茅。最珍贵的是历代书法家颜真卿、米芾、黄庭坚、石曼卿、范成大等通过石刻留下了他们的笔墨真迹，不仅丰富了我国的书法宝库，更为桂林艺术景观增色。在绘画方面，形成了以水墨画为主、以桂林山水为创作对象，在绘画领域独树一帜的漓江画派。这些艺术景观作品中，无论是山水诗词、名胜楹联、神话传说，还是摩崖石刻及书法绘画，将自然与艺术、人与自然合而为一，形成了本真自然、物我合一的审美特征，既蕴含着自然万物的无限生机与活力，又有一般纯雅艺

---

① （俄）巴赫金．巴赫金全集（第六卷）[M]. 钱中文主编．石家庄：河北教育出版社，1998：10.
② （俄）巴赫金．巴赫金全集（第六卷）[M]. 钱中文主编．石家庄：河北教育出版社，1998：237.
③ 鲁枢元．生态文艺学 [M]. 西安：陕西人民教育出版社，2000：132.

术所特有的唯美内涵与生命体验，并从真、善、美等不同侧面反映了人的内在精神生态及精神境界。上述这些景观艺术均是在生态系统的天然审美中生成的，为自然生态在审美化中衍生为精神生态艺术的范例。

桂林景观的自然生态艺术圈、社会生态艺术圈、精神生态艺术圈是相生互长的，艺术的生成、生长与大自然，与人类社会、人类的精神状况是血脉相连的。自然生态艺术圈是社会生态艺术圈和精神生态艺术圈的生发基础和前提，已生发的社会生态艺术圈和精神生态艺术圈又反过来滋润着自然生态艺术圈，以此实现内在艺术精神的幻化与外在自然生态美景的升华，实现人类精神与自然精神的协调一致。正如爱默生所说的“精神这一最高的存在并不是在我们的周围建立一个自然，而是让自然渗入到我们的生命中，就像树的生命通过其枝叶上的‘毛孔’长出新的枝叶”[①]。艺术是根植于自然土壤中，并最终绽放于人们精神的天空里的。艺术自身的生态潜能与生态的艺术潜能对生使生态艺术的圈态生发成为可能，因而“生态美是主客体潜能整生性自然实现”[②]。桂林景观生态艺术在漫长的发展历程中，把生态、艺术、生命中诸多的真、美、善、益、宜结合了起来，因而是自然生态、社会生态与精神生态的统一。

三、桂林景观多层次环形结构生成了环形生态美育场

布迪厄认为：“在高度分化的社会里，社会世界是由具有相对自主性的社会小世界构成的，这些社会小世界就是具有自身逻辑和必然性的客观关系的空间，而这些小世界自身特有的逻辑和必然性也不可化约成支配其他场域运作的那些逻辑和必然性。”[③]桂林景观就是社会世界中的一个“小世界”，它的多层次环形结构构成了环形生态美育场。在这个环形生态美育场中，桂林景观作为审美对象，具有多层次、多类型的审美吸力。首先是环形（圆形）的审美吸力和化育力。圆形的事物给人的视觉感受是流动、统一、完整的，稳定、平和的，并能使人引发出相应的生机与活力，和谐、愉悦之情和心满意足之意。如在我国，人们往往用“花好月圆”来描述幸福、美满的生活，把一年中月亮最圆满、最明亮的一天，称为“团圆节”。《帝京景物略·春场》说：“八月十五日，女归宁。是日必返其夫家，谓团圆节也。”可见，渴望团圆、幸福美满、吉祥如意的生活，

① （美）爱默生．自然沉思录：爱默生自主自助集[M]. 博凡译．天津：天津人民出版社，2009：69.

② 袁鼎生．生态美的系统生成[J]. 文学评论，2006（2）：25-32.

③ （法）布迪厄，（美）华康德．实践与反思——反思社会学导论[M]. 李猛，李康译．北京：中央编译出版社，1998：134.

维护“和”传统是我们民族文化传统的重要组成部分。圆形的事物，其运动变化非直线，而是曲线的、波浪形的，非平坦、笔直的，而是坎坷的、曲折的，但最终又是能形成一个整一而圆满的结局。虽然从表面上看，圆形的变化是周而复始的，但若从立体的螺旋形看，它是螺旋式上升与前进的。因此，桂林景观的多层次环形结构意味着事物是一个圆圈接着一个圆圈地向前发展着。如自然景观和文化景观各自生发出的俊秀、媚秀、婉秀、雄伟、崇高等不同类型的审美吸力，把中国乃至世界各地不同审美趣味和偏好的审美者（游览者）都吸引到桂林，在游览桂林的景观时，观赏到与他们自身审美趣味和偏好一致的景观，会让他们原有的审美趣味和偏好得到加强和提升，观赏到与他们自身审美趣味和偏好不一致的景观时，又可以使他们的审美趣味得到扩展和延伸。正如埃德加·莫兰提出的“灌木丛式”文化发展方式，“如果说人类来自同一个主干，那么我们可以认为，精神实体的进化是以灌木丛生的方式进行的，是一些分裂发生和形态发生过程，并伴随着创造性的涌现。”[①]审美者经历了灌木丛式的多形态审美，可避免游览者审美眼光的单一性和片面性，使游览者的审美趋于多样性、全面性和完整性，最终生成多侧面质得到充分发育的生态审美整体质。这就体现出环形生态美育场对于受育者内在审美素质结构自然完整化育过程，“体现出浑然美、整体美、回环美和协和美。”[②]

第二节　桂林景观结构的生态审美特征

苏珊·朗格认为“艺术是生命的形式，人们可以在优秀的艺术作品中看到作品的生命、活力和生机”[③]。桂林景观及其多层次环形结构的生成离不开其喀斯特地貌的自然生态，其人文景观也是在其自然生态的基座上生成的，既具有生态性，又具有审美性，是生态性与审美性的结合，因而可以说，桂林景观是“大地艺术”，是大地生命形式的展现。正如清代词人刘长佑所说的：“桂林无杂

① （法）埃德加·莫兰．方法：思想观念——生境、生命、习性与组织[M].秦海鹰译．北京：北京大学出版社，2002：164.

② 许霆．旋转飞升的陀螺——百年中国现代诗体流变论[M].北京：人民文学出版，2006：376.

③ （美）苏珊·朗格．艺术问题[M].藤守尧，朱疆源译．北京：中国社会科学出版社，1983：41.

木，山水有清音。”[1]桂林景观结构的生态审美特征一方面表现为自然景观的生态性与审美性的结合，具体表现为桂林景观构成要素的生态审美性，桂林景观多层次环形结构的生态审美性。另一方面表现为自然性与社会性的结合，具体表现为桂林景观结构的社会生态美、精神生态美。

一、生态性与审美性结合

（一）桂林景观构成要素的自然生态美

自然界的形成和发展是一个漫长的、动态的过程。叶燮认为“曰理、曰事、曰情三语，大而乾坤以之定位、日月以之运行，以至一草一木一飞一走，三者缺一，则不成物”[2]。提出“理”“事”“情”艺术本源论，并认为“得是三者，而气鼓行于其间，絪磅礴，随其自然，所至即为法，此天地万象之至文也”[3]。桂林并非自古以来便是山水相依，山水甲天下的，而是由三亿多年以前的一片汪洋大海经地壳运动上升为陆地，又经过长年的风化剥蚀和溶蚀，才形成今天的青山秀水自然生态景观。因而它的生成是自然界的自然生态运动规律暗合美学规律和艺术运行规律的结果。正如刘勰所说的“龙凤以藻绘呈瑞，虎豹以柄蔚凝姿；云霞雕色，有逾画工之妙，草木贲华，无待锦匠之奇。夫岂外饰，盖自然耳”[4]。因而桂林的自然山水景观，生态性与审美性具有高度一致性，二者是合一的，其审美性是在自然生态性的基座上生长和发展起来的，是在大自然经过漫长的进化和修整过程形成的，是生态规律、审美规律和艺术规律的完美结合和整生。桂林山水是生态系统发育到比较高级阶段的成熟地貌，生态系统各因素之间的协调度、自然山水的艺术化的程度都比较高。桂林山水景观，俊秀清奇，山水相依，山色青绿，水色淡雅清新，宁静优美。郭熙曾说过：“山无烟云，如春无花草。山无云则不秀，无水则不媚，无道路则不活，无林木则不生，无深远则浅，无平远则近，无高远则下。”[5]桂林有山有水，更有草木烟霞，浓妆淡抹总相宜。桂林的江河水质纯净，丽日晴空之时，碧水映山，倩影入水，形成“簇簇青峰水中生”“船在青山顶上行”的景观，古人形容为“江作青罗带”。

---

① 向才德．历代桂林山水诗文精品赏析 [M]. 南宁：广西人民出版社，1991：1.
② （清）叶燮，沈德潜．原诗・说诗晬语 [M]. 南京：凤凰出版社，2010：26.
③ （清）叶燮，沈德潜．原诗・说诗晬语 [M]. 南京：凤凰出版社，2010：26.
④ 周振甫．文心雕龙注释：附词语简释 [M]. 北京：中华书局，1986：10.
⑤ （宋）郭思．林泉高致 [M]. 杨伯编注．北京：中华书局，2010：67-69.

桂林降水丰沛，若是在阴雨绵绵之天，江河则会若隐若现地映出山朦胧的侧影，形成烟雨桂林之朦胧美。桂林的叠彩山、伏波山、象鼻山、穿山、老人山、西山等皆因有水绕流转而显得更有生命和灵性，显得清新质朴、灵秀幽媚。

桂林不仅有山，而且山中多伴随着洞穴，这使得山的"内涵"变得丰富多彩，与众不同。在岩洞中，由于水、光、影、形、声的相互作用，使桂林洞穴"生长"出石笋、石柱、穴盾、石瀑布、流石坝和流石塘、穴珠等景致，奇特美妙，令人叹为观止，如桂林的隐山，山体虽小巧，但却有大小岩洞十余处之多，其中的朝阳、白雀、嘉莲、夕阳、南华、北牖组成了互透互连、使隐山尽空的著名的隐山六洞，更奇特的是洞中流水澄澈清虚，因而通体焕发出一派空灵美的气势。由此，桂林的山洞增加了整个山水景观的虚空度，增强了整体的空灵美。

宋代诗人范成大在《桂海虞衡志》中把桂林的山与他亲身游历过的太行山、庐山、雁荡山等作比较，得出结论"桂山之奇，宜为天下第一"[①]。如果说这是王正功、范成大仅限于自己的亲身游历，感知范围有限下对桂林山水"甲天下"做出的审美判断和结论，可能存在偏颇和以偏概全的风险。然而，所幸的是几百年来的自然山水的审美历史证实了王正功、范成大等人审美判断的准确性。即使是到了当代，这个评价也没有改变。在20世纪80年代有关权威部门举办的全国风景名胜的群众性评比中，万里长城名列第一，桂林山水名列第二，而万里长城属于历史文化美范畴，因而在自然景观中桂林山水仍然是位居第一。可见，桂林山水"甲天下"不仅是古人的审美判断，而且也能经受实践的长期检验，并普遍地形成了审美共鸣。

（二）桂林多层次环形景观结构的自然生态美

桂林景观的自然生态美还在于其多层次环形结构之美。圆形作为一个封闭的圆圈，无首无尾，任何一点可以是终点也可以是起点，因而圆形具有向心作用，能团聚收拢，完整集中，体现出强烈的凝聚意向，因而圆形或圆球给人以严谨、包容、团结、充实、完满的审美感受。圆形既封闭严实又通透空灵，既开朗坦白又含蓄蕴藉。因而在西方的毕达哥拉斯学派看来"一切立体图形中最美的是球形，一切平面图形中最美的是圆形"[②]。在中国，圆也体现了中国人的宇宙精神与生命意识。《易传·说卦传》中说："乾为天，为圜，为君，为父，

① （宋）范成大．范成大笔记六种．桂海虞衡志[M]．孔凡礼点校．北京：中华书局，1991：1.
② 北京大学哲学系外国哲学史教研室编译．古希腊罗马哲学[M]．北京：商务印书馆，1961：38.

为玉，为金，为寒，为冰，为大赤。”作为与天沟通的礼玉为圆形。圆道观也是中国重要的传统审美观,《吕氏春秋》的《圆道》中也列举了各种自然现象说明“天地车轮、终而往复、极则复返”的圆形循环规律，认为宇宙万物都在永恒地作周而复始的圆周运动，自然界和社会事物的发生、发展和消亡都在这样一种圆周运动中进行的。中国传统文化中“圆”还有“圆满”“富足”“团圆”等吉祥美好的含义。可见，尚圆精神积淀着中华民族天圆的宇宙观。在园林设计中，设计者们喜欢营造圆形的月亮门，一是在于其能遮挡隐含了部分景物又能呈现出部分景物，虚实相生，二是对圆融、圆满传统文化精神的传承。

圆形的结构与人健全的生理结构以及完善圆满的心理愿望对应，形成了格式塔心理学所说的主客体之间的结构完形，因而能够唤起欣赏者诸如完好无缺、美满无憾的生理感觉和生命韵味。在所有结构中，圆形以它的天衣无缝、浑然如一，显示出最完美的特质。桂林山水系统生成的多层次环形结构，凭此走向圆满，尽遂人的生存意愿和生态理想。它的尽遂人愿有审美积淀的原因。同时，人类对圆形的爱悦及审美趣味也是与圆形的功利相连，以人类的生存审美为基因的。在远古石器时代，圆形的石球因其规整、不飘逸而更容易击中野兽，为原始先民所喜爱。圆形的太阳和月亮给人类带来光明和温暖，为生命之源，圆形的植物果实和动物的蛋给人类提供了丰富的食物，是人类生存和发展的基础和前提。后来的几何学也证明了，在一定的空间和条件下，球形体的容积是最大的，在使用时可能碰损的机会也是最少的，而且同等条件下，制作时圆形比其他器型节省材料，烧制时也不易变形。如此种种生态功利性情感体验经过人类世代积淀，就形成了人类普遍的情感趋向和心理定势，进而成为生态性审美意识和审美原型。以致中外游览者来到桂林，观赏到桂林山水景观序性生发的多层次环（圆）形结构，因审美范式的机制作用，爱悦之心就会油然而生。

二、自然性与社会性的结合

桂林景观的生成是生态规律、生态伦理与社会性和社会伦理相互作用的结果。苏珊·朗格在《艺术问题》一书中把艺术作为一种富有情感的符号、富有意味的形式，与人类的情感，与生命的形式是一致的。桂林这个“大地艺术”景观的生成是以自然性、生态性为基座，是其喀斯特地貌的自然生态运行的结果，体现了景观生成的合生态规律性与合目的性。同时，人类社会的生产实践活动和日常生活也参与其中，特别是诸如植树造林、景观开发等活动，对桂林景观起到合塑作用，体现了景观生成的合社会规律性与目的性。此外，景观生态结构布局除了客观生成与主观干预外，还有主客对生机制在起作用。桂林景观的多层次环形结构的形成固然是其内在的地壳运动规律与法则的体现，但自从人类出现后，人类的生产生活实践活动也会对其结构发生重要影响，因而，客观上说，桂林景观的多层次环形结构的完整形成是通过自然结构与人类社会的天人合一的对生机制，最终达到相互适应、相互发展的目的，从而造就出天人和谐的美境的，即其审美特征是自然性与社会性的统一和对生。

（一）自然性与社会性对生而成社会生态美

桂林景观的一个突出特点就是自然性、生态性与社会性的丰富和完美的结合，在其自然性景观的基础上，文化性景观、科技性景观、农业田园景观、建筑文化景观等相继生发，于是自然性与社会性对生而成社会生态美。

在自然与社会融合而生成的文化性景观方面，有史前文明景观、民俗文化景观、抗战文化景观、园林艺术景观等。如桂林的史前文明景观就十分丰富且紧密融合于桂林山川之中。目前通过物质考古已确认，桂林市区已发现的史前文化遗址有 86 处，是目前国内城区发现史前文化最多的、最密集的城市，为喀斯特地区最具代表性的古人类遗址。如宝积岩洞穴遗址（旧石器时代）、甑皮岩洞穴遗址（新石器时代）等，这些自然天成的岩洞即为桂林原始先民居住和生活其中的“房屋”，就是自然与社会生产生活结合的直接体现，体现着史前人类的生存智慧和力量，闪耀着史前文明之美。在民俗文化景观方面，因桂林是壮、苗、瑶、侗、回等十多个民族聚居之所，创生了多姿多彩、古朴醇厚的民俗风情，让外来的旅游者常感到眼前一亮，耳目一新。如壮族的“三月三”歌节，资源苗族的河灯歌节等，既是人们祭祀、怀念祖先的日子，也是人们唱歌、跳舞，集体欢庆的日子。龙胜县泗水乡红瑶一年一度独有的“打旗公”民俗活动，体现了红瑶民众不畏强暴、坚强勇敢的精神。桂林市临桂区庙坪瑶族的传统节日“禁风节”反映了瑶族同胞沿袭至今的自然崇拜遗风。龙胜县龙脊镇大寨村红瑶的“晒衣”节则展现了瑶民心灵手巧、热爱生活、勤劳勇敢的个性。其中，壮族的“三月三”歌节、资源河灯节入选了国家非物质文化遗产保护名录。这些极具民间特色的节日，既传承和弘扬了传统文化，又丰富了民众的文娱生活，促进了家庭、邻里和民族关系的和睦融洽，极具文化生态之美。在抗战文化景观方面，一是展现中国共产党领导和团结全国著名文化人士，如田汉、张曙、欧阳予倩、茅盾、徐悲鸿、郭沫若、梁漱溟等广大文艺界人士用手中的笔和舞台为武器，呐喊奔走，唤醒民众、发动民众、团结民众，同仇敌忾，掀起了轰轰烈烈的抗日救亡文化运动，纪念建筑有八路军桂林办事处旧址、《救亡日报》旧址、广西省立艺术馆（著名的西南剧展演出场馆）等；二是广大军民不畏牺牲，奋勇抗日，留下了许多可歌可泣的事迹，如七星公园处的三将军墓和八百壮士墓就是见证。在园林景观方面，桂林的园林景观既受中国古典园林"天人合一"的造园理念和意境影响，但又有着自身的独特性。本来，桂林的自然山水风光与城市及田园村舍的相依相生，就构成了"城在景中，景在城中"的生态意味浓厚、诗意交融的大桂林园林城市。在桂林，即使是一些人造的园林，也是在真山、真水等自然条件下造就的。如被誉为"岭南第一名园"的桂林雁山园，园外西有雁山，东有层峦，园内南北方向有方竹山、乳钟山，方竹山内有"生长"着光怪陆离的石笋、钟乳石的天然钟乳石岩洞——相思洞，两山间有形若游龙的青罗溪穿过。园内还有面积达六七十亩（方竹山以北、青罗溪以西地带）稻田和菜地，称为"稻香村"，除种植水稻、瓜果之外，还植有丹桂、桃树、李树、方竹等，瓜棚、绿树、茅舍相间，一幅桃花流水杳然去的境界生焉。与苏州园林等中国古典园林中多是人工堆砌的太湖石、黄石、英石假山相比，雁山园借助自然天成的青山、碧水、幽洞，营造出了别有特色和意境的自然山水园林。桂林园林艺术景观有人工改造的成分，如通过采用聚景、借景、理水、植树等美化了环境，但它是基于自然景观，与自然景观完美结合而成的，正如捐出雁山园的岑春煊说的："是为唐子实先生手船之园，山水纯乎天，花树历久亦几乎天，亭台之宜，则称于天。"[①] 道出了桂林园林艺术景观自然天成的特点。

在科技性景观方面，最具代表性的是秦代开凿的灵渠以及唐代开凿的古桂柳运河（相思埭）。灵渠位于兴安县城东部，又名秦凿渠，或称陡河、兴安运河，全长 36.4 千米。灵渠工程主要包括铧嘴、陡门、大小天平、南北渠、泄水天平和秦堤等建筑。开凿于唐代的古桂柳运河又名相思埭、南渠、陡河等，据《新唐书·地理志》"桂州临桂县"条目下载："有相思埭，长寿元年（692 年）筑，分相思水使东西流。"古桂柳运河源于临桂区会仙镇泮塘村狮子岩，汇入分水塘，广数百亩，一条东流至桂林市南郊相思江，入漓江，达湖南、广东，另一条西折入鲤鱼陡，沿永福江、洛清江，汇柳江，达桂西及云贵。古桂柳运河全长达

① 张瑜．桂林雁山园——岭南历史文化名园 [M]. 桂林：广西师范大学出版社，2017：28.

15 千米，最宽处 30 米，最窄处 6 米，开凿山石 386 处，上接漓江，下接柳江，成为沟连西南各省的动脉，对唐朝以来历代边疆开发、经济发展、民族团结起过重要作用，体现了其促进社会和谐之美，同时灵渠、相思埭的修建都在遵循了地理学原理、水利工程原理的基础上体现出了水利工程为了航运、分水、泄洪中所设计的水渠曲直结合、高低错落有致的独特的审美性。

在农业田园景观中，有“大地艺术”和“世界梯田原乡”、“梯田王国”之称的龙胜梯田景观、灵川海洋银杏林景观、阳朔遇龙河油菜花景观、阳朔生态金橘产业带景观、恭城的月柿、桃花产业带景观等，这些景观都注重生态规律与艺术规律的一致，是合规律性与目的性的统一。在当代，科学技术也融入了农业田园景观中，如阳朔的生态金橘景观所实施的“三避”技术使得金橘在树上保鲜，果实色泽更亮丽也更甜美。这些自然与农业结合的田园景观充满着生态审美性。它们所呈现的生态审美性，其美的形式是处于显态的，而其内蕴性的生命美的内容则是隐态的，是人发挥主观能动性，追求主体本体个性发展，体现了人的生命潜能的自由发展状态，它与自然的生命潜能对生发展，最终实现了人与自然的生态审美化和生存的艺术化。

（二）自然性与社会性对生而成精神生态美

雅斯贝尔斯曾说：“人就是精神，而人之为人的处境就是精神的处境。”[①] 鲁枢元教授认为“精神生态是人的一个内在的、意向的、自由的、变化着的生命活动系统，是一个充满生机和活力的生态系统”[②]。鲁枢元教授还提出：“诗歌、小说、音乐、绘画、书法、雕塑……就是人类精神世界的丛林……是精神生长发育的源泉，是对日常平庸生活世界的超越，是引导人们走向崇高心灵的光辉。”[③] 清秀俊逸的桂林山水，催生了许多与桂林自然景观相关联的神话、传说、故事、诗歌等，使得桂林山水文学异常丰富，更催生了大量的摩崖石刻艺术，还形成了桂林漓江画派，产生了大量以桂林山水为内容的优秀艺术作品。桂林的艺术景观具有良好的自然生态性的同时，还具有很高的审美性，生态性与审美性耦合并进生成生态审美性。如桂林的摩崖石刻、造像，就是以桂林特有的石灰岩为质料进行的书画创作，是石壁上开出的“奇葩”，既是最能表现桂林旅游文化历史的、最具特色的景观符号，也具有良好的生态审美性和生态艺术性。

---

① （德）雅斯贝尔斯．当代的精神处境 [M]．黄藿译．北京：生活・读书・新知三联书店，1992：3-4.

② 鲁枢元．精神守望 [M]．上海：东方出版中心，1998：3.

③ 鲁枢元．生态文艺学 [M]．西安：陕西人民教育出版社，2000：164.

如桂林逍遥楼景观中颜真卿书“逍遥楼”三字，是颜真卿书法中最大的作品；桂林虞山景观中韩云卿撰写的《舜庙碑》的书法作者李阳冰是唐中期著名书法家，其碑额篆书精美绝伦，叶昌炽在《语石》中称赞说：“韩云卿舜庙碑，非巍然巨制乎？”[①] 刻在龙隐岩的《石延年饯叶道卿题名》是流传下来的北宋书法家石曼卿的唯一一件书法作品，石曼卿的书法被范仲淹誉为“颜筋柳骨”。清代王元仁（字静山）书法艺术奇绝，他于道光十六年（1836年）所书的“佛”字，被摹刻于龙隐岩，字高70厘米、宽82厘米，该石刻巧妙地将书、画糅合为一体，从书法角度看是“佛”字，从象形角度看，又仿佛笔画间成香烟缭绕之境，境中一个梳着发髻的老人虔诚地跪着，并举着手烧香拜佛，字形与字义之间既形似又神似，生成亦书亦画的艺术美境。此外，全州湘山寺放生池中的摩崖石刻群雕以寺内一整块原生青石雕凿而成，占地300多平方米，石雕或大或小，共二十余尊，题材为古老传说中的祥禽瑞兽及现实中的各种动物，各种形象的塑造惟妙惟肖，而且因形就势，构图遵从了山石天然的主从、疏密、高低等形态关系，收到了人工与自然浑然融合的艺术效果。在湘山寺妙明塔的“飞来石”旁，还有清代中国最著名的画家石涛留下的石刻兰花，高0.8米，宽0.63米，兰花为一株丛生，似从石壁逸出，碧叶迎风招展，暗香隐隐，独具生态艺术的灵动气韵。可见在桂林景观中，自然性与社会性的对生会生成社会生态艺术美，进而促生人的精神生态美。

自然与人类社会的生产、生活及艺术等有着双向对生的关系。自然景观中本身包含着艺术美，而人的实践、创造活动又可以为自然景观增添美的元素和魅力。阿波利耐尔曾说：“要是没有诗人……我们在自然中发现的那种秩序，而其实仅仅是艺术的一种效果的那种秩序，就会立即消失。”（Apollinaire，1949）朗格也主张：“只有对发现自然形式的艺术想象来说，自然才变得富有表现力。”（Langer，1953）自然景观虽然离不开山石、林木、溪水等自然条件，但美更是人的审美意识外化、对象化、物化的产物，是自然与人类对生的结晶，如在自然景观中加入人工建造的亭台楼阁等，可以达到收景、聚景、观景等作用，加入诗词匾额等，则可以起到点景、使读者在品读中想象其中韵味，使得景外有景，象外有象，充满韵外之致，味外之旨，为景观增加审美魅力。如桂林独秀峰，由于它的平地拔起、孤峰耸立，自然地呈现出一派出类拔萃、秀出云表的意态，而历代文人、先贤以它为对象创作的诗词等，也起着题景、点景的作用，

① （清）叶昌炽．语石[M]．王其校点．沈阳：辽宁教育出版社，1998：152.

使它的审美性、人文性得到深化和升华，正所谓“景不点不透，景不点不活”[①]。如游览者品读着宋朱晞颜的“江流寒泻玉，山色翠浮空”[②]、宋代赵夔的“玲珑拔地耸层秀，峥嵘嵯峨星斗间”[③]等诗句，可以感受桂林石峰的秀拔以及山水共生而成清逸空灵的意境美。又如叠彩山由于越山、四望山、明月峰与仙鹤峰组成，山势东行，“前拔起，次宛转，后巃嵸，”连绵起伏，嵯峨峻秀，犹如一组美好的乐章，呈三叠式由低潮引向高潮，由静美变为动美。而山上明代羽卿的摩崖石刻“江山会景处”以及陈于明《题木龙洞石壁》诗“逶迤江路洞天开，奇峰排空拥翠来，水石参差当槛出，亭台高下自天裁”[④]等更利于游人感受叠彩山的江景与岩景交融、兴味无穷的美境。而叠彩山上的瞿张成仁处碑也使登临者感受到了仁人志士的坚毅与忠贞，更是自然景观美与伦理的精神之美的融合，尽显精神生态之美。

第三节　桂林景观审美生态结构的生态美育效应

桂林景观是大自然系统一个典型的生态景观文本。桂林的奇山秀水、飞瀑流泉，山水之间有田园，这既符合中国文人的诗意想象，又能填补现代人的心灵空白。烟雨桂林，飘渺墨韵，意境油然而生，与传统艺术的生命本质与自由精神有着某种对应性，故有当代学者说桂林“是本美育书”[⑤]。审美者通过游览欣赏桂林的景观生态，也能在其生理、心理和社会文化层面产生良好的生态美育效应，提升其生态审美意识、生态审美能力，积淀美感经验，进而陶铸美的人格，提升精神境界，促进人类生命潜能与自然生命潜能的对应性实现，促成包括人与自然在内的宇宙整体可持续发展的文化行为，使人类生命潜能与自然生命潜能在生态审美和创美活动中充分实现，结晶共生出生态审美人和生态审美世界。概括起来，桂林景观的生态美育效应表现在以下几个方面。

---

① 宋先锋．试论园林意境的内涵 [J]．花木盆景，1996（5）：37.
② （宋）朱晞颜．访叠彩岩登越亭 [A]// 刘寿保注释．桂林山水诗选 [C]．南宁：广西人民出版社，1979：16.
③ 曾有云，许正平．桂林旅游大典 [M]. 桂林：漓江出版社，1993：394.
④ （明）陈于明．题木龙洞石壁 [A]// 刘寿保注释．桂林山水诗选 [C]．南宁：广西人民出版社，1979：22.
⑤ 刘昆，蒋新军．采访手记：漓江是本美育书 [N]. 光明日报，2014-07-27.

一、形成生态整体主义的审美意识

审美意识是客观存在的美丑属性在人脑中的反映，它包括审美感受、审美态度、审美趣味、审美观念、审美理想等一切审美心理现象，是社会意识的一种形态。审美意识是随着社会历史的发展而发展、丰富的，具有明显的历史性、时代性。当社会发展到生态文明时代，相应地产生了生态审美意识的发展需要。从生态系统发展过程及总体规律和趋势来看，人类对意义的追求应高于对物质的追求。然而，在工业文明时代，人类过于张扬自身的主体性，肆意掠夺自然资源，以物质的追求主导，沉迷于金钱与物欲享受的盲目追求中，由此带来了诸如生态危机、道德危机、人性危机等。因此，生态辩证法下的审美及审美教育，要求人们走出人类中心主义的藩篱，树立生态整体主义意识，关注人与自然、人与人、人与社会的和谐整生。桂林景观生态在这方面能满足社会和人们的需要。游览者在游览欣赏桂林景观时，感受和体验到桂林景观主要构成要素的形成过程及结果所表现出的生态审美性，以及桂林景观的多层次环形结构，且各环形层次之间相依相生，形成渐次生长的态势，有利于感悟到在生态系统中，人与自然万物是一个相生互长、和谐共生的整体，从而突破工业文明以来的科学主义的机械认识论以及主客二分的人类中心主义，形成生态整体主义的审美意识。正如海德格尔所说的："我居住于世界，我把世界作为如此这般之所依寓之、逗留之。"[①] 即把人类自己融入世界之中使人与自然万物成为一体。

游览者在游览观赏桂林景观时，还可以在感知桂林景观生态审美性时，反思和审视工业文明的发展历程，认识到过度张扬人的主体性，对自然过度开发和肆意掠夺的人类中心主义的思想及行为所带来的严重后果，并避免忽视生态系统中人类生态位所应有的主观能动性的以自然生态为中心的生态主义，确立人地协调的生态整体主义的审美认知态度。意识到在整体生态系统中，自然有其独立的作用和生态位，自然与人类是相互联系、相辅相成、相互包容的，人与自然是平等的生态关系，自然物与人类价值是平等的。如人们观赏游览桂林山水景观时，可了解到桂林奇山秀水的喀斯特地貌主要是几亿年的地壳运动使然，而非人力可为，人们能做的主要是把自然景观的美丽开发、展现出来。也就是说游览欣赏的这个过程就使人们意识到自然有自身发展的内部规律，以及人与自然的血肉相连的关系，人类所能做的就是关爱、保护自然，使自然生态

---

① （德）海德格尔．存在与时间 [M]. 陈嘉映，王庆节译．北京：读书•生活•新知三联出版社，1987：67.

更加灿烂美好。正如苏轼在《前赤壁赋》所言“盖将其变者而观之，则天地曾不能以一瞬；自其不变者而观之，则物与我皆无尽也”[①]。这种物我合一、物我共消长的价值平等态度在生态审美中形成后，反过来又可以指导审美者的生态审美活动，有助于消除功利性，消除主客二分，消除人类中心主义，淡化生命实践活动与审美的距离，促进生态整体主义的意识和态度的巩固和深化。如通过观赏桂林自然景观，意识到桂林自然要素、生态过程与生态功能所呈现出的地方性和自然性特点后，有利于克服“人类思想的狭隘性”，游览者就会进一步关注如何使之得到延续和可持续发展，以维持自然生态的稳定性，为自然复魅和增魅。当然，为自然复魅和增魅并不是要重新回到原始的蒙昧状态，而是把人与自然中心联结，生成自觉的生态整体主义意识，实现自然法则、生态法则、审美法则和社会法则的相生互长，实现自然生态、社会生态和精神生态的统一。普利高津说：“只有从我们在自然中的位置出发，才能成功地与自然对话，而自然只对那些明确承认是自然的一部分的人做出回答。”[②]

二、培育生态审美情感

蔡元培曾说：“人人都有感情，而并非都有伟大而高尚的行为，这由于感情推动力的薄弱。要转弱而为强，转薄而为厚，有待于陶养。陶养的工具，为美的对象；陶养的作用，叫作美育。”[③]可见蔡元培非常重视审美情感的培育。生态审美情感是在人与自然、人与社会、人与人和谐的关系上产生的情感，是超越了主客二分，超越了人类中心主义的情感。人类中心主义基础上产生的情感，容易使人从主体需要出发，把客体看成是满足自己物质需要、精神需要等功利的工具，甚至为之巧取豪夺、不择手段，以发展和扩充自身的本质力量，这样就会与客体的按照整个生态圈的生态规律发展运行的必然性和需要发生冲突、矛盾，导致众多物种的灭绝，产生的是主体和客体分离对立的情感。生态美育则力图培育和完善人的生态审美情感。其中最好的方式和途径就是让人们置身于大自然景观环境中，使其产生自我触动，感受生态系统的整体和谐及生命活力。英国浪漫主义诗人华兹华斯说“一朵微小的花于我来说，能激起泪水所无法表达的深情”[④]。马斯洛认为高峰体验“来自审美感受……来自与大自然的交

① （北宋）苏轼．李之亮注释．唐宋名家文集·苏轼集[M]．郑州：中州古籍出版社，2010：18.
② 转引自（德）汉斯·萨克塞．生态哲学[M]．北京：东方出版社，1991：38.
③ 蔡元培．蔡元培美学文选[M]．北京：北京大学出版社，1983：220.
④ 转引自宗白华．美学散步[M]．上海：上海人民出版社，2006：27.

融（在森林里，在海滩上，在群山中，等等）”[1]。由山水景观以及在山水的生态基座上生长起来的人文景观生成的桂林景观，具有浓厚的生态审美意味。因而审美者游览欣赏桂林的景观，会深深地被她的秀丽所吸引，被它那“万点奇峰锁玉空”以及那时而蓝天白云、青山绿水，时而烟雨迷蒙、如梦似幻的生动气韵所吸引。明代俞安期的“高眠翻爱漓江路，枕底涛声枕上山”[2]。与李白的“相看两不厌，只有敬亭山”有异曲同工之妙，人与自然之间自由的精神交往，人与山水亲密和谐之情跃然纸上。再有，桂林景观的由山与水共生的多层次环形生态结构，游览者在感知这些圆形形式美的山山水水时，其特有的“意味”，如圆形不像其他图形那样，有突起或有转折，因而意味着和谐、圆融；圆上任意一点到圆心距离都是相等的，因而意味着平等、均衡等审美趣味和审美理想，容易激发人与自然、人与人、人与社会平等、和谐与圆融的生态审美情感。

庞朴先生曾说过：“儿童游戏有‘石头、剪刀、布’者，三物循环相克，胜负机会均等，没有绝对强者弱者，在动态中得到平衡，它是大自然生态平衡机制的绝妙写照，也是对理想社会的童心呼求。”[3]这可以理解为对于社会生态和人的精神生态的生动的描述。人类的社会生态情感，包括人与人、人与社会的生态情感有也只有在自然和社会环境中才能得到丰富和发展，而且许多情感的生发往往与环境和景观相关联。如当人们对灵川海洋乡“满身尽带黄金甲”的银杏、龙脊梯田中金黄的稻穗，对阳朔玉龙河畔黄灿灿的油菜花、恭城西岭的“人面桃花相映红”的桃园，对桂林两江四湖山水相依山环水绕等自然景观与人文景观和谐统一的整体生态景观进行欣赏，就可以既感受和领悟到人与自然关系之美，还可以感受和领悟到当人类同时按照生态规律和“美的规律”创造出人工自然生态美时，更能将人在生态位上其应有的主观能动性，即人的本质力量之美与自然生态美融合起来，从而产生人与自然、人与人、人与社会平等和谐的生态审美情感。

三、培育生态美感能力

生态美感能力是在生态审美经验中获得，同时又是生态审美活动的基础。人们的审美发现和审美选择与审美能力的高低密切相关。苏珊·朗格认为艺术

---

① （美）马斯洛．谈谈高峰体验 [A]// 马斯洛等．人的潜能和价值 [C]. 林方主编．北京：华夏出版社，1987：366.

② 刘寿保注释．桂林山水诗选 [C]. 南宁：广西人民出版社，1979：75.

③ 庞朴．一分为三 [M]. 深圳：海天出版社，1995：5.

的功能和作用在于培养人们的眼睛成为艺术家的眼睛，使人们能将“生活中的任何一种花样或课题都被转化成一件浸透着艺术活力的想象物。……使每一件普通的现实物都染上了一种创造物所具有的意味”①。生态审美是揭去“小我”的障碍、忘掉躁动私心的遮蔽而见宇宙森林的“大我”审美，它需要人挖掘整个生态系统以及其中大小、点滴事物的固有价值和原初意义，以己之心观照自然之心，从而形成一个人与自然的“天人合一”的生态审美系统，即生态审美场。在漫长的人类历史进程中，人的本质力量不断地对象化，不仅使自然不断向人生成，而且也使人不断地向自然生成。当人全部感官体验自然的同时，也就生成了自身的生态美感。审美主体以生态美感参悟生命、感受生命主体的形象与生动，以及自身生命反应的丰富与精微，并在二者的交融互渗中共创生命的生态美。当生态美反映于主体头脑中，就呈现为蕴含生态美感本质的审美意象。孔子曾多次谈到自己的自然景观审美感受，“登泰山而小天下”“逝者如斯夫，不舍昼夜”，还总结出“智者乐水，仁者乐山；智者动，仁者静”的审美欣赏规律。郭熙说：“春山烟云绵联，人欣欣；夏山嘉木繁阴，人坦坦；秋山明净摇落，人肃肃；冬山昏霾翳塞，人寂寂。”②卢梭说：“审美价值能适用于事物中的一种令人惊奇的范围：一只老虎可能仅仅是漂亮的；一头蓝鲸是令人敬畏和鼓舞的；一只小鸟可能是小巧；因为它的历史意义，一匹阿帕卢萨马是有价值的；同时，因为它以不可思议的方式适应某种特殊环境，甚至一株单调的小小的植物可能激发起崇敬之情。”③等等，这些既是他们的生态美感经验，也体现了他们的生态美感能力。

游览者对桂林景观进行生态审美时，可构成丰富的生态审美意象，积累丰富的生态审美经验，进而生成或提高其生态审美趣味和生态审美能力。如桂林自然景观的山水相依，景点间有一定间隔，较为疏朗，游览者观赏之，易形成桂林是一幅笔墨简练、意味隽永的山水写意画的生态审美意象。对于桂林景观的多层次环形生态结构，可形成追求完美或充实或团结或包容的审美意象等。如徐霞客作为地理学家，也一改写游记时的中性化的、平实客观的语言风格，加上了不少诗意化语言，如徐霞客泛游漓江时，有“晓月漾波，奇峰环棹，觉夜来幽奇之景，又翻出一段空明色相矣”④的描述，这是融入了作者独特的审美体验，具有无可比拟的美妙，读者阅读后不知不觉中产生了一种相适相宜、共

① （美）苏珊·朗格．艺术问题 [M]. 滕守尧，朱疆源译．北京：中国社会科学出版社，1983：67-68.
② （宋）郭思，杨伯．林泉高致 [M]. 北京：中华书局，2010：39-42.
③ 转引自卡尔松．环境美学 [M]. 成都：四川人民出版社，2006：113.
④ （明）徐弘祖．徐霞客游记（上册）[M]. 褚绍唐，吴应寿整理．上海：上海古籍出版社，2007：328.

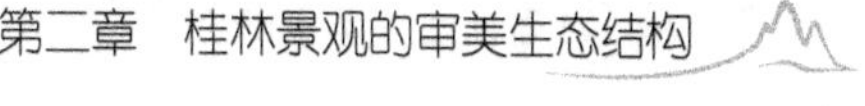

生共存的优美感。

人们游览观赏桂林人文景观时，可感悟和积累不同形态的生态美感经验。如游览观赏龙脊梯田、灵渠、壮族干栏建筑、侗族风雨桥等，可感悟和积累人与自然依生形态的生态美感经验。游览观赏八路军办事处、八百壮士墓等抗战文化景观，可积累国人处于帝国主义掠夺侵犯下的竞生形态的生态美感经验。实际上，对于人文景观，人类真正的美学触感并非只来源于文化，而是根深蒂固于自然之中，即在于自然与文化的和谐共生中。例如，桂林山水诗几乎与魏晋南北朝时的中原山水诗的发生同步，南朝诗人颜延之写出了“未若独秀者，峨峨郛邑间”的桂林山水诗。古代那些从中原不远万里途经或到桂林任职的文人雅士，得益于醉人的桂林山水，往往把仕途的失意或生活中的困惑艰辛转化为审美的得意，获得丰富而惬意的生态美感经验。如晚唐诗人沈彬的“陶潜彭泽五株柳，潘岳河阳一县花。两处争如阳朔好，碧莲峰里住人家”[①]则表达了其世外桃源般的生存性生态美感经验。清代施彰文的“古洞穿山腹，天风六月寒。危栏凭树杪，飞阁耸云端。智勇五年竭，山河半壁残。岩前双烈士，热血几曾干”[②]则歌颂英雄忠贞爱国的情操，抒发个人（英雄）与社会、国家共生的生态美感经验。

四、培育自然美好的心灵

场是一个充满聚力与张力的结构系统。这个系统整体内部各因素之间都存在着一定关系，它们相互作用、相互影响。桂林景观作为一个生态美育场，是由其内部的景观与景观之间，生物与生物之间，人与景观之间，在一定的时间与空间范围内由于相互作用、相互影响而形成的功能性系统。它们各自传递和交换着能量和信息，因而，在培育自然美好的心灵方面，景观，特别是自然景观，可以发挥其特有的美育功能和作用。虽然培育审美者离不开审美原理、规律和审美知识的传授，培育自然美好的心灵也以系统审美知识作基础。由于学校美育具有明确的目的性、计划性、系统性，因而在整个美育中，特别是青少年的美育中起着主导性作用。但是，与学校围墙内的封闭的知识传授式美育相比，景观美育由于其自然性、开放性、亲和性特征，具有一般的宣教式、灌输式所难以达到的美育效果。如就自然景观而言，庄子说过“天地有大美而不言”。

---

① （唐）沈彬．碧莲峰 [A]// 陈永源，奉少廷编注．名人笔下的桂林 [C]. 北京：新华出版社，2001：17.

② （清）施彰文．风洞山吊古 [A]. 刘寿保注释．桂林山水诗选 [C]. 南宁：广西人民出版社，1979：21.

按照阿恩海姆所说的“异质同型”理论，人的生理、心理活动机制与自然界客观物质的物理活动机制存在着“同一性”关系。虽然自然界的山石树木、生物的四肢躯干与人的情绪意志是异质的东西，但它们在“力”的结构图式上有一致的倾向。如巍然屹立的山峰与沉稳刚健的身躯和坚定不移的信念具有同一性。这与中国的感悟说有内在的一致性，二者都体现了物我合一的宇宙观。刘勰说：“春秋代序，阴阳惨舒，物色之动，心亦摇焉。……写气图貌，既随物以婉转，属采附声，亦与心徘徊。”[①] 生态审美作为自觉化的节律感应活动，是实现人与自然环境生态关联和实现同构的重要能动性媒介，可促成美感主体的生发。生态美感主体在生态审美、造美活动中又促进了美感经验积淀升华，促进了生态审美意识与生态审美能力的强化与提高，进而促进审美人格的陶铸，精神境界的提升，促进美好心灵的培育，从而产生良好的生态美育效应。宗白华曾说“天空的白云和覆成桥畔的垂柳，是我孩心最亲密的伴侣。我喜欢一个人坐在水边石上看天上白云的变幻，心里浮动着幼稚的幻想。云的许多不同的形象动态，早晚风色中各式各样的风格，是我孩心里独自把玩的对象”[②]。“我有一天私自就云的各样境界，分别汉代的云、唐代的云、抒情的云、戏剧的云等等，很想做一个‘云谱’。”[③] 自然界中云的世界使得宗白华先生有了强烈的审美欣赏和审美创造冲动，这是说教式的知识教育和知识美育所不能比拟的，由此也可见出景观美育所特有的功能和作用。

虽然景观美育有其特有的功能和作用，但我们要使它的作用得到最大限度的发挥，需要超越传统美学的静观审美方式。传统美学的静观审美方式要求摒弃实际功利，强调“无利害性”的审美欣赏，以静观的方式来关注审美对象的内在特征。如布洛的审美“心理距离”说就认为在审美观照中，主体在心理上必须和对象保持一定的距离，把实践的现实的自我与眼前的对象的联系割裂开来，切断同事物的实用、功利方面的联系，以旁观者的态度来看待它。在景观美育中，我们应突破这种单纯的静观式审美，倡导参与式审美。美国环境美学家阿诺德•伯林特基于系统整生的哲学思想，从环境审美入手，反对分离和静观，提出“参与美学”思想，认为“环境并非静观，环境与我们是相连续的”[④]。主张“用‘融合’取代‘无利害性’，用‘连续性’（continuity）取代‘分离’”[⑤]。“参

① 周振甫．文心雕龙今译：附词语简释 [M]. 北京：中华书局，2013：414-415.
② 宗白华．艺境 [M]. 北京：北京大学出版社，1987：187.
③ 宗白华．艺境 [M]. 北京：北京大学出版社，1987：187.
④ （美）阿诺德•伯林特．环境美学 [M]. 张敏，周雨译．长沙：湖南科技出版社，2006：140.
⑤ 程相占，（美）阿诺德•伯林特．从环境美学到城市美学 [J]. 学术研究，2009（5）：138-144.

与美学”认为人与环境是相互贯通的，具有连续性的，审美者不是一个远观者，而是积极的参与者，主张审美是审美者全身心地体验场所的过程。“人们将全部融合到自然世界中去，而不像从前那样仅仅在远处静观一件事物或场景。”[①]

桂林于自然山水中生成了厚重的历史文化，生成了丰富多样的人文景观。可以说，桂林是培育生态美好的心灵的最佳场所之一。以参与式实施开展的桂林景观生态美育，在培育人的美好心灵方面更能发挥其特有的作用。虽然参与式是现在才提出来的美学概念，实际上，历代的文人墨客、迁客骚人或普通游客，来桂林游览参观时，既有静观式的审美，也有参与式的审美。他们均为桂林美丽的山水陶醉，又被其人文底蕴所熏陶感染，进而涤荡了心灵、塑造了人格，提升了精神境界，心灵变得更加美好。如宋代张自明的“癸水江头石似浮，银河影里月如钩”[②]、清代陈长生的“洞中穿过高楼望，人在荆关画里游”[③]等都是古代诗人们沐浴、沉醉于林泉之中的传神写照。

近代工业文明带来的技术主义和工具理性造成了人类的物化和工具化，使人“被从大地上连根拔起，丢失了自己的精神家园”[④]。景观生态美育在帮助人们从现代工具理性，从异常贫乏的精神生活中解放出来方面，有着其他类型美育不可替代的地位和作用。瑞士思想家阿米尔说：“一片自然风景是一个心灵的境界。”[⑤]宗白华评论倪瓒的描写幽兰“春风发微笑”，说：“中国的兰生幽谷……一呼一吸，宇宙息息相关，悦怿风神，悠然自足。”[⑥]显然，自然景观的生态审美使人与自然之间产生“情往似赠，兴来如答”“随物宛转，与心徘徊”的共鸣和感应，是自然对生命体的生命节律进行激发、调节和引导的过程，是自然的生态性转换、生成为人的生态人格和精神境界的过程。景观的生态之美，不仅是形式之美、活动之美，更给人心灵和精神上的宁静与和谐。如徐霞客游览桂林，从其游记中可感受到他与桂林人民、与桂林山水的和谐与妙合无垠。如他在游览虞山时写到“后倚悬壁，憩眺胜莫逾此”并“与静闻解衣凭几，指点西山甚适”[⑦]。最有意思的是，徐霞客与静闻一儒一僧从七星岩东隅登省春岩，几经周折后，觅得一洞，“穿隙入，后有一龛，窗辟其前，中悬玉柱。柱左又有一

---

① （美）阿诺德·伯林特．环境美学 [M]. 张敏，周雨译．长沙：湖南科技出版社，2006：12.

② （宋）张自明．水月洞 [A]// 刘寿保注释．桂林山水诗选 [C]. 南宁：广西人民出版社，1979：82.

③ （清）陈长生．景风阁望漓江 [A]// 刘寿保注释．桂林山水诗选 [C]. 南宁：广西人民出版社，1979：19.

④ （德）冈特·绍伊博尔德．海德格尔分析新时代的科技 [M]. 宋祖良译．北京：中国社会科学出版社，1993：195.

⑤ 转引自宗白华．艺境 [M]. 北京：北京大学出版社，1987：151.

⑥ 宗白华．艺境 [M]. 北京：北京大学出版社，1987：164.

⑦ （明）徐霞客．徐霞客桂林山水游记 [M]. 许凌云，张家瑶注译．南宁：广西人民出版社，1982：27-28.

龛，予同静闻分踞柱前窗隙，下临危崖，行道者仰望，无不徘徊忘返。”① 观望良久后，其中二村樵也攀爬了上来，说中层的石穴之上还有一个很大的，愿为寻找，于是徐霞客下倚松荫，“二樵仰睇处，反睇二樵在上。”② 游者与樵夫互为风景，这些场景充满欢心，意趣无限，正所谓“悠悠心会，妙处难与君说”③。从中可见出徐霞客及其二樵虽然知识、社会和人生经历都不同，但他们都乐于在大自然中徜徉和探索，在享受山林之乐，聆听自然山川的声音，领略自然的大美之时，既随物宛转，亦与心徘徊，达成了与自然的亲密与和谐交融，从中也可见出他们在与自然的相与中生成的生态人格。正如鲁枢元所说的“人与自然和谐相得……是一条通往‘诗意栖居’的林中之路”④。当代的一些生态心理学家们也在积极寻找自然对人类的心理价值，提倡用生态疗法去医治人的心理问题。他们注意到当人们面对森林、草原、大海、蓝天、白云时，会由衷地产生喜爱之情。这种喜爱之情便是人类共同的原始自然情结，没有种族之分，没有男女之别，也没有年龄差异。基于此，生态心理学家们认为我们重建人与大自然的连接，使人们与大自然接触、沟通，重回大自然怀抱，从而唤醒人类的生态潜意识，体验生活的意义，建立有环境责任感的内心和平，由此带来积极的情绪和幸福的感觉。

五、推进生态审美创造

生态美育是识美、知美、显美和造美的统一。也就是说，生态美育不能停留在“知”的层面，更要体现在“行”的层面，即展开审美活动并在活动中促成审美创造。一方面，通过美育，使人们进行审美和美育活动，接受审美熏陶和化育，认识和掌握了美的规律，具有了自觉的生态意识，生成了完整的生态人格与精神境界，成为生态审美者。席勒说过：“处于审美心境的人只要他愿意的话，就可以普遍有效地进行判断，普遍有效地行动。”⑤ 我国教育家陶行知先生提出的“教学做合一”的教育思想中，就明确指出“做”是教学的中心，并主张不能以狭义的“做”来抹杀文艺的创作中的“作”。他对《红楼梦》中讲

① （明）徐弘祖．徐霞客游记 [M]. 郑州：中州古籍出版社，1992：11.

② （明）徐弘祖．徐霞客游记 [M]. 郑州：中州古籍出版社，1992：12.

③ （南宋）张孝祥．念奴娇•过洞庭 [A]// 邹德金主编名家注评．全宋词（下卷）[C]. 天津：天津古籍出版社，2009：427.

④ 鲁枢元．生态文艺学 [M]. 西安：陕西人民教育出版社，2000：311.

⑤ （德）席勒．美育书简 [M]. 徐恒醇译，北京：中国文联出版公司，1984：118.

述林黛玉说的“留得残荷听雨声”评价是“这里也有行动，有思想，有新的价值产生——破荷叶变成天然的乐器！领悟得这一点，才不至于误会教学做合一之根本意义”[①]。可见陶行知先生对审美活动中的审美创造是非常强调和赞赏的。另一方面，当审美者遵照已内化了的生态审美观念去行动和实践，使自己的生命活动和改造社会、自然的活动富于生态精神时，就会推动个人、社会和世界变得更加美丽和美好。

桂林景观在促进生态审美创造方面可发挥相应的功能。桂林自然景观有多方面推进生态审美创造的作用。宗白华说：“诗以山川为境，山川亦以诗为境。”[②]正是桂林山水的俊秀，才催生了韩愈的“江作青罗带，山如碧玉簪”、杜甫的“五岭皆炎热，宜人独桂林”等无数优美绝妙的桂林诗歌的创作，才有了桂林石刻的丰富，使得游人获得“看山如观画，游山如读史”的丰富享受。游览者欣赏了桂林自然景观时，能从桂林的喀斯特地貌的历史形成中，意识到自然界作为一个有生命的整体系统，其发生发展都要依据一定的规律和法则展开。直到在人类出现以前，自然界中的一切物质，包括有机物和无机物，都是按照自身生命规律与目的自由地存在，出于整体和个体生存的生命本性自发地调节与环境的关系，以达到自身与环境的协调共进。在这一自发协调中暗合着自然生态的普遍法则和最高法则。也认识到作为自然界进化中最高级的物种——人类产生后，对自然生态和社会生态的调控由自发转向自觉，但这种自觉应体现为人类对自然生态和社会生态的调控应是合规律合目的的调控，只有这样才能使社会、自然走向有序的代价较之自发调控要相对减少，否则，则会使自然生态祛魅，破坏自然和社会生态。正如柏格森所说：“如果有人问大自然，问它为什么要进行创造性的活动，又如果它愿意听并愿意回答的话，则它一定会说：‘不要问我，静观万象，体会一切。’”[③]树木的年轮与火烧后的旧痕记载着人类出生前的古老历史，告诉人们自然有它不以人类意志为转移的“内在尺度”。自然先于而且不依赖于人类而存在着，自然有它自身生成和发展的历史，人类不过是自然自身进化或演变的产物。“人类是这片土地上唯一的美学家，如果连我们都不重新加入这充满敬畏的美丽之中，谁又有资格来加入呢？但同时，如果

① 江苏省陶行知研究会，南京晓庄师范陶行知研究会．陶行知文集（上册）[M]．南京：江苏教育出版社，1997：406.

② 宗白华．艺境 [M]．北京：北京大学出版社，1987：153.

③ （法）亨利・柏格森．时间与自由意志 [M]．吴士栋译．北京：商务印书馆，1958：13.

在美丽之中除了敬畏什么都没有，那将是多遗憾的一件事啊。”[①] 桂林市政府为了使桂林变得更加美丽生态，通过退耕还林、珠江水系防护林、石漠化治理等生态工程建设，“桂林的森林覆盖率由2005年的66.46%升至2010年的68.93%，位居全国地级市前列，比全国平均森林覆盖率的20.36%高出48.57个百分点。”[②] 近年来，除了广泛开展“大种树、优生态”主题活动、“百万农户种千万棵树”及“全民义务植树”等活动外，还开辟、启动北起兴安、南至阳朔县的漓江两岸的“四化”工程，即沿岸实现“绿化、彩化、花化、果化”。

桂林人文景观的生态美育，不仅是育美，而且也是传美、造美的统一，即人文景观在熏陶人格、美化人的心灵的同时，民族传统文化也得到传承和发展。如对于桂林人文景观，近年来，桂林市委市政府以“寻找桂林文化的力量，挖掘桂林文化的价值”为主题开展历史文化的保护和传承，出台措施，保护和修缮桂林的古村落、古建筑、古街巷，2016年4月完成了逍遥楼重建工作，使消失了100多年的文化名楼重现桂林，续接了桂林历史文化。桂林正阳东西巷历史文化街2016年6月6日建成，延续了城市发展文脉。传承和发展繁荣桂林地方戏曲，2015年6月新西南剧展在广西省立艺术馆旧址上演，又诸如文场、桂剧等一些地方戏剧，因受现代影视剧的冲击，已处于濒危状态，不仅欣赏受众少，传承更是后继乏人。国家、政府和社会上的有识之士，都意识到亟需采取有效措施和多种途径加以保护和传承，并已开展相应行动，如桂林的桂剧、彩调被列入国家级第一批非物质文化遗产名录，文场被列入国家级第二批非物质文化遗产名录，渔鼓被列入国家级第四批非物质文化遗产名录，并着力培养国家级、省级、市级国家非物质文化遗产传承人，通过传承人把传统戏曲传播到社会，培养一批批文化遗产继承人，使优秀文化得到传承和弘扬。如桂林通过传统戏剧文化走入课堂或在民间社区开办培训班等方式培养传承人使传统戏曲文化得到传承，继续发挥保持其民族文化独特性。如龙胜县在侗语中称为“嘎贝巴”的侗族琵琶歌，是侗族优秀文化的代表，是用琵琶进行伴奏进行演唱的单旋律、单声部独唱或对唱歌曲，近年来，龙胜各族自治县平等乡将它搬进了学校课堂，使这一传统文化得以弘扬和传承。[③] 在广西文场的传承方面，现年已七十高龄的何红玉老师是国家级非遗项目广西文场的代表性传承人，她视“文

---

① Holmes Rolston III: Mountain Majesties Above Fruited Plains . Environmental Ethics, Spring,2008,Volme 30,No.1.

② 贺波，陈娟 .“生态山水名城”递出“绿色名片”[N]. 广西日报，2011-6-16（1）.

③ 龙宪智 . 侗族琵琶歌进课堂图片报道 [N]. 广西日报，2011-6-12（11）.

场如命”[1]。她第一次系统地把广西文场付之于文字和乐谱，并将很多的时间和精力投入到对晚辈的传帮带上。推动广西文场进入小学校园了，她经常利用空余时间去给孩子们做辅导。[2]

桂林人文景观的生态美育中，古村落文化的传承、保护和建设是重要的内容之一。桂林是多民族地区，如何在传递和发展主流文化价值观的同时，保留、传承和创生多民族文化也是非常重要的。在桂林的古村落建设中，如何做到文化化、生态化发展，一些少数民族的做法很值得提倡。如临桂黄沙瑶族乡最大的瑶族聚居村落棕树湾村，长期坚持开展如瑶族服饰制作、瑶族长鼓习演、舞狮，举办历史悠久的“盘王节”“尝新节”“药王节”，对山歌唱和远近闻名的“挖地歌”等活动，这促进了原始的瑶族民俗风情文化的传承和发展。而家庭是社会的细胞，家庭在传承和发展民族传统文化中也起着重要作用。龙胜各族自治县泗水乡一个特殊的家庭就是民族团结和民族文化融合的经典案例。“在龙胜各族自治县泗水乡八滩村委里排组，有一个特殊的家庭：他们家共 10 口人，四代同堂，更有苗、瑶、侗、壮和汉 5 个民族。尽管各民族的生活习惯有所不同，但在这个罕见的多民族家庭中，却是其乐融融，一派和谐的景象。”[3]这个家庭，由五个不同的民族组成，他们相互尊重各民族的民俗和文化传统，如家庭成员中各族文化相互融合和濡化，饮食习惯上，来自汉族的儿媳从喜吃酸辣，不习惯喝油茶，慢慢转变成“一天不喝碗油茶，就觉得不习惯了”。以前做菜几乎不放辣椒的一家人，自从儿媳踏入家门后也逐渐吃辣了。还尊重各自的民俗风情，“晒衣节”到了，户主侯光祖会带上儿子陪同瑶族妻子回娘家，一起参与“晒衣节”，83 岁高龄的侯正荣则唱起山歌逗孩子们开心等。所以人们称赞他们是“苗瑶侗壮汉，齐聚一个家”[4]。

桂林人文景观生态美育，可创生生态生活方式。当今，尽管国家在强调生态和生态文明建设，但仍可见到为了经济利益和物欲满足而对大自然进行破坏性的“策划”“创造”甚至毁灭性掠夺的现实。因此，借助景观生态美育的平台，推进人们自觉的审美生态实践还包括生活方式上的生态化自律势在必行。在创新生态生活方式方面，桂林的恭城瑶族自治县走在了全国前列，作为国内率先开展农村沼气池建设的县城之一，全县累计建有沼气池 6.87 万座，占全县农户总数的 89.6% 以上，县级沼气入户率居全国第一。“不见炊烟起，但闻饭菜香。”

① 板俊荣 . 文场如命——何红玉先生与广西文场 [N]. 桂林日报，2015-3-8（3）.
② 莫曲 . 老艺术家何红玉：一生痴爱文场 [N]. 中国文化报，2014-2-25.
③ 刘教清 . 苗瑶侗壮汉齐聚一个家 [N]. 桂林日报，2016-5-24（4）.
④ 刘教清 . 苗瑶侗壮汉齐聚一个家 [N]. 桂林日报，2016-5-24（4）.

沼气的出现，改变了祖辈上山砍柴做饭的日子，保住了青山绿水。前些年随着社会和时代发展，又率先试行农村沼气“全托管”服务，推行“公司＋服务中心＋服务网点＋农户”运作模式。该模式既确保农户基本生活用能，又很好地解决了大型养殖公司的牲畜粪便污染问题。沼气公司还将沼气废渣处理为肥料成品，为那些规模种植场、种植大户提供有机肥料，减少了果园化肥的使用，既提升了农产品质量，保护了生态环境，又促进了农民增产增收，实现了生态循环发展。[①]另外，近年来，桂林把生态美育理念融入到了新农村建设中，借助区位优势和良好的生态环境、特色农业等，在农村大力发展生态旅游农业、生态休闲农业，充分发挥旅游业的绿色优势，打造生态旅游区，推进农家乐、观光农业、农产品采摘等，创设桃花节、月柿节、渔火节、米粉节等精品旅游项目，一方面可以进一步拓宽农民增收渠道，夯实农民物质经济基础；另一方面可以向农民展示出：生态美是一种资源，可以带来巨大的经济效益；发展和壮大农村经济，不一定要以牺牲良好生态为代价。事实上恰恰相反，良好生态给农业发展带来巨大潜能。现代农业是农业发展的高级阶段，同时也是农业自身发展的必然结果。现代农业是高产、优质、高效农业，必须以良好生态为依托，保护生态是发展现代农业的必由之路。要“注重里子”，传承乡村优秀文化，打好“文明村镇”牌。心灵美是行为美的根基，要促进思维方式的“绿色化”，使农民由“人与自然和谐”到“人与自身和谐”“人与社会和谐”。人与自然的和谐是建设社会主义和谐社会的重要内容。凭借以上活动，接续传统文化与现代文明，不断增强农民的民族自信心，在文化上找到“家园感”和“归属感”。借助文化的力量，帮助农民树立正确的世界观、人生观、价值观，在社会实践活动中正确地处理个人与自身、个人与他人，个人与社会，个人与自然之间的关系。

小　结

桂林景观由自然景观和人文景观两大部分构成，人文景观在与自然景观的耦合对生中，增长了自然性和生态性，从某种程度上来说，已成为桂林自然景

---

① 刘先春，孟华．“全托管”活了农村沼气[N]．人民日报，2013-12-8（11）．

观的一部分。因而，本书提出桂林景观的审美生态结构主要以其自然景观为主，并把自然景观和人文景观作为一个整体来分析。

桂林景观的审美生态结构是多层次环形结构，生态审美特征表现为生态性与审美性的结合，具有自然生态美，自然性与社会性的结合，具有社会生态美、精神生态美。桂林景观独特的生态结构及其特征具有多方面的生态美育效应，包括形成生态整体主义的审美意识，培育人与自然、人与人、人与社会平等友好、和谐的生态审美情感，培育生态美感能力，培育自然美好的心灵，推进生态审美创造等。当然，上述这些是桂林景观独特的生态结构所产生的生态美育效应的一般性、整体性特征，具体到个人，由于参观者、游览者，即审美接受的主体的学养、品性、能力、经历等方面的异质性，也构成了景观生态文本阅读的动态性和生成性，形成美育效应差异性和个性化色彩。正如王国维所说“以我观物，物皆著我之色”①。例如，同样是游览桂林，对桂林文本的阅读，李商隐的《即日·桂林闻旧说》中有“独抚青青桂，临城忆雪霜”②。写出了桂林的生态景观特色，同时也流露出了作者去国怀乡的浓厚伤感情绪，范成大的《喜雪示桂人》“腊雪同云岭外稀，南人北客尽冬衣。从今老杜诗犹信，梅片飞时雪也飞”③。则既写出了对桂林冬雪景观的喜爱，也表达了作者的轻松愉悦的心情。到了当代，随着国际交流的增加，外国游客来桂林游览已成为平常事，贺敬之的《桂林山水歌》中则是发出“桂林山水——满天下！”④的赞叹，诗中不仅显示出桂林山水对自己的熏陶化育，还显示出桂林山水对世界人民的熏陶化育。又如，桂林籍书画家李时斌的山水作品多次赴欧盟展出，赠予或被多国政要收藏，如其创作的《漓江神韵》水墨作品赠送前阿富汗总统卡尔扎伊收藏，历时5年创作的《漓江百里胜景图》被美国前总统奥巴马及夫人收藏，近期又赠送给日本前首相鸠山由纪夫两幅书法作品，之后收到感谢信并希望李时斌能访问日本举办个人画展。⑤这些不仅扩大了桂林山水的美育范围，还加深了国际友谊。桂林当地居民则以过盘王节、唱琵琶歌、山歌、挖地歌等进行民族传统文化的传承和创造。因此，桂林景观的生态结构及其特征的生态美育效应既具有普遍性的特征，具体到审美个体，又体现出个体差异性，使生态美育效应呈现出丰富性和生动性。

① 王国维. 人间词话 [M]. 上海：上海古籍出版社，2004：5.
② 刘英. 名人与桂林 [M]. 南宁：广西人民出版社，1990：48.
③ （宋）范成大. 喜雪示桂人 [A]// 刘寿保注释. 桂林山水诗选 [C]. 南宁：广西人民出版社，1979：11.
④ 曾有云，许正平. 桂林旅游大典 [M]. 桂林：漓江出版社，1993：396-398.
⑤ 庄盈. 桂林籍书画家山水书画作品被日本前首相收藏 [N]. 桂林晚报，2017-3-1（2）.

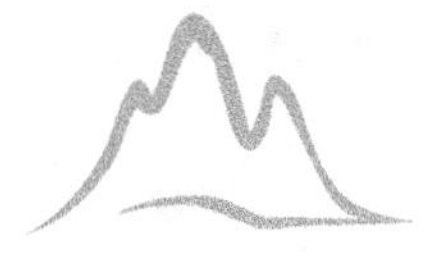

第三章　桂林景观结构生态中和整生而形成的生态美育场

“泰山巍巍，白云悠悠；纷乱无止，和谐难求？！”[①] 和谐是中西方古代美学的审美理想。在西方，毕达哥拉斯学派认为美在数的和谐，在中国，《国语·郑语》提出：“和实生物，同则不继。”《中庸》说：“致中和，天地位焉，万物育焉。”[②] 生态中和是“中和”的理想形态。桂林景观的审美生态结构具有生态中和性，具体体现为自然因素的生态中和、社会文化因素的生态中和、自然与社会文化因素的生态中和。桂林景观结构的这些因素形成网状结构和联系，在整体性原则和关联性原则作用下，系统整体内部所有要素之间相互影响、相生互发，形成真、善、美、益、宜等多位一体的生态中和，经相互作用与生态中和整生，形成真、善、美、益、宜统一的生态美育场。

第一节　桂林景观结构的“生态中和”结构

一、桂林自然景观生成及结构的“生态中和”

（一）桂林自然景观是自然生境的“生态中和”

天地自然万物是依据一定的自然法则生成的客观本然存在。正如老子说的：“有物混成，先天地生。寂兮寥兮，独立而不改，周行而不殆。”（《老子·二十五章》）景观的发育也是如此，有其自身的生长、发育历史。其生长、发育会受到气候、地质、水文等自然因素的影响，具有地域分异规律的规律性，即“景观

① 周来祥．再论美是和谐 [M]. 桂林：广西师范大学出版社，1996：45.
② 刘兆伟．《大学》、《中庸》诠评 [M]. 北京：中国社会科学出版社，2013：107.

在地球表层按一定的层次发生分化并按一定的方向发生有规律分布的现象。地域分异规律对于景观研究具有普遍意义。”[①] 桂林自然景观的生发与维系离不开一定的气候、地质、水文等自然生态条件。

桂林自然景观主要是在气候、地质、水文等自然因素共同作用下形成的。由于桂林是典型的岩溶地貌区，“凡是地下水和地表水对可溶性岩石的破坏和改造作用都叫岩溶作用，其中包括化学过程（溶蚀和沉淀）和机械过程（流水侵蚀和沉积、重力崩坍和堆积等）。这种作用所形成的地下形态和地表形态就叫岩溶地貌。”[②] 对于桂林喀斯特地貌的形成，就岩石方面看，桂林发育有很厚且质纯的上古生代碳酸盐岩，并经历了多次构造运动，断层、裂隙、节理十分发育，这为岩溶作用奠定了地质前提基础和条件。气候也是影响景观结构的重要因子。溶蚀力与降水及气温密切相关，桂林处于亚热带季风气候区域，年平均气温为18～19℃，降水丰沛，炎热湿润。调查显示，桂林“补给到碳酸盐岩地区的降水和外源水具有较大的溶蚀性，是本区岩溶发育的主要因素”[③]。由此，桂林喀斯特地貌是在桂林的气候、地形、地质、水文等综合作用下形成的，是自然生态系统内各因素生态中和的结果。

因此，桂林自然景观的生成是桂林石灰岩的地质、充沛的雨量、温润的气候、肥沃的土壤等自然生态条件的生态中和的结果。若没有这些完善的生态条件和基础，没有这些生态循环的流畅以及生态系统的平衡，山不再葱茏、水不再碧绿，山中的洞穴失去水的滋养，洞壁不再有水珠渗出，洞内的钟乳石等不再湿润，也不再晶莹剔透，奇幻的洞景也将黯然失色。中国的阴阳五行学说认为金木水火土是相互制约、相互影响、循环相生的，以此维持生命结构和生命系统的平衡。在桂林景观的生态结构中，岩石、水和植被一样，既是景观的组成部分，更是景观的生成条件，是桂林景观的生态基础，是生成桂林景观的生气与灵气，生成桂林景观整体俊秀的审美特质的核心因素。

（二）桂林景观的多层次环形结构的“生态中和”

桂林的自然景观虽然海拔高度、体积等方面差异较大，如象鼻山海拔200米，相对高度55米，而尧山主峰海拔909.3米，相对高度760米。但桂林诸山在空间组合方面各有自己的生态位，整体观之，十分和谐统一，给人一种大小

---

① 傅伯杰等．景观生态学原理及应用 [M]. 北京：科学出版社，2001：33.

② 任美锷，刘振中．岩溶学概论 [M]. 北京：商务印书馆，1983：4.

③ 朱学稳等．桂林岩溶地貌与洞穴研究 [M]. 北京：地质出版社，1988：15.

适宜，各得其所的美感。这正是因为桂林景观为多层次环形生态结构的缘故，桂林自然景观由内向外依次为俊秀核心区、秀山圈、秀水圈、俊山圈、雄山圈、巨山圈。这些多层次环形结构之间于相互联系和相互作用中生成了生态中和机制，具体体现为，以俊秀核心区为中心，从秀山圈开始的每个环形圈，逐步由秀山圈向雄山圈“生长”，由优美向崇高生长。离俊秀核心区较近的秀水圈、秀山圈与离俊秀核心区较远的雄山圈、巨山圈的中和，就生成了处在秀山圈、秀水圈与雄山圈、巨山圈中间的秀山圈。桂林景观虽然有大小、形体差异较大的圈态结构，但整体上又是协调、匹配的。从景观核心区视角看，像宝积山、象鼻山等体积较小的景观，离景观结构核心独秀峰近些，人们观赏时不会对它们产生过于小的感觉。而七星山、西山等体积居中的景观，离景观核心的距离也不远不近，使人们产生体积适中的感觉。而体积较大，如东面的尧山、北面的长蛇岭等，因距离景观结构中心较远，在审美者的眼中也就无形中变小了。这是景观的内在生态规律运动变化而呈现的景观生成、生长，或者说是大自然对桂林景观的审美“剪裁”与“位置经营”，是动态非线性生态中和，从中自然地实现了桂林自然景观的生态艺术化和生态审美化。

（三）桂林景观山水结构的“生态中和”

中和主要是表征事物处于适宜、合适的状态和特征，桂林景观山水结构的“生态中和”主要是指桂林的山与水结构疏密得当、数量比例适宜，具有和谐之美。

在景观生态学视域中，比例是部分对部分、部分对整体在尺度间的数据化的比照。合适的比例能满足人们的视觉要求，具有审美观赏效应。和谐完美的比例，存在于桂林山水景观结构之中。当我们对桂林山水景观作横向环视时，它为多层次环形结构，而且漓江（段）、桃花江、杉湖、榕湖、桂湖、木龙湖是秀水景观圈，而当我们对桂林山水景观作纵向环视时，它们和桂林的其他山水景观共同构成了纵向立体的基础层次。桂林山水的纵向结构则主要由两大层次构成，水是第一层次，山是第二层次。其纵向结构生态特征是疏密得当，数量比例适宜。这种结构生态特征也主要体现为两个方面，一是山这个层次自身的分布疏密得当，数量比例适宜。二是山与水二者之间疏密得当，数量比例适宜，这是基本的也是最重要的。山之疏密得当，数量比例适宜，山与水之疏密得当，数量比例适宜，最终形成山水对生整体结构，形成“簇簇青莲水中生”的动态均衡、整体中和俊秀之美，桂林山水于是显示出整体清俊的神韵和精神。正如杜威指出的："在艺术中，我们发现了：自然的力量和自然的运行在经验里面达到了最完备，因而是最高度的结合……当自然过程的结局、它的最后终点，愈占有主导的地位和愈显著地被享受着的时候，艺术的'美'的程度就愈高。"①

1. 山水结构的疏密、位置经营的生态中和

首先，桂林的山之景观有内疏外密的特征。翻开桂林版图，我们可看到位于桂林中心区域的景观，数量较少，分布较稀疏。独秀峰、伏波山、叠彩山、七星山、穿山、象鼻山、南溪山、西山、老人山、虞山等，犹如明珠般撒落在桂林城区，都间隔着较大的空间距离，概不相连，互不傍依，形成宽松疏散、十分自由的空间关系，显出空灵和旷远境界，富于外扩的张力。而处于外围层次的景观，如雄山景观圈、巨山景观圈的群山则绵延不断，排列紧密，如团如簇，一派厚实，呈现内缩的聚力。其次，桂林的山之景观内层的总体特征是稀疏，但并非每个方位的景观密度都是均等的，而是在总体有间隔的基础上，体现出西北方较密集，东南方较稀疏的特点。

2. 山水数量、比例的生态中和

簪山带水是桂林景观，特别是桂林城区景观的典型特征，山与水的数量、比例适宜。桂林市志编纂委员会在《桂林市概况》（1986）中提到："桂林市区的江河除主流漓江外，还有桃花江、小东江等支流，地表水域面积占市区总面积的4.24%。"因而形成"是山城啊是水城，都在青山绿水中"②的审美佳境。桂林以山水为基本结构，簪山带水，山因水活，水随山转，山水相得益彰，赋予了桂林以山水无穷的生机与活力。桂林的山水首先形成了数量比例的生态中和。如在桂林城区，独秀峰、叠彩山、伏波山、七星山、穿山、象鼻山、雉山、西山、猴山、老人山、骝马山等山有漓江、桃花江、小东江在其间婉转流淌，中间还与诸多湖、塘、池相连，因而，山与水在数量和分量上显得很均衡、协调，于是构成了山与水量态的生态中和。桂林山与水分量的匹配使二者形成共生关系，促进了彼此生态和整体生态的发展。稀疏洒落于江河盆地中的山，对水有阻隔、弯曲、回绕等功能，造就了河流龙走蛇形、静水流深和带卷巾舒，也造就了桂林池、塘、湖星罗棋布，于是形成了一个以漓江为纲的水网，把桂林的

① （美）杜威. 经验与自然 [M]. 傅统先译. 南京：江苏教育出版社，2005：5.

② 贺敬之. 桂林山水歌 [A]// 曾有云，许正平. 桂林旅游大典 [M]. 桂林：漓江出版社，1993：396.

一座座山网在汪汪清流边、盈盈水汽里、袅袅烟岚中，由此，造就了山的郁郁葱葱、欣欣向荣。如果没有足够数量的山的阻隔和迂回，江河流经桂林的水量就会减少，如果流经桂林江河及水量少了，也就难以涵养出青翠的山。正是桂林山水量态的结构与关系的适度与合理，形成了桂林山水的生态中和，山与水在相互作用中构成了相生相长的共生关系。

二、桂林景观自然与人文的“生态中和”

“桂林山水甲天下”，桂林自然景观的生态性和审美性都很高，以此为基座，桂林生长、发展起了底蕴深厚的人文景观。桂林的自然景观与人文景观相生互长，在质、值、量、度等方面对应发展，于历史时空中动态匹配，形成了非线性平衡与复杂性生态中和。

（一）自然与人文的生态中和：依生、竞生、共生和整生

依生是指“在矛盾结构和组织方式以及生态过程中，客体占据着本体、本源、主导的地位”[①]。桂林有相当数量的依生态人文景观，如桂林的宝积岩遗址、甑皮岩遗址等史前文明景观，就是原始先民留下的紧紧依靠岩洞及周围的动植物生存的景观。在桂林民俗风情景观里，如“耕牛节”“送春牛”等习俗，也显示了人对动物、对自然的依生。桂林的农业田园景观，依生性也比较明显，大多遵循因地制宜的原则。如桂林的龙脊梯田，是迁居到此的以壮族为主体的稻作民族为了解决生存问题而开垦的、重塑自然面貌的浩大工程。尽管先民们出于生存等功利主义目的开山造田，但并没有违背自然规律而肆意妄为，而是遵循土地、山林等自然内在的生态规律开山造田。桂林的建筑景观也体现出较强的依生性。桂林的建筑景观体现出很强的对山的依靠性和对水的亲近性，一般都力求依山傍水而建，并在整体上融入山水景观格局中，成为山水景观整体的有机部分。如桂林市城区的居民和办公建筑，因桂林市区的山整体海拔都不高，因而，市区的建筑体量不大，楼层不高，规划设计时都有限高要求，要求尽量不能挡住自然风景，而且式样质朴，格局闲适。这样的建筑制式整体上显出对山水的依顺性和依存性，不与自然景观争高竞秀，而是成为山水的一部分。如桂林2016年已重建竣工的逍遥楼就是典型的例子。历史上曾与黄鹤楼、鹳雀楼、

① 袁鼎生. 人类美学的三大范式 [J]. 社会科学家，2001（5）：5-12.

滕王阁齐名的桂林逍遥楼，重建后高度仅24米，与动辄高达五六十米的黄鹤楼、鹳雀楼、滕王阁这些名楼名阁相比，也许有人质疑是否太矮而没有显出一代名楼居高临下的赫赫气势。其实，这是设计者本着既尊重历史的精神，根据逍遥楼兴于唐宋的历史及历史元素，把唐宋建筑风格特点及古建制式法则融于一楼，又要从生态美学的依生角度来考虑，注意逍遥楼与周边自然人文景观，如漓江、靖江王府、独秀峰、伏波山、象鼻山等的和谐关系，避免逍遥楼对周边其他自然人文景观的抑制和喧宾夺主。因此，没有盲目追求“高大上”，而是出于尊重自然的态度设置了楼阁的高度与体量，使得重建的逍遥楼既舒展而不张扬，古朴又富有活力，既气魄雄伟，又俊秀灵逸。

竞生是自然本质的表现方式之一，是社会文化发展的重要动力与生态运动的核心机理，它促使人以积极主动的姿态去面对现实，使人的潜力得到极大发挥。但是，盲目、过度的竞生会导致无序与残酷，故竞生应有强大的法则和稳定的环境作保证，并置于尊重对方的公平正义原则之中。符合目的符合规律性相结合的生态审美场的形成，竞生是局部性生态规律，是构成共生和整生规律的机制，在桂林人文景观中，有相当部分是自然对人的依生，人天依生关系密切，但也有竞生相当激烈的，如在龙脊梯田景观、恭城月柿景观、桃园生态产业景观、阳朔的金橘生态产业景观以及兴安的葡萄生态产业景观等都既体现了劳动人民的智慧，也显现出人类对自然的改造，显示出人与山林、土地、水源（流）等自然界物构成不完全的竞争者，“一个虽非感伤的，但却是无情的事实是：除非我们与除我之外的其他生物共同分享整个地球，否则，就不能长期生存下去。”[①] 因为人拥有灵动的生态智慧，没有越出自身的生态位而占据自然物的生态位，因而人与自然界在竞生中能同竞共存、共赢。在桂林的人文景观中，也体现出人天竞生而成的人文气象和竞生之美。如关于伏波将军“一箭穿三山”的故事，说的是东汉光武帝时期，南方兵乱，一个叫竹迟的小国，垂涎中原汉朝的物产富足和风景之优美，起了侵略之心。南方边关报急，伏波老将军马援不顾年岁已高，主动请缨，挂帅出征，日夜兼程，来到了桂林，在与竹迟国使臣来探虚实和谈判的时间里，他率众将陪来使到伏波山的还珠洞游玩时，走到一根粗大的天生石柱前，突然从侍卫手中拿过宝剑，对准石柱，猛地一挥，石柱被齐跟截断，“试剑石”因此而得名，也把竹迟国使臣吓得双腿发抖，第二天赶紧请求谈判议和，在谈判退兵过程中，伏波老将军一箭射穿三山，即射穿漓

① （美）唐纳德·沃斯特. 自然的经济体系史：生态思想史[M]. 侯文蕙译. 北京：商务印书馆，1999：390.

江东岸的穿山、奇峰镇一高峰和阳朔桃源的月亮山，最后落到南疆边境的白茅岭，敌国使臣心服口服，只好乖乖退兵息战。[①]伏波老将军“一箭穿三山”的故事，主要是通过展现他与自然的竞争来体现他践行马革裹尸、不畏强敌、英勇无畏的人文精神，于美学哲学上就是一种竞生之美。

共生性“生态中和”。桂林人文景观中的人地关系、人际关系既有依生，也有竞生，而且这种依生和竞生是双向的甚至是多向的，从而保证了审美生态的活性，为生态系统走向更高形态的共生创造了空间和条件。依生性和谐是静态和谐，是人类主体未能发挥其生态位上应有的主体性，是主体依从于客体的非平衡性和谐，共生性景观则是人类主体充分发挥其生态位上应有的主体性，又尊重客体生态位，主体与客体耦合并进的动态和谐。主体间性哲学主张人与自然、人与人互为主体，平等发展，并在彼此的相通中相互促进、和谐共生，形成整体的向性。如桂林的纯粹观赏性景观建筑，景区中的亭台楼阁，它们主要是依形就势、顺其自然来设计建造，因地赋形，与自然山水有依生性的一面，也有与山水共生共成的一面，亭台楼阁既有它们作为亭台楼阁的飞檐翘角，屹然而立之审美独立性，又可成为山水之眉目，发挥衬托、凝聚、点缀、观赏山水景观的功能，充满山林之趣。它们在景观中既可起到让游人休憩作用，更是观赏、凝聚景观“亮点”之佳处，有画龙点睛的作用，为游人提供了审美平台、审美视域和审美境界。桂林叠彩山的叠彩亭，位于山脚之上，亭前有一条蹬道，是由平地进入山地的过渡，又有凝聚景观的作用，故有“江山会景处”的美称。叠彩山顶的拿云亭，位于叠彩山主峰明月峰，与七星公园中七星山之一的天帆峰顶的摘星亭一样，登山上亭，可使桂林全城景色尽收眼底，感受“千峰环野立，一水抱城流”的大美桂林全景，更有“手可摘星辰，不敢高声语”的审美高峰体验。桂林不仅纯粹观赏性景观建筑有共生，生活性建筑中也体现着共生之美，如桂林的桂湖饭店，依老人山而建，前临桂湖之水，后倚老人山，依形就势，且其形态设计如山形般高低曲折，错落有致，建筑体量、建筑格局均与老人山的形态有着高度的对应性和均衡性，二者形成了相对而出，互为衬托的具有共生之美的结构。

整生性“生态中和”。整生是系统在共生基础上形成新质的整生化与整体化的过程。共生是整生的初级形态，虽然共生分别强调了主体和客体各自的地位和作用，但共生仍然有主客二分对待的观念基础，因而共生虽是生态系统运动的重

---

① 曾有云，许正平．桂林旅游大典 [M]. 桂林：漓江出版社，1993：486-487.

要形式，但不是最高形式和整体形式，整生才是生态系统最基本、最深刻、最内在的规律，是生态系统运动的最高形式和整体形式。桂林自然景观与人文景观就有着多层次的整生性。首先，就普遍层面来说，自从人类产生以后，就有了人的生存和实践活动，因而就有了人工化的自然，也就有了人文景观。这些人文景观是在自然的基座上生成的，是人文与自然的整生。桂林作为一个历史名城，其人文景观也是桂林景观生态系统不可或缺的有机组成部分。其次，桂林人文景观与自然景观的整生又有着其独特的个性和特色。如桂林山水独特的美，使桂林的山水诗比较发达，还催生了桂林的摩崖石刻，使桂林的摩崖石刻花样品种丰富，内涵深刻，获得了“唐碑看西安，宋刻看桂林”的赞誉，这是因为人们欣赏美以后自然而然会有感叹、吟唱和创作，是人与自然景致的整生性平衡。其次，桂林人文景观的生发和建构又增加了景观整体的气韵生动性，使人文之气贯入景观廊道，流布于景观结构中，更能凸显景观的生机和生命性。如古人观赏桂林自然景观中的独秀峰，孤峰拔地而起，陡峭高峻，气势雄伟，因而有“直入青云势未休”“擎天一柱在南州”的咏叹，表达了它生命的张力和挺拔雄伟的生命气象。后来的观赏者到独秀峰观赏吟诵鉴赏这些诗词后，也还会创造出新的诗词，从而使促进桂林山水诗词的丰富和发展。同时，由于桂林的石峰大多孤峰而立，拔地而起，因而观赏者再去攀登游览桂林的伏波山、叠彩山、七星山等山峰，也会产生“直入青云势未休”的审美感受，这就是人文景观可以增加景观整体的气韵生动性之所在。因此，桂林自然景观与人文景观的多层次整生，促进了景点生态性与社会性结构的动态平衡、生态和谐和立体环升。

（二）自然与人文的儒释道文化的生态中和

1. 桂林儒、释、道、文化景观的多元并存

由于桂林山青水秀，促成了数量众多的儒、释、道、伊斯兰教等文化景观在此孕育和生长，也造就了桂林儒、释、道等文化景观的多元并存。

在桂林儒家文化景观方面，如桂林的虞山有专门纪念虞帝的虞帝庙，相传虞帝南巡曾游此山，死于苍梧，二妃殉之，桂林人民为纪念虞帝，故建此庙，现存纪念石刻最早为唐建中元年。唐代莫休符的《桂林风土记》有记载“舜祠在虞山之下，有澄潭号‘皇潭’，古老相承言舜南巡曾游此潭”[1]。虞山山崖上有

① （唐）莫休符. 桂林风土记 [M]. 北京：中华书局，1982：1.

唐代朝议郎守尚书礼部郎中上柱国韩云卿文、朝议郎守梁州都督府长史武阳县开国男翰林待诏韩秀实书、李冰阳篆额的石刻《舜庙碑》，被称为三绝碑，还有南宋著名理学家朱熹写《虞帝庙碑》等石刻，虞山西麓有韶音洞等，儒家文化丰富浓郁。为纪念虞帝，桂林尧山秦代也曾建有尧庙，尧山之名也由此而来。恭城建有孔庙（亦称文庙）、武庙，恭城孔庙现今是全国四大孔庙之一。

在道教景观方面，最早是普陀山麓由唐太宗亲赐的“庆林观”为名的庆林观，在普陀山北半山腰的玄武洞内元代还建有全真观，明末道人潘常静改名为真武阁，并在岩壁雕塑龟蛇图，后因避讳改为玄武阁。南溪山有道教文化浓厚的景观——刘仙岩。传刘仙人名景字仲远，原住南溪山下，是土生土长的桂林人，以屠宰为业，后得方士启示，有所感悟，放下屠刀，上山修道，兼习医术，遍游各地，历40余年后，回桂林，在此采药炼丹，治病救人，最后羽化成仙，人们都敬爱他。刘仙人的故事不仅显示了道教的修仙，更有他关爱百姓、治病救人的事迹，显示了人与人、人与社会的和谐。

桂林佛教景观文化资源丰富，建筑类佛教文化景观就有诸如祝圣庵、能仁寺、法藏禅寺、湘山寺等45座寺庙，有佛塔14座，有千佛岩、寿佛洞等11个佛教文化岩洞，摩崖石刻碑文有《五代释贯休画十六尊者像》《观音自画像》《混元三教九流图赞碑》等15通碑刻，有西山、叠彩山、伏波山、骝马山摩崖造像群等218龛共700余尊佛教造像。绘画雕塑主要包括鉴山寺的三世佛、栖霞寺的汉白玉观音塑像和无量寿佛像等6座佛像；桂林的佛教景观不仅具有历史与观赏价值，还具有重要的科学研究价值。如伏波山千佛岩的摩崖造像，是唐代摩崖造像的荟萃点，共有45龛200余尊佛像，这些造像“面目清癯，体态温和，服饰简朴，刻工精细……其内容与风格较盛唐时期有新的变化。造像朴实无华，生动自然，形态接近现实”[①]。这些造像与盛唐时期相比较，宗教色彩明显减弱，体现了当时宗教艺术与世俗艺术的结合，反映出唐武宗灭佛后桂林佛教的恢复发展情况，是研究佛教世俗化和民族化历史进程的重要历史依据。

由上述可知，桂林景观是儒、释、道景观的多元并存，具有文化的丰富性和多样性，展现了桂林海纳百川的文化胸怀以及文化发展的旺盛生命力。当然，桂林除了儒、释、道文化景观之外，也有相当数量的伊斯兰教文化景观，如建于明代的桂林西门桥西端的西外街清真古寺，建于清代康熙年间的桂林七星公园骆驼山西侧的码坪街清真寺，建于清代康熙年间的临桂六塘清真寺为广西保

① 袁凤兰. 桂林市志・宗教志 [M]. 北京：中华书局，1997：3219-3222.

存较为完整的清真寺之一。建于清代雍正年间的崇善路清真寺，是广西保存最为完整、设施最完备的清真寺，1982年，巴基斯坦总统齐亚·哈克访问桂林，曾到寺内进行礼拜活动，并在大门外种植友谊塔松四株作为纪念。但相比起来，儒、释、道文化景观的影响更大些。

2. 桂林景观的儒、释、道文化的生态中和

桂林虽然有儒、释、道文化景观，但它们在生成、生存和生长中，不是互相排斥，而是相互融通、取长补短、相生互长、和谐共生的。儒家文化思想是以“仁”为核心，主张“修身、齐家、治国、平天下”，主张入世，道家思想的核心是无为，主张顺自然、因物性，主张出世。而佛家则认为众生皆苦，将痛苦视为生命之常态与前提，认为有六世轮回、因果报应，佛教认为今世的苦难都是前生造孽的结果，因而提倡人们为来世的幸福而进行节欲、行善积德。从要人们接受命运安排、认命角度上说，它有消极的成分，但它倡导因果报应，节欲、行善、积德，对于积极进取中的出世之人，则是必要的规约和调节。因此，这三种类型的思想的不同甚至对立是显而易见的，但它们也绝不是不可调和或相互融摄的，而是相互补充、相辅相成。道家的无为不是真的不去作为，而是主张为而不恃，是要以退为进、以曲求全、以柔胜刚。如果人们遵从儒家文化，在积极进取中，难免会碰到困难，遇到挫折，这时若从佛家思想汲取营养，进行因果分析，对自身过于膨胀的欲望进行必要的节制，就可能会遏制错误继续，以免造成更大的挫折和失败。同时，面对挫折时，也可以从道家吸取营养，保持一颗出世的心，顺其自然，不强求，内心会淡然许多。可见，儒、释、道文化之间有很强的互补性，是可以相互吸收、相生相长的。这些，在桂林景观中就有典型的体现，如桂林的尧山，不仅有秦代为纪念虞帝而建的尧庙，传播、倡导着儒家文化，而尧山还建有祝圣庵（茅坪庵），祝圣庵始建于明代，因明代名僧性因和尚归钵于此而成为桂林颇有影响的寺庵。名僧性因入庵后，虽披袈裟，仍心怀故国，常与抗清名臣瞿式耜共商复明大计，后瞿、张二公成仁后，他与栖霞寺住持浑融和尚仗义冒险收殓，彰显了儒家文化的忠义之举。祝圣庵曾香火颇盛，每年二月二为庙会及跳神日，曾是桂林民间最为隆重的踏青春游日。

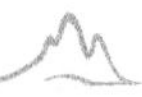

（三）自然与人文的真、善、美、益、宜的生态中和

一是桂林景观中包含有侧重于真、善、美、益、宜的各类景观。如桂林的自然山水景观，是在地质、地貌、降水、气候、水文等自然因素长期的综合作用下而形成的，是自然规律与生态规律的反映，它侧重和反映了自然规律、生态规律之“真”，桂林的灵渠水利景观、相思埭水利景观，是对自然界之水的流向和流量的调节和控制，是在遵循自然规律和水利工程原理的基础上修建而成的，也是自然科学的“真”的反映。红军长征突破湘江烈士纪念碑、八路军办事处旧址等红色文化和抗战文化景观等则是侧重和反映社会伦理之善的；桂林山水诗词以及桂剧、彩调、零零落等桂林戏曲景观等则侧重和反映艺术之美；龙脊梯田、恭城月柿农业产业带等农业景观则侧重和反映功利之益；壮族干栏建筑、侗族风雨桥等则侧重和反映了人的身心发展之宜。

二是桂林景观虽类型多样，各有侧重，但是，每种类型的景观都包含真、善、美、益、宜的成分，都是真、善、美、益、宜的生态中和。例如，桂林的独秀峰，既是自然界长期生态运动的结晶，体现了自然规律、生态规律之“真”。独秀峰也如其他自然景观一样，其内在特征中潜藏着善，即包含有与人的气质、人格和精神特征相类似的特征，并有调节人的身心和谐作用。宗炳就以此为基础提出了“畅神说”。如“玉笋瑶篸里，兹山独出群”①。就咏出了独秀峰与人共同的卓然独秀的高洁品质。清代袁枚的“青山尚且直如弦，人生孤立何伤焉？”②则从独秀峰的傲然挺立中悟出心境的淡然来，可见，独秀峰对于袁枚来说是“畅神”的。独秀峰的“美”，我们也可以从上面的诗句里感受到它的俊逸、雄伟与挺拔。独秀峰的“益”是带有功利目的的，独秀峰虽然没能直接带给人们物质上的功利，但由于良好的植被以及多样化的植物等，独秀峰具有促进桂林整个生态系统的良性运行和发展的生态之“益”。独秀峰的“宜”体现在它宜身、宜心和宜生，如由于独秀峰具有的真、善、美、益等诸多特质和美质，来桂林任职的南宋诗人颜延之就把独秀峰的一个天然岩洞辟为读书岩，在此度过他在桂林的诗意人生。

综上，桂林包含着自然与人文的真、善、美、益、宜的类型多样的景观，而且每种不同类型的景观只是侧重点不同而已，都具有真、善、美、益、宜的元素，是真、善、美、益、宜的生态中和。

---

① （明）袁崇焕．咏独秀峰 [A]// 刘寿保注释．桂林山水诗选 [C]. 南宁：广西人民出版社，1979：30.
② （清）袁枚．登独秀峰 [A]// 刘寿保注释．桂林山水诗选 [C]. 南宁：广西人民出版社，1979：31.

第二节　桂林景观结构的“生态中和”之美

桂林景观结构的生态中和特征，使桂林景观既具有多种美之形态，同时，多种美之形态经生态中和后就生成了桂林景观的俊秀之美。

一、桂林自然景观多层次环形结构的生态中和而成的俊秀之美

因为桂林的喀斯特地貌，山体均为灰黑色的挺拔、陡峭的石灰岩，质地坚硬粗糙，显出阳刚之美；桂林的气候温润多雨，水量丰沛，使山体上覆盖着茂密的花草树木，即便在陡峭的崖壁石缝中也往往可以长出绿色植物，仿佛为山体披上了绿色的纱衣。因而古人形容为“山如碧玉簪”，加上雨后常有云雾缭绕山际，如梦似幻，于是阴柔之美生焉。阳刚之美与阴柔之美中和就生成俊秀之美。

如前一章所述，桂林多层次环形结构表现为俊山核心区、秀山圈、秀水圈、俊山圈、雄山圈和巨山圈，它们的相互作用、相互影响，最终经生态中和生成俊秀之美。

首先，桂林多层次环形结构体现出审美形态多样性特征，一是俊秀，即俊朗秀丽。作为一种美学风格，俊秀表现为骨俊神秀，雄和秀兼之，为阳刚与阴柔中和之美。桂林的俊山核心区和俊山圈即具有此审美特征。二是媚秀，它是自然、活态的生命力的表现，它表现为灵动圆活而不是呆板凝滞，娴雅安静而不是激情澎湃。桂林的秀水圈即具有此审美特征。三是婉秀，是婉约而秀雅之美。蒲松龄《聊斋志异·罗刹海市》：“细审之，一男一女，貌皆婉秀。”郑振铎《插图本中国文学史》第四章：“《郑风》里的情歌，都写得很精巧，很婉秀，别饶一种媚态，一种美趣。”桂林的秀山圈即具有此审美特征。四是雄伟。雄伟为一种充满力量与气势之美，作为景观风貌的一种风范，与俊秀相比，增加了阳刚之气，减少了阴柔之气。桂林的雄山圈即具有此审美特征。五是崇高，康德认为崇高是人们于审美判断中，受自然力量激发而唤起的惊讶感和崇敬感，提出“自然引起崇高的观念，主要由于它的混茫，它的最粗野最无规则的杂乱和

荒凉，只要它标志出体积和力量”[①]。桂林的巨山圈即具有此审美特征。

其次，桂林多层次环形结构体现出审美形态于多样性中统一的特征，这主要表现为，由独秀峰、伏波山、叠彩山组成的景观核心区的美学特征为俊秀，在秀山圈、秀水圈与雄山圈和巨山圈中间的景观圈为俊山圈，美学特征为俊秀。从生态学的角度可以这么解读，即俊山圈的俊秀美学特征是秀山圈、秀水圈向外延伸发展时的“生长”，而雄山圈和巨山圈的雄伟与崇高则是俊山圈的俊秀美学特征的继续“生长”。同时，也可以说俊山圈的俊秀美学特征是秀山圈、秀水圈与雄山圈和巨山圈经生态中和生成的俊秀质，它又与俊山核心区的美学风格重合与一致。这样桂林整个自然景观结构呈现出序态环扩的非线性圈态发展图式，即整个桂林景观圈以独秀峰为圆心，以俊秀为主基调，依次从媚秀、婉秀、俊秀向雄伟、崇高层层外扩，在景观圈的不同层次上循序渐进、圈态交错、相互生发、相互促进，生态中和而成具多样统一的以俊秀为主要审美风格的整体审美风貌。桂林自然景观的这一整体结构特征、生态样貌和审美特征，显示生态性与审美性的统一，审美张力与聚力的统一。杜威说过：“艺术乃是自然界完善发展的最高峰。”[②]“自然界基本的一致性使得艺术具有形式，因而这种一致性愈是广泛和重复，艺术就愈‘伟大’。”[③]

二、桂林山水结构的生态中和而成的俊秀之美

由于桂林景观的山与水结构疏密得当、数量比例适宜，山与水经由对生而生态中和成俊秀之美。

1. 山水结构的疏密、位置经营的生态中和而成俊秀之美

如前所述，桂林的山之景观内疏外密，位于桂林市区中心区域景观，不仅数量较少，且分布稀疏，空间距离间隔较大，互不相连，互不傍依，空间关系宽松疏散，显出自由、空灵和旷远境界，且富于外扩的张力，易产生类似于书画作品上的“留白”艺术审美效果。而位于外围层次的景观，则排列紧密，绵延不断，翠峰如簇，体量高大厚实，呈现内缩的聚力。

桂林山之景观这种内疏外密的排列组合特征，看似不合比例，难显匀称之

---

① 朱光潜．西方美学史 [M]. 北京：人民文学出版社，1963：366-367.
② （美）杜威．经验与自然 [M]. 傅统先译．南京：江苏教育出版社，2005：228.
③ （美）杜威．经验与自然 [M]. 傅统先译．南京：江苏教育出版社，2005：229.

美。实际上，桂林山水自然景观内疏外密排列组合特征是符合审美视觉原理的。山水自然景观的排列组合在体积、距离上是否均衡、协调和匹配，主要是由审美感觉来确定的，由于桂林山水是一个多层次环形结构，游人往往是在俊秀核心区的独秀峰上环视桂林山水整体的，因此，处于结构中心的独秀峰是环视桂林山水整体美的基点。离结构中心距离较近的景观，体积或比较小巧，或比较适中，而外围景观体积则比较高大。如处于秀山圈内的诸如象鼻山、骝马山、老人山、宝积山、铁封山、鹦鹉山等体积较小的山，离独秀峰这一结构中心和整体观赏点较近，观赏时人们不会对它们产生过小的感觉。处于俊山圈内的诸如七星山、穿山、南溪山、西山等体积不大不小的山，离结构中心不远不近，会使我们产生体积适中的感觉。这样，内层稀疏的山离游人近，比重仿佛增大了，外层密集高大的山则因距离遥远，在游人眼中就变成了虚淡的曲线，比重无形中也变小了。这内层“增大”外层“变小”的一大一小的视觉上的变化，使得内层与外层景观的比重实现了动态的均衡，因而整个桂林山之景观就显出其有大有小、疏密有致、搭配适宜、量身安位、张弛适度的特征。城区中心景观的空灵旷远与浑实厚重，中心景观外扩的张力与外围景观内缩的聚力，在双向对生中实现了动态平衡，这样的生态结构也避免了拥挤繁复和机械、呆板与沉寂，更能彰显出灵气与生气。况且，从景观的主次来说，分布于桂林市区中心地带的景观，都是审美价值很高的风景名胜，为桂林山水的精华，如果排列密度过大，就会影响景观的独立性、鲜明性与独特性。只有分布稀疏，才能彰显出各个重点景点的独特的、不同凡响、不可替代的独一无二的审美地位。

从审美经验和审美规律角度看，老子说：“少则得，多则惑。”（《老子·第二十二章》）郭熙说：“山有三远，自山下而仰山颠谓之高远，自山前而窥山后谓之深远，自近山望远山谓之平远。高远之色清明，深远之色重晦，平远之色有明有晦；高远之势突兀，深远之意重叠，平远之意冲融而缥缥缈缈。”[①] 桂林城区内重点景点数量简约疏朗，有利于审美选择和审美把握，游者流连其中，欣赏起来才会气定神闲，也可用郭熙的“高远”法，近距离地“自山下仰山巅”，此时，虽然桂林市中心的这些山不算高，但也可感受到一种出自仰视所见的巍峨雄伟的山势。静观默察，仔细品味，凝神细想，自会兴味无穷，进入空灵意境。这种因结构疏朗而形成的空灵美意境是十分难得的，或者说是为桂林山水所独有的。天下山水名胜，如黄山、峨眉山，还有泰山、华山等，都是千峰相

① （宋）郭思，杨伯．林泉高致[M]．北京：中华书局，2010：69.

叠，山山相连，一派实体，少有虚实相间，因而显得结构繁复，缺少空灵美。即使是风景和桂林较为接近的张家界，景物也过于紧密集中，如簇如攒，如聚如拢，好比一把筷子插在竹筒里，有远远多于无，实远远大于空，缺乏稀疏虚空之美，而让人产生紧张拥挤之感。而桂林外围层次的景观相对比较次要，山势高耸，且数量众多，排列繁密，不必也难以一一显示出每座山的个性和特色。游人一般可不必逼近细观，可用郭熙的“平远”法，“自近山望远山，”临高远眺，反而生成另一番冲融而缥缈的别趣，可将人的思绪和精神延伸向“远”“淡”“虚”的清纯境界，从中也显出无拘无束、散淡任达的审美自由精神。

2. 山水数量、比例的生态中和而成俊秀之美

生态学原理告诉我们，事物不能从与其他事物的关系中独立分离出去，而且生态系统关系网络上各组成部分之间的相互关系比各组成部分更能起到根本性作用。桂林的山与水的数量、比例均衡与平等，使其生态结构张力与聚力在双向对生中也实现了动态平衡。山与水相比，山是挺拔、雄秀的，水则是俊逸、秀媚的。桂林的山水二者比例适宜，于是山之挺拔、雄秀与水之俊逸、秀媚生态中和而成俊秀之美。我们可以在同类景观的比较中，清楚地看到桂林山水的匹配性。越南下龙湾，被人称为“水上桂林”，茫茫海波中，只冒出点点尖山，水体大而山体小，水量多而山数少，海阔山渺，于是形成了以水为主体的景观生态结构。由于山的数量少且小，形态和质态有限，也不明显。水的质态有婉、媚、逸、幽、雄、险等，而下龙湾水的数量和体量大，因而形成了近似海水的婉与雄的质态。如湖南张家界就不同于桂林山水的均匀搭配，“山三千，水八百，”万山如聚如簇，峭拔奇险，山峰林立，而山下的金鞭溪则水瘦如线，犹如束缚众山的一根小腰带，于是形成以山为主体的景观生态结构，生成雄奇、壮美的美质美态。而在桂林自然景观中，特别是市区景观，山与水的间隔适度，漓江从市中心穿流而过，东有小东江，西有桃花江，而且木龙湖、桂湖、榕湖、杉湖与漓江、桃花江相接形成一个完整水圈，形成了以城为轴心的山水均衡之美。“江作青罗带，山如碧玉簪，”桂林景观凭此形成了清水出芙蓉的审美佳境和纵向山、水结构，形成了山水耦合共生的中和。桂林的漓江之所以成为百里画廊，正是由于山环水绕，山水比例均衡的缘故。漓江出桂林市区后两岸为峰丛洼地，山峰间一般都有间隔，只是基座相连，没有形成挤压漓江的态势，而且漓江不像张家界的金鞭溪那样瘦弱，江面较为宽阔。况且桂林山水的这种比

例的均衡不似物理学中的匀速运动那般，属于机械的平衡，而是变速运动形式，呈现动态平衡。犹如乐曲，音有高低，乐有波峰、波谷，充满节奏变化感。

三、桂林自然景观的多样形态生态中和而成的俊秀之美

桂林自然景观之美，集中表现在它是一个多样统一，和生态中和的整体。桂林自然景观主要由山、水、洞组成，它们各自具有不同的审美特征与个性，这些不同的审美特征与个性生态中和就形成了俊秀之美。一个新系统的形成，既包含了旧质的集合，也有新质的产生。相对而言，水为温婉秀媚，洞为奇幻幽美，山为俊峭秀丽，从而构成了审美特征丰富的多样性，同时，三者又有着相同的特征——秀，水之秀为媚秀，洞之秀为幽秀，山之秀则为婉秀、俊秀或雄秀。“秀”这一共同审美特征，犹如一条彩带把各具特色的山与水与洞连接成为一个和谐统一的整体。三者共同的特征即共性，包含着量的积累，即桂林山水各部分俊美量的叠合，为俊秀美成为整体的审美特性作了数量上的准备。同时，还要有相同性或相似性的质，为质的统一提供了基础、条件。桂林山、水、洞的秀质、秀形、秀度虽有差异，但都具有“秀”的统一质。首先，如前所述，桂林的山亦雄亦秀，雄秀兼有，生态中和而成俊秀；其次，桂林的江河、湖塘之水多流经碳酸盐岩地区，含沙量小，水流清澈，故水为媚秀。然而因桂林为山环水绕之城，往往有水的地方就有山，水因倒影拔地而起的山，玉簪入水，清莲濯波，形成“清水出芙蓉”或“簇簇青莲水中生”的审美景象，显示出高雅、超凡脱俗的山水神韵，于是山之挺拔与水之秀媚生态中和而成俊秀之味。再次，桂林的洞总体为奇美、幽美，因为桂林为典型的喀斯特地貌，由于流水的常年侵蚀等岩溶作用而使众山多发育形成规模、形态各异的洞穴，十分美妙奇特，令人惊叹。虽然桂林的山洞总体审美特征为奇美、幽美，但因洞内如石笋、石柱等或从洞底直出，或从洞顶倒挂，或从洞壁横逸，从中都透出一股直挺俊逸之气。洞与山、洞与山及水的生态中和，生成的往往为俊美之姿态。再次，桂林的山，特别是处在重点或中心景观区域的，审美价值比较大的山，如独秀峰、叠彩山、七星山、南溪山、西山等，大多是体积大小适中，而且形态、美质也亦雄亦秀，俊秀意味浓厚，因而在桂林的山整体上呈现出俊秀之美。根据马克思主义的唯物辩证法，事物的性质是由矛盾的主要方面决定的。因而，作为桂林山水主体部分的山，它的俊秀的整体质也成就了桂林山水的整体俊秀质。至

于处于俊山核心圈和俊山圈之间的秀山圈和秀水圈，它们的俊秀度、质、量、值要低于俊山核心圈和俊山圈，而且秀山圈和秀水圈的婉秀与媚秀，和处于俊山核心圈和俊山圈以外的雄山圈和巨山圈的雄秀和崇高经生态中和，亦生成了俊秀的度、质、量、值。又如，虽然桂林的水景观媚秀值较高，洞景观的奇秀值、幽秀值较高，但由于洞更多的是隐生于山内，其奇秀、幽秀为内隐性之美。而且从山与水在空间数量关系对比来看，山为桂林景观的主体部分，而水与洞的美值在桂林山水总体美值中比例偏小。这样，俊秀值就构成了桂林山水总美值的主值。即俊秀在数量方面超过了媚秀、婉秀、奇秀、雄秀，取得了盟主的地位，俊秀由此构成了桂林山水整体的审美特征。

四、桂林的多样文化与生态中和质的俊雅之美

《乐记》说："是故志微噍杀之音作，而民思忧；啴谐、慢易、繁文、简节之音作，而民康乐；粗厉、猛起、奋末、广贲之音作，而民刚毅；廉直、劲正、庄诚之音作，而民肃敬；宽裕、肉好、顺成、和动之音作，而民慈爱；流辟、邪散、狄成、涤滥之音作，而民淫乱。"[①] 说明不同类型艺术审美文化所起的美育作用是不同的。由于桂林为中原与岭南的重要交通要道，秦代灵渠的修建，更加便利了中原文化与桂林文化的交流传播，并促进了桂林文化教育的发展，因而使桂林在优美的自然景观上又发育生长出儒、释、道多元并存与融通，且真、善、美、益、宜并存与融通的文化景观，经生态中和而成俊雅之美。首先儒家文化倡导人们积极进取，既要自强不息，还要厚德载物，"富贵不能淫，贫贱不能移，威武不能屈"，以"养浩然之气"。与道家、佛家文化相比，儒家文化更多地具有刚性的壮美和崇高的意味。而在桂林，人们尊崇儒家文化，但没有独尊或排斥其他文化，因而道家、佛家文化景观也相当繁盛。而道家倡导无为、法贵自然，倡导出世，佛家基于缘起论，强调认命。因而，道家、佛家文化更多地具有柔性的优美的意味。在桂林景观场中，儒家文化的壮美和崇高与道家、佛家文化的优美相互作用、相生互长而生成具有生态中和质的俊秀之美。相对于自然景观，文化景观是以文化人，更添雅味，因而其生态中和质的俊秀之美也可称为俊雅之美。同时，儒家、道家、佛家思想虽然有不同和对立之处，但三者又同时具有"和"之思想，如儒家提出"礼之用，和为贵"(《论语·学而》)、

① 蔡仲德.《乐记》《声无哀乐论》注译与研究 [M]. 杭州：中国美术学院出版社，1997：22.

“致中和，天地位焉，万物育焉”（《中庸》），更侧重于人与人、人与社会之和。道家提出“人法地，地法天，天法道，道法自然”。倡导人与自然的和谐。佛家基于缘起论、平等观，提出“和”与和平的思想，要求“于诸众生，视若自己”（《无量寿经》）。不仅强调人自身内心之和，还强调人与自然万物之和谐，因而戒杀生，倡导放生。这三种类型文化的“和”之思想的中和就是人与自然、人与人、人与社会的生态中和，从而彰显出桂林文化的和而不同，互相包容、求同存异、共生共长的形状，使其生态中和质更具生态性、圆融性和完整性。

因而，不仅桂林优美的山水滋养着人们的身心，桂林丰富多样与繁荣的文化也启发滋润着人们的心灵，开启着人们的心智，使桂林这块神奇的土地上，俊彦笋出，名士云集，能文能武，文能吟诗作赋，武能保家卫国，入仕则执政清廉，集真、善、美于一身。如在名士人数上，自隋唐至清末科举考试废除为止，在科举取士中，广西中状元者有 12 人，属于桂林籍的状元共有 8 人（文科状元 7 人，武科状元 1 人），其中，“文科进士共有 2777 人，武科进士 22 人，文科举人2012人，武科举人268人”[①]。临桂县的赵观文于唐昭宗乾宁二年（895）中状元，是广西历史上的第一位状元。大儒陈宏谋从他开始“五代连科”，祖孙五代有两个举人、两个进士和一个状元，其玄孙陈继昌更是三元及第，自隋唐科举取士以后至清末废除为止的 1300 多年里，全国连中三元（即乡试、会试、殿试均为第一名）的仅有 13 人，陈继昌就是其中之一。至今仍留存在靖江王城南面正阳门（端礼）门上的“三元及第坊”，就是清代学者阮元任两广总督时为陈继昌所立，它彰显了桂林科举的辉煌。桂林的这些先贤，在诗文修为上表现突出的有很多，如临桂县的裴说于唐末天佑三年（906 年）中状元，为晚唐著名诗人，其诗作中有 51 首为《全唐诗》收录传世。王鹏运、况周颐领军的“临桂词派”在中国清代诗坛产生了重要影响，晚清四大词人，“临桂词派”的王鹏运、况周颐就占据了两席。清朝道光、咸丰年间，有“岭西五家”，表征广西古文的成就，流风波及全国，其中“三家”就是桂林人。在保家卫国、精忠报国上，如北宋大观元年永福县李珙（1107 年）中武状元，他自幼熟读兵书，骁勇善战，曾亲率 3000 孤军抗击南侵的 7 万金兵，衡阳一战大捷，声震朝野，历史上将他与抗金名将岳飞、韩世忠相提并论。李宗仁、白崇禧从临桂走出，搅动了中国的现代风云，曾于台儿庄战役重创日本侵略军，取得了震惊中外的台儿庄大捷。在为官清廉上，如清代从临桂走出去的陈宏谋被称为“大儒”，《清史稿》对他

---

① 宿富连. 包裕石壁题诗与临桂四大状元 [J]. 中共桂林市委党校学报，2005（1）：56-60.

的评价是："宏谋劳心焦思，不遑夙夜，而民感之则同。宏谋学尤醇，所至惓惓民生风俗，古所谓大儒之效也。"还有如周敦颐的后人周启运于明代洪武年间迁徙至桂林灵川江头村居住，并建有爱莲家祠，周家家训严明，既勉励子孙发奋读书，又要为官清廉，保持"出淤泥而不染，濯清涟而不妖"的品质。周家的后裔人才辈出，在清代后期的200多年间，有记载的出仕为官者的就有168人，其中五品以上有37人，他们都遵循周敦颐所倡导的清"莲"精神，廉洁从政。从桂林走出的马君武，是民国时期中国的第一个工学博士，创办了广西大学。马君武文理皆通，在科学研究和教育实践上取得了很高的成就，曾有过北蔡（蔡元培）南马（马君武）的说法，周恩来评价他为"一代宗师"。当然，桂林自然景观与人文景观也化育了来桂林游览、任职的千千万万的文人墨客、仁人志士，他们也丰富、共生和提升了桂林的灿烂文化。千百年来，无数名流巨子、大师泰斗与革命志士，诸如颜延之、范成大、柳宗元、黄庭坚、徐霞客、袁枚、康有为、蒋翊武、孙中山等，或任职于桂林，或就义于桂林，或游览于桂林，或遭贬途经桂林，或讲学于桂林，或于北伐时驻跸桂林，他们或醉心于桂林山水，并创作了脍炙人口的山水诗词、摩崖石刻，或从事民主革命活动，共生和提升了桂林文化的品质。特别是抗战时期，郭沫若、茅盾、田汉、欧阳予倩、徐悲鸿、丰子恺、梁漱溟等中华文化界精英荟萃桂林，以手中的笔和舞台为武器，发动和唤醒民众，掀起轰轰烈烈的抗日救亡文化运动，使桂林成为全国著名的抗战文化之城。由此，生成了桂林深远而雅正的文化根脉。这正是生态中和的桂林文化与生态中和的桂林山水在耦合并进中的生态发展。

综上，桂林景观的生态审美结构为生态中和结构，而由于俊秀处于桂林自然景观结构的中心，决定着它主导性的整体审美质，而且俊秀在质、值、量等方面均超过了媚秀、婉秀、奇秀、雄秀。同时，桂林文化景观结构的生态中和质也为俊秀（或称俊雅），桂林自然山水景观的生态中和质与桂林文化的优雅的生态中和质的对生、生态中和，整体生成俊秀之美、俊雅之美。

第三节 桂林景观的“生态中和”美育效应

桂林景观作为一个典型的生态美育场，其生态审美结构，特别是生态中和结构，会对审美者产生生态中和之美育效应。当人们置身于桂林生态美育场中，游览和观赏桂林景观，不仅有利于使他们获得俊秀、媚秀、婉秀、雄秀、崇高等美质的熏陶，也有利于他们获得真、善、益、宜的知识，受到真之美、善之美、益之美、宜之美的熏陶，受桂林景观生态美育场的俊秀的陶铸，从而成为具有由真、善、美、益、宜生态中和而成的生态中和质的俊雅（逸）的人，这与我国培养德智体美的全面发展的人的教育方针和教育目的有着高度的一致性，与联合国教科文组织的“全人”培养目标也有着高度的一致性。

一、有利于培育具有生态中和质的俊雅的人

人的成长离不开文化、环境的熏陶和影响。拉帕波特提出的“生态系统”理论认为：“在生物圈的某个划定范围里的全部有生命物质和无生命物质之间联系密切，并且进行着物质的交换。”黑格尔曾指出：“自然的联系似乎是一种外在的东西；但是我们不得不把它看作是‘精神’所从而表演的场地，它也就是一种主要的，而且必要的基础。”[①]这可以为桂林的山水与人文的育人树立参照。一方面，环境熏陶、化育人。“近朱者赤近墨者黑”，在审美观照中“我的生命和物的生命往复交流”[②]在人与环境的相互作用及物质循环、能量交换与流动中，环境同化人，将其特征转化为人的生理和心理的禀赋。如大漠孤烟落日，塞北秋风骏马，人也彪悍粗犷；杏花春雨江南，人则温婉文秀。而桂林俊秀的山水滋养下的桂林人，深得桂山俊雅之魂，漓水秀丽之魄，于是成就了桂林人的剑胆琴心，并在自然中找到自我，从“物化”和奴役的社会中解放出来。另一方面，环境也造就文化，文化生态学代表斯图尔德提出了文化的多线进化理论，提出“文化即适应”（culture is adaptive）的观点，认为文化与其生态环境是相互影响、相互作用、不可分离的。就桂林来说，桂林深厚的文化底蕴是在桂林这一方山水的滋养下生成的，而桂林深厚的文化底蕴又反过来为桂林山水添

---

① （德）黑格尔．历史哲学 [M]. 王造时译．北京：生活•读书•新知三联书店，1956：123.

② 朱光潜．文艺心理学 [M]. 上海：复旦大学出版社，2009：10.

雅，桂林山水则为桂林文化添俊。桂林山水与桂林文化的对生，动态中和，共生了俊雅秀逸的桂林人。即俊雅秀逸的桂林人是桂林山水与文化中和发展的结晶。因为中和俊秀的桂林山水，由于它的俊秀美，可以使有着俊秀的审美趣味、审美理想的人陶醉其中，并使他们俊秀的审美趣味与审美理想得到更深的滋养，又由于它有着亦雄亦秀的特性，也能满足媚秀、婉秀等各种级次秀美趣味者的审美需要，也能满足雄壮、雄伟、崇高等各种壮美趣味者的审美需要，因而还能唤起有着媚秀、婉秀、雄秀、雄壮、雄伟、崇高等审美理想与审美趣味的人的审美注意和审美观照，使他们诚心静虑，心驰神往。席勒就曾经从横向的艺术类型角度论述了美育的途径，他说："我将检验融合性的美对紧张的人所产生的影响以及振奋性的美对松弛的人所产生的影响，以便最后把两种对立的美消融在理想美的统一中。"[①] 他意识到了融合性的美（即优美）、振奋性的美（即崇高）对不同性格的人的美育功能。而桂林山水俊秀美是内含媚秀、婉秀、雄秀、雄壮、雄伟、崇高的多样统一的俊秀，能使相异的审美趣味者各得其所，使他们各趋审美佳境，使他们原有的审美质得到深化和提升，原来没有的审美质得到补充、丰富和发展，并最终在桂林山水的俊秀中和质的熏陶化育下趋向和生成俊秀中和质。

山水、人与文化的生态关系，是一种双向对生中耦合并进的关系。自然生发人，人创造文化，这是顺向生发；文化陶铸人，人改造自然，这是反向生发；人处于双向生发的中间地位，成为对生关系的结晶，成为中和物。英国人类学家提姆·英戈尔德描述了这样一个双重的过程——人类和动物在其间适应了他们的生活环境，同时也使这个环境个体化了。[②] 如桂林各级政府和人民在20世纪70年代以来，认识到了过去过度开发漓江资源的模式所带来的不良后果，因而加大力度进行漓江两岸环境整治，如"全市污水集中处理由2014年底的93%提升到了2016年底的97%……关停采石场，复绿抚平漓江两岸山体伤疤；关闭生猪养殖场，治理养殖污染"等促进生态复魅、增魅。又如，21世纪初期，桂林市整合了漓江、桃花江，以及杉湖、榕湖、桂湖、木龙湖的水体和景观资源，形成了围绕桂林市的"两江四湖"的水系规划。通过这种对城市水体景观资源的整合，不仅仅形成较合理的城市水系格局，大大缓解城市供水和排水的问题，还将整个桂林市围合其中，真正做到了水中有城，城中有水的格局。这就是人

---

① （德）席勒．美育书简 [M]. 徐恒醇译．北京：中国文联出版公司，1984：94.

② T. Ingold. Building，dwelling，living: How animals and people make themselves at home in the world // M. Strathern eds.Shifting Contexts.London:Routledge, 1995：57-80.

改造自然，创生生态文化的范例。

由此，桂林景观美育场形成了人、山水与文化的共生态。桂林人是桂林山水和桂林文化中和共生的产物，自然而然地具备中和俊秀的美质，男性俊雅，女性秀雅。这也正应了“桂林山美人更美”这句民间俗语。桂林人在桂林的生态美育场中，集美者、审美者、显美者、造美者于一体，成为桂林整体中和结构的中介元素和生发机制。即俊逸秀雅的桂林人又创生了寓自然、自由于一体的桂林中和文化，已生成的中和文化反过来又哺育着桂林人，使之更添俊逸秀雅，由此桂林人便是桂林山水与文化的中和。同时，由于桂林山水甲天下，它不仅是桂林人的桂林，还是中国的桂林，乃至世界人民的桂林，因而桂林还对热爱、观赏它的中国人民和世界人民产生俊秀之美的熏陶和生成。俊秀，是雄与秀这一矛盾双方的有机结合，进行中和以构成的中和之美，是一条普遍的造美规律，具有美的普适性。中外美学史上，都有过很好的论述。中国春秋时的晏婴曾说过，音乐美具有“清浊、大小、短长、疾徐”（左传·昭公十二年）等中和之美；古希腊毕达哥拉斯学派也论述了“美是对立因素的和谐统一”[①]。由于桂林山水俊秀美的生态中和生成规律为中西方所认可，具有超越时代、民族、阶级的普适意义，因而，“桂林山水”能引起天下人们的向往，“桂林山水甲天下”的审美判断能产生普遍的审美共鸣，它的美能得到世界范围内人们的认可，也正凭此，桂林山水的俊秀美就具有了十分巨大的审美和美育优势，能使世界范围内的人们趋向和生成俊秀之美。

二、有利于实现德智体美全面发展的培养目标

桂林景观生态美育所培育的生态中和的俊秀（雅）人，与马克思主义关于培养全面发展的人的思想，与我国教育方针、教育目的的核心——培养德智体美全面发展的人，有着高度的内在一致性，也与联合国教科文组织的“全人”培养目标有着高度的内在一致性。马克思提出共产主义是“以每个人的全面而自由的发展为基本原则的社会形式”[②]，认为人的全面发展就是“人以一种全面的方式，也就是说，作为一个完整的人，占有自己的全面的本质”[③]。在马克思

---

① 北京大学哲学系美学教研室．西方美学家论美和美感[M]. 北京：商务印书馆，1980：14.

② 中共中央马克思、恩格斯、列宁、斯大林著作编译局．马克思恩格斯全集（第23卷）[M]. 北京：人民出版社，1972：649.

③ 中共中央马克思、恩格斯、列宁、斯大林著作编译局．马克思恩格斯全集（第42卷）[M]. 北京：人民出版社，1979：123.

看来，人的全面发展不仅仅包括体力和智力的结合与发展，还包含了感情意志、审美、社会关系等多个领域和多个层面的发展。“在共产主义社会里，没有单纯的画家，只有把绘画作为自己多种活动中的一项活动的人们。”[①]马克思在揭露资本主义生产造成人异化的同时，强调通过教育人摆脱现代分工对人造成的异化及片面发展，强调“人也按照美的规律来构造”[②] 等，以促进人的全面发展。1996年联合国教科文组织发布的《教育——财富蕴藏其中》报告中提出了“教育应当促进每个人的全面发展，即身心、智力、敏感性、审美意识、个人责任感、精神价值等方面的发展”[③]的“全人”教育目标，中国的全面发展的教育目标与联合国教科文组织的“全人”教育目标对人的素质结构的要求都集中在德、智、体、美四个方面，这就要求我们的教育不能只局限于学校教育和书本知识的传授，而应把教育和美育内容扩展到社会和环境及景观等广阔视野中。而桂林景观的形式和内容上的生态中和结构正是突出和体现了对审美者德智体美素质的熏陶和化育，因而，它的生态美育效应有助于实现我国的教育方针和教育目的，也有助于联合国教科文组织的“全人”教育目标的实现。

（一）有利于培养德智体美全面发展的俊雅的人

宗白华说：“天地是舞，是诗（诗者天地之心），是乐（大乐与天地同和）。”[④]认为只有登临山川，“方可领悟中国之诗、山水、艺术的韵味和意境”[⑤]。桂林景观内容的生态中和结构可以使审美者在游览观赏不同内容的景观时生成真态美、善态美，益态美和宜态美等不同的美的质态，它们或美中含真，或美中启善、美中含益、美中蕴宜，最终生态中和而成真、善、美、益、宜一体的整生质态美。桂林景观的生态中和结构是自然界和社会按照自身规律运行的结果，因而是体现着真理和规律的“真”的生态结构，在这样的生态结构中接受美育，有利于审美者获得和生成“真”美质。这就突破了艺术核心的审美教育孤立地培育艺术美的狭隘性，达成真、善、美、益、宜中和的生态美育，所培育的生态中和的俊秀（雅）人，具有真、善、益、宜与美整生的新质。

---

① 中共中央马克思、恩格斯、列宁、斯大林著作编译局．马克思恩格斯全集（第43卷）[M]. 北京：人民出版社，1979：125.

② （德）马克思．马克思1844年经济学哲学手稿 [M]. 北京：人民出版社，1985：53-54.

③ 联合国教科文组织国际教育发展委员会．教育——财富蕴藏其中 [M]. 北京：教育科学出版社，1996：85.

④ 宗白华．艺境 [M]. 北京：北京大学出版社，1987：160.

⑤ 宗白华．艺境 [M]. 北京：北京大学出版社，1987：365.

1. 对审美者“真”的生态美育效应

在自然景观方面，我们知道，自然界中蕴藏着无穷的奥秘，启示着宇宙本体的内部和谐、节奏与规律，人们通过欣赏自然美，发现和掌握某些自然规律。对自然景观的审美感知，可使人对整个大自然充满了强烈的好奇心，充满崇高、优美、真挚的感情，从而获得探索自然奥秘的巨大动力，使人愿意深入事物的核心，探究其科学成因和奥秘。亚里士多德曾说过：“人的主观‘好奇心’是客观世界引起的，所以‘世界真奇妙’乃是‘好奇心’的源泉，是宇宙、世界‘邀请’人们来探寻它的‘秘密’。”[①]可以说，这种审美情境下人们对自然科学知识的学习和探究效果要远远优于课堂上教师机械枯燥的宣教。例如，人们游览桂林山水时，观赏到桂林喀斯特地貌所形成的峰林峰丛等石山，犹如舞蹈和乐曲般的高低起伏、节奏韵律和秩序，犹如一曲曲凝固的音乐，以及桂林山与水的恰当比例和结构，在数量的比例中显示着音乐式的和谐，不免引起困惑或好奇心，为什么这里的风景如此独特而美好？为什么山不高但却都拔地而起，挺拔俊俏？于是就会带着这些问题去了解桂林的地质特征，了解最常见的可溶性岩石有哪些，了解喀斯特作用的基本条件，了解年降水量、年平均气温与年溶蚀率之间的内在关系，从而获得桂林喀斯特地貌相关的地质、地理、气温、降水等地理、水文知识。同时也了解到古人也对桂林奇特的地貌进行过探究和思考，如南宋梁安世刻在留春岩的《乳床赋》就不仅是一篇文学作品，更是一篇探索钟乳石凝结过程的科学研究论文，文中说到：“吴中以水为乡……厥为桂林，岩穹石幽。玲珑嵯峨，磊落雕馊。”[②]描绘了江南水乡与岭南地形风貌的不同特征，高度概括了桂林山石的特点，并提出：“石有脉何来？泉春夏而渗流，积久而凝，附赘垂疣。”[③]在一千多年前能对钟乳石的形成得出此科学结论，尤为难得。《乳床赋》是梁安世和他的好友经过讨论，由梁安世执笔写成的。作为今天的游览者而言，既是学习了解了古代诗人学者对桂林山水地貌形成的探究，同时也告诉我们古人在游览欣赏山水时也进行“真”这方面的美育。又如明代地理学家徐霞客在游览和深入勘察的基础上，也对桂林岩溶地貌的发展规律进行了探索。他于三百多年前，在无科学仪器无助手的情况下，仅凭经验和目测步量，把七星山洞群的分布、规模、层位和结构弄清了并做了记录和描述。经科考工作者调查测量，发现徐霞客所做的岩溶考察和描述，基本上是正确的。这在我国科技史

① 转引自叶秀山．哲学作为创造性的智慧 [M]. 南京：江苏人民出版社，2008：157.
② 梁安世．乳床赋 [A]// 陈永源，奉少廷编注．名人笔下的桂林 [C]. 北京：新华出版社，2001：165.
③ 梁安世．乳床赋 [A]// 陈永源，奉少廷编注．名人笔下的桂林 [C]. 北京：新华出版社，2001：165.

上可以说是一个奇迹。徐霞客作为地理学家，写游记时使用最多的往往是中性化的平实客观的语言，但面对桂林山水，也忍不住诗兴大发，于客观语言中夹杂着不少诗意化语言，如描写桂林的山与水结合用的是“诸峰倒插于中，直如青莲出水”[①]，写穿山月“今转作南瞻，空蒙雨色中，得此圆明，疑是中秋半晴半雨也。再前，望崖头北隅梳妆台下，飞石嵌江，剜成门阙，远望之，较水月似小，而与雉山石门，其势相似，然激流涌其中，瞻顾之间，奇绝未有”[②]。作者把穿山之圆月与水中的方渚相呼应，上与下，圆与方，静与动，兼有细雨蒙蒙，乃是一幅人间奇绝图画。这些都在反映客观的“真”中融入了作者独特的审美体验，具有无可比拟的美妙，堪与桂林最著名的诗歌比肩。宗白华认为这是“由于他们对于自然有那一股新鲜发现时身入化境浓酣忘我的趣味，他们随手写来，都成妙语，境与神会，真气扑人”[③]。

桂林人文景观对审美者“真”态美质的化育，主要表现在人们在欣赏桂林人文景观生态时，可以发现、了解和掌握其内在的社会运行规律。如对于桂林史前文化景观，诸如对宝积岩、甑皮岩遗址发掘的遗物和现场的参观游览，就是一个了解原始社会先民生产、生活的生动、鲜活课堂。桂林石刻文化景观中，除了咏物写景的作品外，还有一些题刻是很有历史价值的文物，如北宋的《元祐党籍》碑，全国仅存两件，桂林这一件较为完整，是了解元祐党争、研究北宋统治集团内部斗争的重要资料；明代何士晋的《平苗记》，是了解、研究明朝镇压黔东苗民起义的重要资料；清末吴仲夏的《崇华医学会碑记》是广西最早的一个中医学会会章，因此，它的历史虽不是很古老，但却是我国中医史上一件珍贵的文物；还有如康有为的题名，不仅书法很好，而且是研究他维新变法的一个重要史料。[④]桂林灵渠的“湘漓”分水的合理设计修建就体现了水利工程设计的科学原理。桂林侗族风雨桥、壮族干栏房等建筑都体现了建筑设计科学中的“真”。桂林龙胜各族人民对龙脊梯田的开发所体现的遵循土地、山林的内在生态“真”的规律，就是人类适应自然、改造自然的“人化”产物和典范。

2. 对审美者“善”的生态美育效应

《乐记》说：“乐者，通伦理者也。”[⑤]认为艺术和审美是与伦理道德相通

① （明）徐霞客．徐霞客桂林山水游记 [M]. 许凌云，张家瑶注译．南宁：广西人民出版社，1982：23.
② （明）徐弘祖．徐霞客游记（上册）[M]. 褚绍唐，吴应寿整理．上海：上海古籍出版社，2007：305.
③ 宗白华．艺境 [M]. 北京：北京大学出版社，1987：132.
④ 张益桂．桂林名胜古迹 [M]. 上海：上海人民出版社，1984：56.
⑤ 蔡仲德．《乐记》《声无哀乐论》注译与研究 [M]. 杭州：中国美术学院出版社，1997：13.

的，德国的席勒则说："道德的人只能从审美的人发展而来，不能由自然状态中产生。"[①] 艺术和审美有利于人与人、人与社会的和谐，具有"善"的美育效应。桂林景观的生态中和结构的生成既遵循了自然规律、生态规律与目的，又遵循了社会规律与目的，因而是真与善的结合，是真与善的统一。因而，在这样的生态中和结构中接受美育，有利于审美者获得和生成"善"态美质。

桂林自然景观对审美者"善"的生态美育效应，主要表现在生态伦理和生态智慧的启迪。英国诗人勃莱克的一首诗中说得好："一花一世界，一沙一天国。"[②] 自然景观不仅给人以审美享受，也可以促发哲思，启迪智慧，陶冶心灵。如桂林的山多洞穴，就能给人谦虚的暗示和同化，如郭沫若所说的"请看无山不有洞，可知山水贵虚心"[③] 把桂林岩溶地质构造所形成的自然景象——天然溶洞奇观赋予了人格品性——虚心，这是在审美过程中通过联想和想象的产物，也是人与山水同构的产物。如面对桂林的独秀峰，唐朝张固诗句"会得乾坤融结意，擎天一柱在南州"等都咏出独秀峰拔地而起的雄伟气势和卓尔不群，于喧嚣的尘世中特立独行，傲立于天地间的独立人格精神和高洁品行，这便是自然物与人的精神人格相呼应与同构。约•瑟帕玛说："只有在内省自观察（self-observation）的帮助下，对直接的环境体验的探究才成为可能。"[④] 反之，自然景观的审美也会产生智慧之善的美育效应，自然生态之美也会给予人类生存智慧的启示，人们（审美者）游览了桂林山水之后，或对山水更加眷恋，或对社会、人生等都有了智慧的启迪和提升，增加了对社会人生的感悟，这些都是桂林自然景观对审美者发挥"善"的美育效应的体现。艺术境界与哲思境界，作为人类最高的精神活动，往往诞生于审美活动这样一种使人身心自我最自由最放松之时刻，如李秉礼的《榕树楼晚眺》中有"被岸软沙眠乳犊，蘸波垂柳啭流莺。归途缓踏路溪桥，何处渔舟短笛横"[⑤]。从诗中可见出诗人游览行为与淡泊名利之心境的对生。约•瑟帕玛曾说过："对于环境，有必要在伦理学的框架内考察其审美价值。我们可以说是表面之美和深度美。前者是形式美——形式、颜色等，后者与道德、知识等相关。"[⑥] 人们对自然景观的欣赏，无论是动植物、自然遗迹还是空气水和土地，总是包含着伦理学的意味。人们在对桂林自然景观

① （德）席勒．美育书简 [M]．徐恒醇译．北京：中国文联出版公司，1984：118.

② 宗白华．艺境 [M]．北京：北京大学出版社，1987：160.

③ 郭沫若．游阳朔舟中偶成四首之一 [A]// 丘振声．桂林山水诗美学漫话 [M]．南宁：广西人民出版社，1988：168.

④ （芬兰）约•瑟帕玛．环境之美 [M]．武小西，张宜译．长沙：湖南科学技术出版社，2006：33.

⑤ （清）李秉礼．榕树楼晚眺 [A]// 刘寿保注释．桂林山水诗选 [C]．南宁：广西人民出版社，1979：134

⑥ （芬兰）约•瑟帕玛．环境之美 [M]．武小西，张宜译．长沙：湖南科学技术出版社，2006：5.

的观赏中，会深深地被这大自然的“艺术之宫”所陶醉，并滋生对自然的虔诚、尊重和敬畏，感受和领悟到自然有其内在价值，拥有其自身的存在、尊严、性格和潜能，意识到人有尊重自然存在，保持自然规律运行稳定性的义务。

桂林人文景观对审美者“善”的生态美育。这主要集中和偏重于人与人、人与社会的善的伦理美育，同时兼有人与自然方面的善的伦理美育。如游览者观赏桂林史前文化景观时，可感受和领悟到桂林远古先民于艰难中生存的勇敢与坚守；游览儒家、道家、释家文化景观时，则可以感受和领悟儒家的“修身齐家治国平天下”的入世情怀，道家的道法自然、淡泊名利的心胸，释家的向善乐助、圆融无碍，从而使人更具慧心、慧眼，身心发展更加和谐。摩崖石刻是生态艺术，是桂林人文景观中的经典。桂林摩崖石刻中的《龙图梅公瘴说》，批驳了岭南“瘴气致死”说，并对恶吏致腐败现象进行了批判，提出自己的政治主张。此石刻由时任广南西路经略安抚使兼转运使的朱晞颜于南宋绍熙元年（1190年），将此文摩崖于桂林龙隐洞，碑额为《龙图梅公瘴说》，朱晞颜自己还加了跋语，发挥和强化了梅挚的观点，他说“予将漕来南行矣二年，盖尝深入瘴乡矣，而自始视物粤至于今而未尝一日在告，非素于瘴土也，亦无是五者之瘴耳。然则岭土能瘴人耶，亦人自为瘴耶”。说明五瘴并不可怕，可怕的是人自为瘴，这一石刻思想深刻，可以起到风官吏、行仁政、促廉政的作用，有利于政治生态化。如以瞿式耜、张同敞仰止亭为代表的忠烈文化，以蒋翊武就义处纪念碑为代表的救国图强的民主革命文化，以八路军办事处旧址与八百壮士墓为代表的反抗侵略、保卫疆土的抗战文化，以美国飞虎队纪念馆为代表的反击侵略、谋求和平的抗战文化等无不给予游览者以爱国主义、国际主义的熏陶感染，产生“善”的生态美育功能和效应。

当游览者游览桂林灵渠、相思埭、龙脊梯田、两江四湖等人文景观时，可感受到建造者们在设计建造这些景观时的因形就势，因地制宜，因而感受和领悟到摒弃和超越工业文明时期的人类中心主义伦理价值观，树立生态整体主义的伦理价值观的必要性和重要性。工业革命以后的伦理价值观，过分强调以人为中心，强调主体对客体的支配、征服和改造，把主体看成是凌驾于外部客体之上的高高在上的统治者，造成了人与自然的严重对立，也造成了环境污染、自然资源枯竭等严重后果。生态整体主义则强调了人和自然的平等、和谐相处，要求人类实现超越自身狭隘视野地对非人自然的尊重，强调物种和生态系统具有道德优先性。“过量捕杀其他动物的狮子，不能用道德来约束它自己；但是，人却不仅拥有力量，而且拥有控制其力量的物种潜能。”[①] 人具有这样的认识和反思能力，正因此，整体主义环境伦理学才成为可能。当人们带着一种尊重来面对一个其价值为自己所认同的共同体时，意味着人们再一次找到了自己诗意栖居的家园。此外，通过桂林人文景观生态美育，也使人们感受和领悟到建立人与人、人与社会平等、和谐的人际生态伦理观的必要性和重要性。如人们去观赏、体验恭城柿子园、兴安葡萄园、大圩草莓园时，既可体验和感受到收获的快乐，也可感受和体验到劳动的艰辛，从而促进不同职业劳动者的相互尊重、相互理解，特别是对当今社会阶层中相对而言仍处于弱势地位的群体——农民的尊重和理解。正如海德格尔评价梵·高的一幅著名油画《农鞋》时说的，“这样的器具属于大地，它在农妇的世界里得到保护。从这被保护的归属中，器具自行上升到它的‘栖止于——自身——之中’。”[②]

3. 对审美者“益”的生态美育效应

桂林自然景观对审美者“益”的生态美育效应。桂林地处亚热带，光照充足，降水丰沛，气候温润而不过于炎热，自然山水和田园景观优美，给人们的居住、生活等生存和生产实践带来了很大的便利，郭熙说：“山水有可行者，有可望者，有可游者，有可居者……但可行、可望不如可游、可居之为得。”[③] 相对于国内一些著名景观区域，如张家界等，桂林的可游、可居性更强，这是桂林自然景观整体的“益”的效应的体现。韩愈的“户多输翠羽，家自种黄甘。远胜登仙去，飞鸾不暇骖”[④]，王臣的“山城极清秀，仿佛武陵源……田中禾本立，墙角豆花存。坐待梧桐月，披襟共客论”[⑤] 等都描述出了桂林山水景观中的农业景观给当地居民带来的生存和实践的“益”。旅游者前来旅游时也可品尝到黄柑、豆角等农产品，因而对于旅游者也是“益”的。还有的旅游者甚至因为爱上桂林而流连忘返或选择了常住桂林。如在古代，文人雅士们往往“遍游桂林山岩”[⑥]“漓江舟行”[⑦]。南宋的方信孺则因喜欢桂林西山的流水、碧树、莲花和鱼虾嬉戏胜景，特意在西山建了一所居室，叫“碧桂之林”，准备侍奉自己的母亲，带着

① （美）纳什．大自然的权利 [M]. 杨通进译．青岛：青岛出版社，1999：179.

② （德）海德格尔．人，诗意地安居：海德格尔语要（第 2 版）[M]. 郜元宝译．上海：上海远东出版社，2004：97.

③ （宋）郭思，杨伯．林泉高致 [M]. 北京：中华书局，2010：19.

④ （唐）韩愈．送桂州严大夫 [A]// 刘寿保注释．桂林山水诗选 [C]. 南宁：广西人民出版社，1979：4.

⑤ （明）王臣．题阳朔县 [A]// 刘寿保注释．桂林山水诗选 [C]. 南宁：广西人民出版社，1979：114.

⑥ （清）金武祥．遍游桂林山岩 [A]// 刘寿保注释．桂林山水诗选 [C]. 南宁：广西人民出版社，1979：14.

⑦ （明）俞安期．漓江舟行 [A]// 刘寿保注释．桂林山水诗选 [C]. 南宁：广西人民出版社，1979：75.

妻子一起在此隐居终老，虽然最后未能实现这个愿望。在当代，秀丽的桂林山水还吸引了国外游客。有报道说“阳朔吸引了很多外国游客来此观光驻足，其中有不少人流连忘返，进而选择在此安居，来自南非的建筑师伊恩就是其中一员”[①]。来自南非的建筑师伊恩到桂林阳朔旅游后就爱上这片土地，他倾其所有在阳朔旧县村租下一座破败的古民居，在保持原味的基础上把它重新翻修，并称之为“秘密花园”。他从心底里愿意“保护当地的古民居，让年久失修、破败不堪的古宅重新焕发光彩”。并说“我现在的梦想是我会变成中国人，我要永远住在中国，我不要去别的国家，一直在这里，我的梦想是你们的政府给我颁发护照（绿卡），我可以永远住在中国”[②]。

桂林人文景观对审美者“益”的生态美育效应。人文景观可以通过熏陶感染人的精神和人格，提升人的精神境界，使人有所为而有所不为，从而达到促进其生存和生活质量的提高、促进家庭邻里团结和睦的“益”之生态美育效应和目的。如桂林人文景观中的山歌对唱，在促进生产劳动、促进人际和谐，提升生活审美因子等方面的作用就很明显。如临桂黄沙瑶族乡的棕树湾村是全乡最大的瑶族聚居村落，这里的瑶民爱唱山歌，也爱听山歌，不管男女老少，张口就能唱，因而，山歌声常飘荡在山路上、木楼里、火塘边。这里的瑶民喜欢在挖地时各家各户结成劳动团队，齐唱“挖地歌”，以此激发劳动热情和发出劳动作息信息，不仅大大提高了劳动效率，也使村民更加团结友爱。

4. 对审美者“宜”的生态美育效应

心理学认为，人的发展包括身体的、生理的发展和心理的发展，教育就是要促进人的身心的健康和谐发展。这也是作为教育有机组成部分的美育的任务。身体美学认为审美不只是一种纯粹的精神活动，审美体验不只是一种审美意识，它既包括精神性，也是肉体感受，而且精神性是寓于身体感受中的。如理查德·舒斯特曼提出，身体美学是“对一个人的身体——作为感觉审美欣赏及创造性的自我塑造场所——经验和作用的批判的、改善的研究”[③]。强调了身体性与精神性的同一。因此，审美和美育不仅是一种精神活动，也是一种身体性的存在方式和体验方式，审美和美育是可以促进人身心的健康和谐发展的，具有“宜”

---

① 李修莉 .《外国客 中国梦》之十六：在阳朔古宅里圆梦的南非“鹰”[EB/OL].http://gb.cri.cn/42071/2013/10/14/6071s4283830.htm.

② 李修莉 .《外国客 中国梦》之十六：在阳朔古宅里圆梦的南非“鹰”[EB/OL].http://gb.cri.cn/42071/2013/10/14/6071s4283830.htm.

③ （美）理查德•舒斯特曼 . 实用主义美学 [M]. 彭锋译 . 北京：商务印书馆，2002：354.

身和“宜”心的作用。桂林作为一个景观生态美育场，同样可以促进人身心的健康和谐发展，发挥对审美者“宜”的生态美育效应。

桂林自然景观对审美者“宜”的生态美育效应。《乐记》中的“礼节民心，乐和民性”[1]道出了艺术和审美有利于调节人的性情和内心世界，有利于身心健康，具有“宜”的作用。对审美者“宜”的美育效应，在桂林自然景观方面，主要指审美者游览观赏桂林山水的过程中，如登山、徒步、漂流等审美体验中，既锻炼了身体，增强了身体素质，又使身心获得放松和愉悦，人格境界得到提升，即促进了人身心的健康和谐发展。白居易的“桂林无瘴气，柏署有清风”[2]，杜甫的“五岭皆炎热，宜人独桂林”[3]等均表达了桂林自然山水景观对人的身心健康的“宜”。“并非任何山水，皆可安顿住人生，必山水自身，显示有一可供安顿的形象，它对人是有情的，于是人即以自己之情应之，而使山水与人生，成为两情相洽的境界；则超越后的人生，乃超越了世俗，却在自然中开辟出了一个更大更广的有情世界。”[4]唐太宗李世民曾说“碧桂之林，苍梧之野，大舜隐真之地，达人循迹之乡”[5]。生态中和之桂林山水质有而趣灵，游览者徜徉于山水的时空境域里，可体验到自然的宁静与澄明，可远离俗情和功利束缚，获得心灵的安适，以及人与自然的和谐一体。人在其中，感受到山水自然既是有限的，又是无限的，于是超越山水的形质本身，发现它的趣灵，在山水形质之外，在幽亭秀木之外，会自然而然地衍生一种淡泊、闲适、宁静、趣远、清逸的生命情致。

桂林的社会景观对审美者“宜”的生态美育效应。人们游览诸如龙脊梯田景观、兴坪古镇、灵川长岗岭、壮族干栏建筑、侗族风雨桥、兴安灵渠、临桂相思埭等，可以了解和感悟桂林人民改造和利用自然、兴修水利、建筑安居等诗意生存的智慧。游览桂林的亭台楼阁等景观建筑，如叠彩山的“江山会景处”之亭，会获得如苏轼所说的“惟有此亭无一物，坐观万景得天全”[6]的感受，感受到景观“味外之味”“象外之象”，感受到“大音”的“希声”,“道”的“有”“无”相生，领悟到宇宙人生的惬意与真谛。这是桂林人文景观的养心之“宜”。游览者通过游览欣赏桂林人文景观，使人产生诸多养身和养生之“宜”，如欣赏桂林

---

① 蔡仲德.《乐记》《声无哀乐论》注译与研究 [M]. 杭州：中国美术学院出版社，1997：14.

② （唐）白居易. 送严大夫至桂州 [A]// 刘寿保注释. 桂林山水诗选 [C]. 南宁：广西人民出版社，1979：6.

③ （唐）杜甫. 寄杨五桂州谭 [A]// 刘寿保注释. 桂林山水诗选 [C]. 南宁：广西人民出版社，1979：3.

④ 徐复观. 中国艺术精神 [M]. 沈阳：春风文艺出版社，1987：297.

⑤ 刘英. 名人与桂林 [M]. 南宁：广西人民出版社，1990：5.

⑥ （宋）苏轼. 苏轼诗集·和文与可洋川园池三十首（卷十四）[M].（清）王文诰辑注，孔凡礼点校. 北京：中华书局，1982：673.

的摩崖石刻，既可获得生态书画艺术的享受，还可增长养生等“宜”方面的知识，如南溪山刘仙岩中石刻《养气汤方》，有医学者研究表明，该“养气汤方”有较好的防病保健作用。[①]

游览者欣赏桂林的民族音乐以及桂剧、渔鼓、零零落等戏剧表演，不仅获得音乐、歌舞等艺术美的享受，同时还可以“乐行而伦清，耳目聪明，血气和平，移风易俗，天下皆宁”[②]。即有利于个体情绪的调节和身心健康，还有利于人与人之间的和谐相处。因为“乐者为同，礼者为异。同则相亲，异则相敬”[③]。投身于音乐艺术活动中的人们，其现实生活中身份、财富、地位等的差异被消除，从而有利于促进人际和谐与人际生态。又如，当人们观赏桂林山水、吟诵贺敬之的《桂林山水歌》“情一样深，梦一样美，如情似梦漓江水”[④]时，很多人都把漓江当作自己的诗和远方。又如游览者“骑”游阳朔古村落及百里新村示范带时，既可获得审美享受，又锻炼了身体，舒展了身心，故而有诸如“阳朔乡村游火爆，中外游客‘骑’逍遥”[⑤]一说。山水风光游览、田园农耕体验，使得桂林景观不仅可行、可望，还可游、可居。这时的欣赏者不只是山水的过客和旁观者，而是流连徘徊，愿意将身心安顿其间的参与者。

综上，桂林景观结构具有真、善、美、益、宜的生态中和整生美育功能与效应，它的自然风光及浓厚的文化气息，有促进人德智体美全面发展，身心和谐，促进人生境界整体提升的整生功能。因而，有利于我国培养德智体美全面发展的人的教育目的的全面实现。2011年，我国第二轮新课程改革提出了“通过艺术领域不同学段的学习，在与生活、情感、文化、科技的联系中，逐步发展感知与体验、创造与表现、反思与评价等方面的艺术能力，提高生活情趣，形成关怀、友善、合作、分享、爱国等品质，为塑造健全人格，实现艺术能力和人文素养的综合发展奠定基础”[⑥]的艺术课程目标，从中可见出美育课程体系中的基础与核心课程——艺术教育课程已注意对过去重知识、重技能传授轻能力和素养培育的应试教育倾向的纠偏。美育的目的不是培养专业的艺术人才，也不仅仅是艺术技能的训练，然而，长期以来，人们常常自觉不自觉地用专业艺术教育的眼光和要求来看待普通学校学生的艺术教育，造成艺术教育无形中

① 黄瑾明，汤年光．桂林石刻“养气汤方”考[J]. 广西中医药，1980（2）：28-29.
② 钱玄等注译．礼记（下）[M]. 长沙：岳麓书社，2001：510.
③ 钱玄等注译．礼记（下）[M]. 长沙：岳麓书社，2001：499.
④ 曾有云，许正平．桂林旅游大典[M]. 桂林：漓江出版社，1993：396.
⑤ 张立波．阳朔乡村游火爆 中外游客“骑”逍遥[N]. 广西日报，2011-8-12（10）.
⑥ 中华人民共和国教育部．《义务教育艺术课程标准》（2011年版）[M]. 北京：北京师范大学出版集团，2012：8.

只重视或偏向少部分有艺术特长的学生，忽视其他艺术资质普通的学生，也造成了过分重视艺术专业知识和技能的培养，而忽视审美能力和艺术素质的培养，忽视艺术教育本身的育人要求，等等。桂林景观的生态中和结构所产生的“真、善、美、益、宜”中和整生美育效应，突破了艺术美育的为艺术而美育，孤立的、狭义的艺术美育藩篱，在促进学生整体人格的培育、促进人的德智体美的全面发展中发挥着重要作用。我国教育部于2016年12月2日下发的《教育部等11部门关于推进中小学生研学旅行的意见》，要求广大中小学生进行研学旅行，“读万卷书、行万里路”，走出校门去了解社会、亲近自然、参与体验，感受祖国的大好河山，感受中华传统美德，感受革命光荣历史，感受改革开放伟大成就。[①]这表明了我国政府和教育部门意识到了景观生态美育在实现我国培养德、智、体、美全面发展的人的教育目的中的重要性。

（二）有利于培养全面发展又具有丰富个性的人

我国的教育方针、教育目的中关于培养德智体美全面发展的人，不是千人一书、千人一面的单向度的人，而是有血有肉有丰富个性的人。对于培养全面发展的有丰富个性的人，景观生态美育具有得天独厚的条件和优势。如就审美者的审美素质的培育而言，桂林景观形态结构有俊山圈、秀山圈、秀水圈、雄山圈、巨山圈，因而生成俊秀、媚秀、婉秀、雄秀、崇高等多样形态之美，媚秀与婉秀属于优美范畴，雄秀与崇高则属于壮美范畴，王国维先生说过：“美之为物有二种：一曰优美，一曰壮美……此时吾心宁静之状态，名之曰优美之情，而谓此物曰优美……而知力得为独立之作用，以深观其物，吾人谓此物曰壮美，而谓其感情曰壮美之情。”[②]桂林景观形态中不同的美学风格和美的形态，可以使审美者分别接受俊秀、媚秀、婉秀、雄秀、崇高等多样形态的美的熏陶和化育。例如，游览者对桂林景观进行游览和欣赏时，其原有的审美个性特征和偏好不同，有的可能属于俊秀、媚秀、婉秀等优美类型，有的可能属于雄秀、崇高等壮美类型，他们的这些审美特质在桂林景观生态美育场中都可以得到进一步熏陶和提升。《乐记》说：“宽而静，柔而正者宜歌《颂》；广大而静，疏达而信者宜歌《大雅》；恭俭而好礼者宜歌《小雅》；正直而清廉者宜歌《风》；肆直而慈爱者宜歌《商》；温良而能断者宜歌《齐》。夫歌者。直己而陈德出，动己

---

① 中华人民共和国教育部．关于推进中小学生研学旅行的意见[EB/OL].http://www.moe.edu.cn/srcsite/A06/moe_1492/201612/t20161219_292354.html.

② 俞晓红．王国维《红楼梦评论》笺说[M].北京：中华书局，2004：31.

而天地应焉，四时和焉，星辰理焉，万物育焉。”[1]即不同类型的艺术可促进审美者生态审美质的丰富性和多样性，这也是教育学中因材施教原则的具体体现和运用。因材施教原则是教育学中一条的重要而历史悠久的教学原则，它可追溯到春秋时期首创私学的孔子。孔子在教育他的学生时，很注意观察学生的个性，并针对个性差异进行教学。如《论语·先进》中“子路问：‘闻斯行诸？’子曰：‘有父兄在，如之何其闻斯行之？’冉有问：‘闻斯行诸？’子曰：‘闻斯行之。’公西华曰：‘由也问闻斯行诸，子曰，‘有父兄在’；求也问闻斯行诸，子曰，‘闻斯行之’。赤也惑，敢问。’子曰：‘求也退，故进之；由也兼人，故退之’”。[2]由此可见孔子是针对学生的不同心理个性来进行教育引导，长善救失，扬长避短的。桂林景观的俊秀、媚秀、婉秀、雄秀、崇高等多样形态的美对不同审美趣味的到桂游览者的熏陶和化育之生态美育效应正是因材施教原则和原理的生动体现。同时，桂林景观形态结构的俊山圈、秀山圈、秀水圈、雄山圈、巨山圈又有着有机的内在关联，最终俊秀、媚秀、婉秀、雄秀、崇高经过生态中和生成俊秀的生态中和质。因而，审美者在经过丰富多样的审美形态和审美理想陶冶后，又在桂林景观生态美育场中，在媚秀与婉秀和雄秀与崇高，即优美与壮美这两种大相径庭的生态美学风格的生态中和而生成了俊秀的中和美质。这与我国教育方针、教育目的的既要培养德智体美全面发展的人，又要培养有丰富个性的创新性人才培养目标有内在的一致性。如处在漓江下游，距离阳朔县城约 8 千米水路的福利镇南岸码头上的渡头古村，是一个千年古村，该古村素有“曲艺之村”的称号，“曲艺在渡头村有上千年的传承历史。每年十月初十前后，人们聚集在古角庙，演傩戏、跳傩舞……到了近现代，内容最为丰富多彩：傩戏、傩舞、桂戏、彩调、舞龙舞狮舞独角兽（独角兽为獬豸的艺术形象）。这些文艺活动都是渡头人自己当主角”。该村还“成立了渡头农民文学社，社员完全是由一伙草根文学爱好者组成，社刊为《渡头新声》。社员们白天耕耘于田间地头，晚上则坐在一起品茶吟诗。因而，社刊发表的作品百分之九十以上都出自渡头人之手……该古村落于 2015 年荣获了广西壮族自治区文学、曲艺村荣誉称号”[3]。正如作家伍维平在《渡头的诗人们：坚硬的灵魂与柔软的倾诉》里说的“他们是农民，也是诗人；他们生活在世俗里，也生活在理想中”。渡头古村的人们所追求的诗意生活，既有农业生产、耕种所需的真和善，所获

---

① 蔡仲德.《乐记》《声无哀乐论》注译与研究 [M]. 杭州：中国美术学院出版社，1997：60.
② 论语 [M]. 郭竹平注译，丁乐配画 . 北京：中国社会科学出版社，2003：329.
③ 郑木发 . 渡头古村的耕读生活 [N]. 桂林日报，2017-2-14（8）.

的益，也有农活之余的文化养生的美与宜，因而他们是农民，也是诗人，是既生活在世俗里，也生活在理想中的生态中和的俊雅的人，是德智体美全面发展，有丰富个性和创新性的新型农民——生态审美者。村民秦善文认为创作诗歌是“文化养生”，“平生最喜种桑麻，云水青山是我家。惯把耕读当志趣，朝吟晨露暮吟霞”[①]则是村民诗意生活的写照。文学社还重视以各种方式鼓励年轻的新生代村民加入文学社，加入文学创作队伍。“当彭鹏（注：年轻的文学社社员）前年考上清华大学时，我们特意请来舞狮队，把庆典搞得相当隆重……让那些认为‘文学不能当饭吃’的村民得到启发：一个家庭浓郁的文化氛围，是会对后代健康成长和成才产生潜移默化影响的”[②]。让老人、年轻人及所有人都追求审美诗意的生活，可见在渡头村生态美育的个体化与大众化结合之意蕴。

三、有利于培育生态中和的美生世界

生态美育的目的在于促进生态审美者与生态审美世界的整生，美生世界的创造是生态美育的应有之意。美的创造也是在审美活动生态圈中不可缺少的一环，它是审美欣赏活动、审美批评活动、审美研究活动的必然结果，又是新的一轮审美活动的基础。美的创造包括艺术美和现实美的创造。现实美的创造即美生世界的创造。人类所创造的美生世界是艺术美的创造的基础。从某种意义上说，美生世界的创造才是审美创造的最终目的，人们用心去创造艺术美的目的，不是为了建造虚幻的“空中楼阁”，而是希望能对现实中人的美的欣赏与创造活动有所帮助，能美化生活，美化世界。海德格尔提出以“充满劳绩，诗意地栖居在大地上”作为人类此在的终极目标和归宿，诗意地栖居不应仅仅是形式而更应是内涵上的体现，行动上的落实与精神上的确定。诗意地栖居与美生世界是相辅相成的，美生世界是人实现诗意栖居的前提和基础。爱默生曾说：“这浩浩苍穹下的小小学童，明白了他与这博大的自然竟还是同根而生的。一个是叶，一个是花。他的每一条血脉里都涌动着他与自然的情谊和感通。”[③]正如联合国1972年的《人类环境宣言》中指出的，人类“是他的环境的创造物……环境给人以维持生存的东西，并给他提供了在智力、道德、社会和精神等方面获得发展的机会”[④]。因此，生态美育在促进人的生态审美发展的同时又要推进

① 罗劲松．“耕读人家”在渡头[N]. 广西日报，2014-3-19（10）.
② 罗劲松．“耕读人家”在渡头[N]. 广西日报，2014-3-19（10）.
③ （美）爱默生．自然沉思录：爱默生自主自助集[M]. 博凡译．天津：天津人民出版社 2009：93.
④ 转引自董宪军．生态城市论[M]. 北京：中国社会科学出版社，2001：93-94.

美生世界的创造，使审美整体在向善、求美、求真、求益、求宜的追求中，实现生命的成熟蜕变与生存生活世界的艺术升华。

具体的个人或群体总是在一定的自然、社会和文化环境中生成，又反过来反哺社会和环境。桂林秀丽的山水、深厚的文化所生成的中和俊秀之美哺育出了中和俊秀美质的德智体美全面发展的人，成为生态审美者，过着诗意的生活。同时，他们也是显美者和创美者。这些如上文中说到的南非的建筑师伊恩自己掏钱，亏本修缮阳朔旧县村古建筑，并带动全村村民停止拆除旧房屋，转而投入到古建筑的保护和修缮行动中，延续古代建筑文脉，就是维美、显美、造美的创生美生世界行为。渡头古村的村民耕读之余，传承千年曲艺，自办文学社，开设的栏目中与美的世界创造有关的就有“七彩人生”“情牵渡头”“新风尚”等。他们写的文章体裁也丰富多样，这其中不乏推进生态环境建设，推进审美世界创造的文章。如渡头人秦源光在2005年2月的《渡头新声》创刊号上的一篇文章《旅游名县的渡头怎么办？》，文中动情地回忆了20世纪60年代该村“民居鳞次栉比，卵石道路干净整齐，房屋掩映在绿树之中”的优雅景观，为“如今的渡头竟是断壁残垣，良田秀地被新舍分割，村中泥泞土道，污水横流……”而痛心感叹，最后呼吁村民们要行动起来“让古村重现新生”。为改变村里这种杂乱、肮脏状况，“以文学社成员为主，义务用几个月时间修建起一条3米多宽、300余米长的水泥、卵石主村道……村民们受到感召，也纷纷出钱出力改造自家门前的支道……最终修复的路段长达1.5千米。以这件事为题材，我们在杂志里连续刊发《金龙大道颂》等多篇散文、诗歌，弘扬一种高尚风格和追求美好生活的精神……同时，还根据社会时事和热点编写剧本、唱段，配以村民们喜闻乐见的‘乡音雅韵’，来推动美丽乡村建设。”[①] 由此可见，桂林生态山水滋养下的人民在促进自身审美化生存的同时又不断推进审美世界的创生。

小　结

桂林景观结构是“生态中和”结构，它是气候、地质、水文等自然生境的“生

① 罗劲松．“耕读人家”在渡头[N]．广西日报，2014-3-19（10）．

态中和”，是多层次环形结构的“生态中和”，是山水结构的“生态中和”，是自然与人文的“生态中和”。由于桂林景观有自身的独特特点，因而与其他同样具有“生态中和”结构的景观相比，既有共通性，又显示出个性与独特性。因而桂林景观所生成的“生态中和”美质为俊秀之美。由于桂林景观的“生态中和”结构是真、善、美、益、宜价值的生态中和，其所生成的“生态中和”俊秀之美，也就是包含真、善、美、益、宜内涵的生态中和之美。由此，桂林景观的“生态中和”结构有利于培育具有“生态中和质”的俊雅的人，这与我国教育方针和教育目的关于德智体美全面发展的培养目标有高度的内在一致性，而且由于桂林景观的独特性和丰富性，所培育的德智体美全面发展的人是有丰富个性的人，即生态审美者。这些生态审美者又身体力行，把生态审美理念化为行动，推进生态审美世界的创造。

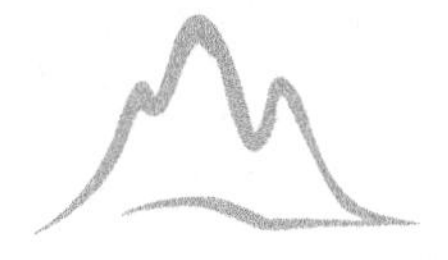

第四章　桂林景观生态美育场的分形

生态美育场在一定的历史时空中系统生成，具有一定的历史形态和逻辑形态。历史和逻辑时空中的生态美育场，在以万生一中，成就了生态美育场的一般本质，又在以一生万中，形成了多元化、特色化的生态美育系统，即由具有不同特征和个性的多个子生态美育场有机组成。各子生态美育场则是生态美育场的分形，分形了的具有各种形态特征的子生态美育场既具有一般生态美育场的本质规定性，包含着一般生态美育场的普适性，又具有自己作为子生态美育场的独特性和个性，是一般生态美育场的具体化与深刻化。各个子生态美育场又由更小范围内的多个子生态美育场构成。在分形理论看来，分形具有普遍性。分形理论是 1973 年由美籍法国数学家曼德布罗特（B.B.Mandelbrot）最先提出[①]，是当代非线性科学的前沿之一。该理论认为事物局部的形态和整体的形态相似，或者说从整体中割裂出来的部分能体现整体的基本精神与主要特征。如人脑表面有各种不同大小的皱纹，如树木的形态，从叶脉的形态到小枝、大枝，直到整个树体的形态等都具有分形的特征。因此，部分是以整体自相似的方式存在于整体之中的，通过分形，人们可以从部分窥见整体，整体是部分的生成，而不是简单相加。“无论在天空还是在地面，分形无处不在。如果说英国的海岸线是一条分形曲线的话，那么地图上几乎所有的区域都是分形的。”[②]按照分形理论，在生态美育场中，蕴含着若干个子生态美育场，景观生态美育场就是其中之一，是整体生态美育场的分形。就景观美育场角度看，桂林景观生态美育场就是景观生态美育场的分形，从更具体微观角度看，桂林景观生态美育场又由若干子景观生态美育场构成，显示出系统生发的图景。在生态审美学视域下，桂林许多景观都是科学认识活动、精神文化活动、纯粹艺术审美活动、物质生产实践活动及日常生存活动的结晶，它们既具有科学之真，又具有文化之善、纯粹艺术之美、物质生产实践之益与日常生存之宜，即真、善、美、益、宜的

① B.B.Mandelbrot.The Fractal Geometry of Nature [M]. San Francisco: Freeman, 1982.
② 童天湘，林夏水 . 新自然观 [M]. 北京：中共中央党校出版社，1998：110.

价值整生性和整一性，具有生态中和之美，但是每个景观中真、善、美、益、宜的价值所占的地位和所发挥的作用是有差异的，有的是突出和侧重于真的价值，并与善、美、益、宜等价值中和整生，于是形成“真”态桂林景观生态美育场。有的则是突出和侧重于善的价值，并与真、美、益、宜等价值中和整生，于是形成“善”态桂林景观生态美育场等。

第一节　以科技为主的“真态”桂林景观生态美育场

“真”是人类认识和实践的基础和前提。科学认知活动就是对自然规律的认识活动，科学认知活动上的求“真”就是达成认识与客观实在的一致性，是客观规律与人的认知智能的统一。技术是人们在实践中对所认识之客观规律的运用，技术之求“真”则是人们的实践和行动与客观规律的运行相符合，并达成实践成果的相关协调与和谐。在人类活动生态系统中科学活动是基础，“真”也是人类价值生态系统中的基础，善、美、益、宜都是在它的基础上生发出来的。科技活动是人类的自由自觉的活动，体现着人的自觉自由的类的特性。马克思指出：“科学是一种在历史上起推动作用的、革命的力量。”[①] 袁鼎生教授也说：“科学认知活动是人的生态活动的重要组成部分，随着社会文明程度的不断提高，……科学认知越来越成为人重要的、经常的生态活动……越来越使人趋向智慧人生、文明人生、审美人生的境界。”[②] 因此，把揭示事物发展的客观规律、探求客观真理作为目的的人类科学活动是人们活动生态系统中其他活动的基础，特别是对于审美和美育活动。如，只有当人们掌握了四时变换的规律，懂得了何时播种、收获时，“季节”和“播种”的规律便成为人所掌握的规律，“四季”才能为审美对象。只有当人们能够依照各种建筑学原理和规则建造起一座座房屋，使房屋能成为人们遮风挡雨和生活居住的场所时，各种“建筑”的形式规

① 中共中央马克思、恩格斯、列宁、斯大林著作编译局．马克思，恩格斯．马克思恩格斯全集[M]．北京：人民出版社，1972：375.

② 袁鼎生．绿色人生和艺术人生的耦合旋升——生态审美者的生发路径[J]．哲学动态．2011（3）：101.

则才能成为人所掌握的规则，并逐渐成为人们的审美对象。可见，美是基于人们对客观规律的认识的基础上生发的。因此，美是合规律合目的的统一。正如马克思说的："动物只是按照它所属的物种的尺度和需要来建造，而人则懂得按任何一个物种的尺度来进行生产，并且懂得怎样处处都把内在的尺度运用到对象上去，因此，人也按照美的规律来建造。"① 就科技景观来说，它是一种以真为主要价值，兼具善、美、益、宜的价值，并且是真与善、美、益、宜生态中和与整生的景观。桂林景观系统，特别是科技景观系统，充满着"真"的元素，具有"真"的价值和功能，并以"真"为主导带动善、美、益、宜价值的发挥，进行真、善、美、益、宜的生态中和及生态中和美育，形成了以科技为主的"真态"桂林景观生态美育场。

一、科技为主的桂林景观生态美育场之"真"态

一说到科技美，人们往往以为这只是现代社会的东西，是现代化的产物，实际上，古代也有科技美，如古埃及的金字塔、古希腊的神庙、古罗马的剧场等建筑，有的经历数千个春秋，依然雄伟地屹立于世界上，闪耀着古代人们智慧和艺术的光辉。就中国来说，也有着造纸、火药、印刷术、指南针这些影响着全人类科技发展的四大发明，它既表征着中华民族杰出的历史贡献，它在实践中的应用，如罗盘、烟花、书籍等，也渗透着中国古代人民的审美观念和情趣。如东汉时期的著名科学家张衡所创制的世界上第一架地动仪，以精铜铸成，形似酒樽，外表刻有篆文以及山、龟、鸟、兽等图形，地动仪的内部中央有一根铜质"都柱"，柱旁有八条通道，还设有巧妙的机关，与外部八个方向嵌缀的口含龙珠的龙头相连，龙头下方又设有八只昂头张口承珠的蟾蜍。只要某一方位、地区发生地震，相应方向的龙口就张开，铜珠就会坠落。据学者们考证，张衡的地动仪是在对地震波的传播和方向性有一定了解的基础上利用了力学的惯性原理来设计制造的，是古代"真态"科技美的一个典型。再如隋代的赵州桥，建筑结构奇巧且具有高度的科技水平，其"结构设计非常科学化，施工技术更是巧妙绝伦"②。

科学技术是人类主动探究客观事物规律，运用客观规律的结果，科技美是人的创造性活动的产物。一般来说，艺术美是对现实美，特别是社会美的形象

① （德）马克思．马克思1844年经济学哲学手稿[M]．刘丕坤译．北京：人民出版社，1985：53-54.
② 贾国锁，王沛，张铁强．茅以升关于赵州桥的亲笔信和手稿集[J]．文史精华，2004（2）：60.

反映，情感为其基本生命力，是“美中见真”，对美的追求是直接的，可以为了侧重情感真实而不计较事实真实，有时甚至有意超越事实真实。科技美则是对现实美的本质的抽象反映，它必须绝对忠实于真，理智为其基本生命力，是“真中见美”，对美的追求是在真之中，追求物质功利中间接表现出来的。因而艺术美的审美性需求是显态的，科技美的审美性需求则是隐态的。技术美的本质在于真的形式、善的内容。它以客观物质的合规律性形式存在而满足主体的合目的性内容。研究劳动生产活动中的美学问题，也即研究生产和工作过程中的对象、环境和工具的审美因素，把审美的意识和审美理想融入生产过程及产品中，满足人们对物质生产及产品的审美需求，有利于真与美的融合。

桂林的科技景观是以“真”态为主且真、善、美、益、宜整生的美育场。下面我们以桂林古代科技水利景观——桂林兴安的灵渠为例。灵渠是桂林也是中国著名的水利工程景观，它与四川的都江堰、陕西的郑国渠并称为秦代三大水利工程。灵渠历史上是中原与岭南的水路交通要道，它把长江水系的湘江与珠江水系的漓江连接起来。它于秦始皇三十三年（公元前214年）凿渠成功，并在后来漫长的历史岁月里成为我国南北交往的重要通道，除通航外，还有灌溉、防洪、防旱等功能，对国家的统一、社会经济发展和文化交流等方面都起到了重要的作用。

灵渠作为科技景观，是以“真态”为主、真、善、美、益、宜整生的美育场。灵渠的规划、设计和施工都具有很高的科学性和创造性，体现了生态规律和水利工程原理之“真”，具体主要体现在以下几个方面：一是选址和比例尺度的“恰当”之真。在选址方面，针对“兴安高万丈，水往两头流”，即兴安东南与西北高，中间低，造成湘、漓二水虽同在境内，却形成了“湘江北去，漓水南流”的独特现象，设计者需要解决在何处筑坝分水，如何将水从低处引向高处的问题。古代的灵渠修建设计者在缜密调查、勘探地形地貌、水势、水量的基础上，将分水点定在现今的分水塘，此地为湘江上游，且湘漓二江相距仅4千米，地势高因而水位相对较高，经筑坝使水位进一步抬升后水可直接流入漓江支流，且此地水流平和，河道不宽，筑坝便利，修渠省力。这反映了当时的设计者严谨认真、遵循生态规律和生态科学的态度。比例尺度的恰当则主要体现在“三分漓水七分湘”，由大小天平和铧嘴构成的分水坝，比例精确地把湘水三、七分开，既有利于灵渠的通航、稳固，又避免了工程过于浩大，从而节约了修建成本。二是结构“巧妙”之真。结构之“巧妙”主要体现在各项具体工程都高度地遵循水利工程的内在原理，注重协调坝、渠与水的关系，即不是强硬地堵水、分水、疏水，造成水跟坝渠的尖锐冲突，而是千方百计地化解水与坝渠的碰撞，因势利导，顺势分流，缓缓前进。大小天平是横亘湘江的拦河坝，作为灵渠的枢纽工程，成“人”字形设计，北侧为大天平，南侧为小天平，它们具有抬高水位、合理分水，实现“三分入漓，七分归湘”的目的，大小天平的坝顶又可以溢流入湘江故道，这既避免了大小天平遭受到过大的压力，又达合理分配洪水、枯水期流量，满足通航、灌溉及防洪的需要。大小天平的“人”字形堤坝的设计，使坝与河水斜线相交，避免了正面冲突，既将水比较柔和地导向、拢向了渠道，又化解了一部分水的冲击力，还将水对堤坝的压力巧妙地引向了两岸，从而大大地增加了堤坝的稳固系数。与大小天平相衔接的铧嘴，则位于拦河大坝上游，其作用是帮助大小天平合理分水，并使水流减缓，利于大小天平安全和过往船只的行船安全。这些说明了当时水渠设计者们对流量和过水断面的关系已经有一定的认识和应用。三是设计“精密”之真。设计之“精密”主要体现在灵渠的各个部分的设计及设施在整个工程适量送水、安全送水以及确保通航的系统目的方面。为达到这个目的，灵渠的所有部件和设施的设计都相当精密，“人”字形坝体的设计，以节省材料和减少劳动量的方式增加了坝体的厚度，设计北侧为大天平长 344 米，南侧为小天平，长 130 米，二者比例约为 3∶1，坝高 2～2.4 米，宽 17～24 米，使渠水常年保持在 1.5 米左右的深度。铧嘴高 2.3 米，宽 22.8 米，一边长 40 米，另一边长 38 米，铧嘴是一座分水堰，它可以起到初步分配进入南、北渠的水量，导引水流平缓进入南渠、北渠，并减缓水流对大小天平的冲击等的作用。铧嘴与大小天平相邻而不相接，若铧嘴与大小天平相接或者铧嘴过长，都会使大小天平不能发挥出本身的向南渠、北渠分水的功能。因而，铧嘴保护着大小天平坝的安全和分导南北渠的流水，促使灵渠顺利实现“三分入漓，七分归湘”。陡门是灵渠建筑的一种通航设施，作用类似于现代的船闸，灵渠的南北渠中共建有三十六陡门，灵渠的“陡门”是世界最早设计建造出来的解决水位差的通航设施。我国古代为了解决水位差的运输问题，一是通过修建迂回曲折的人工运河以减少流速，二是设置“陡门”(即船闸，亦称斗门)，它是古代的简易船闸，通过改变河流之水位来保证河面的水平以利于船只航行。由于灵渠修筑在地势高陡的山区，因而灵渠修筑时上述两种办法均被采用。灵渠总长为 36.4 千米，设计者将河道设计开凿得弯弯曲曲，既减少了落差，平缓流速，又使船只航行平稳。灵渠修筑的“陡门”，亦称“斗门”，是用巨石砌成一个半圆弧形，中间有一道门，可容一船出入，船门可启闭，灵渠建有36个“陡门”。灵渠上陡门的修建使用，是我国也是世界上最早的通航设施，在国外，直到14世纪才首次出现船闸的使用。[①]可以说，灵渠所有建筑设施的功能都是为系统目的服务的，所有设施都是为系统目的之实现所必需的，既无多余，也无欠缺；所有设施的功能发挥都恰到好处，其功能指数是整体功能实现必需的，既无超过需要的现象，也无未达指数的情形；所有设施都是相互配合，互补互利，共同实现系统目的这一整体大利。没有丝毫内耗现象。三是“精简”之“真”。灵渠工程的设计修建的各种设施不仅能各司其职，而且有的设施还兼有多项职能，因而整体设计凸显精简特征。如集有拦水、分水、引水、蓄水、缓水等作用，具有水向、水量、水速调节机能的“人”字堤坝，兼有拦、缓、蓄、衡、排水等多种功能的陡门和泄水天平。宋代的范成大在《桂海虞衡志》中说：“治水巧妙，无如灵渠者。”[②]最后，灵渠的科学性之“真”不仅体现在精心的策划、科学的设计和精确的计算上，还体现在其技术的摸索和改进等方面。尽管其技术的摸索和改进及过程没有详细地记录下来，但我们可以从一些灵渠的相关传说中分析和推测出来。如关于修建灵渠的“三将军”和“飞来石”的故事。故事是这样说的，秦始皇先是派了一个姓张的将军负责修建灵渠，但他由于三年还没修成而被秦始皇杀了头。接着又派了一位刘将军来主持修筑灵渠，并把工期缩短为两年，结果刘将军也由于到期了而工程没完成又被杀了头。之后，秦始皇就派李将军负责续修，还把工期缩短到了一年。李将军接受重任后，并没有急于动手，而是先对先前二位将军修建灵渠的有益经验和教训进行了认真地分析和总结，并了解到张、刘二位将军已经有了叠石成坝、三七分流的设想，只因工期太紧而没能付诸实施。同时李将军还请教了一些有经验的石匠，以进一步完善修渠设计。在此基础上，李将军率领建造者们争分夺秒，日夜施工，工程进展非常顺利。但在工程就将完成时，刚修好的堤坝被夜晚突如其来的一阵狂风暴雨给冲垮了。第二天情况依然如此，白天修筑好的堤坝夜里又被冲垮。后经李将军察看，发现是由于一头猪婆龙兴风作怪所致，李将军便与猪婆龙搏斗，但终因力量悬殊，眼看即将被猪婆龙吞下肚，在这千钧一发之际，天空飞来一块大石压在了猪婆龙妖精身上。破坏渠道的妖精被除，灵渠终于在规定期限内完工。大功告成之后，秦始皇传旨给李将军加封。李将军想到是两位前任为工程打下了基础，积累了经验，自己不能独占功劳，于是

① 戴传青．中国历史之最[M]．北京：中国妇女出版社，1991：43-44.
② （宋）范成大．桂海虞衡志校注[M]．严沛校注．南宁：广西人民出版社，1986：174.

仗剑自刎了。[①]虽说“三将军”和“飞来石”是传说故事，具体情节不一定符合事实，但它所反映的修灵渠过程的曲折性却符合了人类的认识论规律，反映了人们对客观规律的认识往往需要经历一个曲折的过程，这是一个认识逐步明晰、全面和深刻的螺旋式上升的过程。郭沫若的《灵渠》诗云“铧嘴劈湘分半壁，灵渠通粤上三台。江山一统泯畛域，工匠三人叠主裁。传说猪龙深作孽，英雄伟业费疑猜”[②]。灵渠的建造者们在渠道的修建过程中对修建原理的认识的正确性、全面性和深刻性也经历了一个由浅入深的循序渐进过程。

二、科技为主的桂林景观生态美育场之真、善、美、益、宜的中和整生

灵渠是以“真”为基础，真、善、美、益、宜价值的整生。科学不仅是求真的，也是显美、求善、求美、求益、求宜的。对于灵渠这一水利工程景观而言，科学性是它的基础特征。虽然桂林灵渠的修建者在设计修建时并没有想到要把它作为景观来设计，但他们的设计暗合了景观科学性和审美性同一的特征，是合自然规律、审美规律与合目的性的统一。

灵渠的真、善、美统一。真、善、美既相互独立，又是相互影响、相辅相成、对生并进的。如白居易和苏东坡等当年在设计规划和修建治理西湖时，在把西湖的灌溉、防洪、防旱等作为首要因素考虑的同时，又是筑堤造景的。这样的设计理念体现了生态规律及科学技术的运用。但修建好后的西湖却拥有了“苏堤春晓”“柳浪闻莺”“曲苑风荷”“平湖秋月”“断桥残雪”“三潭印月”等著名的西湖十景。桂林的灵渠也一样，虽然修建者当初设计建造时是以交通航运为主要目的，当修建设计时既符合生态规律又暗合审美规律，因而显出“真”之美。灵渠的美，一个是内容美，另一个是形式美。灵渠的内容美表现为多个方面，其中最主要的是崇高与智慧之美。灵渠的崇高之美表现在灵渠设计者对灵渠工程的创造性设计中所体现出的聪明才智，彰显出人的本质和本质力量的崇高。灵渠崇高的智慧之美表现在其遵循自然生态规律和水利工程原理基础上的科学的、创造性的设计，灵渠的灵魂在于一个“灵”字，它通过“人”字坝的设计，巧妙地以导引之法，使水水到渠成般自然地流进南北渠。正是建造设计者的巧智巧慧，构成了灵渠的秀美内容。这种巧智巧慧，不是一般的小聪明，

① 王世伟等．中国名胜古迹故事 [M]. 北京：东方出版中心，1996：196-197.
② 余国琨，刘英．桂林山水 [M]. 上海：上海教育出版社，1989：303.

小杂耍，而是透彻把握规律之后达到的，类似于“庖丁解牛”的那种顺乎自然的高度自由境界，是大智大巧的表现形态，使得灵渠灵秀的内容美隐含着崇高的趣味，灵渠崇高而又灵巧的属于人的内容美也凭此更加凝聚与统一。灵渠崇高之美还表现在建造灵渠的古代劳动者身上，古代劳动人民仅靠肩挑手扛，挖长渠于荒岭，筑大坝于洪流，使湘漓分派，让北水南流。可以想见，在当年工具简陋、艰苦的条件下，我们的先辈做这样一件千古之伟业，需要克服多大的困难，又经历了多少挫折和磨难，流了多少血和汗，灵渠的建造显现的是建造者冲不垮的意志。灵渠边上的飞来石及三将军墓都是建造者不屈不挠，奋力拼搏的丰碑和见证。这就是灵渠蕴含的深刻的内容之美，从某种程度上来说，没有灵渠的内容美，也就没有灵渠的真和善。

灵渠虽为水利科技工程，但其设计亦暗合了审美法则，在形式美方面，一是表现在灵渠渠道的形状上，灵渠南北渠道，迂回曲折，龙走蛇行，整个形状非笔直而是弯曲的，从真的角度上说，如果渠道笔直，由于灵渠流经地势高低不平，因落差流水容易流得急而易导致决堤，且流速快也不便船只航行。渠形一旦弯曲，既减少了落差，又平缓了流速，也减缓流水对渠道河堤的冲击力，以免河堤崩塌，水流时时受阻，水也深沉了，也便于船只缓缓而行，安全通过。从审美欣赏角度来说，柔婉的波动的渠线却能给人带来变化之美，使人产生韵律感和音乐之美。渠弯水缓，静水流深，人与舟行于其上，田园牧歌般的韵律美油然而生。而且由于灵渠与周边的山相映带，还会使人油然产生“宛转中间穿水去，孤舟长绕碧莲花”[①]的应接不暇、旖旎多姿的审美感受。二是表现在灵渠的“人”字坝的设计建造上。我们知道，形式美是指事物的色彩、线条、形体等各种形式因素有规律组合而生成的美，形式美法则体现了人类审美经验的历史发展。人类在长期的生活实践中逐渐发展了对美的各种形式因素的敏感，并逐渐认识掌握了这些形式因素各自的特点，包括对自身好的生理结构的形式之美的认识。实际上，人类的形式美的意识，是基于对自身生理结构的审美认识中萌发的。人类在生产和生活实践中感受到，诸如双眼、双手、双脚等生理结构带来的对称、均衡、平衡之美，以及头、脸、躯干、四肢的多样统一的生理结构带来的稳定、协调之美，给生产和生活及自由活动带来极大的便利和创造巨大的价值。反之，则会带来诸多的不便和困难。因此，人们就对上述生理结构给予肯定认识，认为是人好的生理结构，是人好的本质和本质力量。同时，

① （明）俞安期．舟经秦渠即景作[A]// 丘振声．桂林山水诗美学漫话[C]．南宁：广西人民出版社，1988：89.

人们还注意到自然界中也有很多对称的形式，诸如鸟类的羽翼、花木的叶子等，这些形态使人在视觉上产生自然、安定、均匀、协调、整齐、典雅、庄重、完美的朴素美感，符合人的生理、心理需要而产生了美感。因此，对称、均衡的人体结构就成了形式之美的源头、范本及评判标准。灵渠的“人”字坝，正是符合了这形式之美的需求，自然被游览者所欣赏和赞叹。灵渠堤坝的结构也在“真”中显示出形式美，其“人”字坝堰是用青条石平砌的，青条石开斧形槽口，并用铁码子将条石一块一块连接起来，使石与石之间增强了连接力，于是整个堤坝犹如一个整体，形成了结构更加紧凑凝聚整一的形式美。但是，一味整一的结构，有时聚力过大，反而容易造成结构的紧缩，僵硬、沉寂而缺少张力，失去活性与灵趣。而“人”字坝的码石相连，却是在整一中增强了对水的抗力，并在对水的抗击中，显示出扩张力与灵性活趣。这样，“人”字坝码石相连的整一美中，聚力与张力达到了平衡，具有很高的审美品位。

灵渠的善。从整体上来说，灵渠的修建，沟通了长江、珠江两大水系，成为中原与岭南的交通枢纽，为秦始皇统一中国起了重要作用，也便利中原与岭南经济文化交流，同时使桂林成了沟通中原与岭南的重要交通要道，在历史上促进了桂林各个时期经济文化教育的发展。这是灵渠之“善”最集中的表现，就灵渠的具体设计而言，“人”字坝的设计，符合分水规律，既生成了自身的稳固，又避免了坝与水的正面冲突，从而保证了顺利通航，也降低了堤坝被冲毁及发生水患的风险，带来了诸多物质之“善”。“益”与“宜”包含在善态中，又可以作为独立审美成分，构成生态美的内容。灵渠之“益”，在古代主要体现在促进交通、贸易上，灵渠的通航，方便了战时物资的运输，和平时期则方便了商贾往来，促进了商业贸易物资的运送，促进了商业发展。后来随着社会的发展，陆路交通的发达，渐渐取代水路交通，灵渠的功能渐渐转移到农田灌溉，促进农业的增产和丰收之“益”上。到了现当代，灵渠更多地作为历史古迹和历史奇观为游者观光欣赏，因而为人们带来身心愉悦和精神境界提高之“宜”。如大小天平的“人字坝”设计所体现的对称、平衡、匀称之美，满足了人的眼动和注意力等对平衡的需要，而灵渠流动不息的水又使“人字坝”消除了由于单纯对称而带来的单调呆滞而具有了动态之美，使欣赏者产生极为轻松灵动的心理反应。

综上，灵渠是真、善、美、益、宜的高度统一和整生。灵渠作为水利工程，它的结构科学，符合真的规律，这是它的根基和底座，同时它的结构也很美，符合美的规律，灵渠还集交通运输、防洪、灌溉等功用于一身，符合善、美、益、宜的规律，因而，灵渠是真、善、美、益、宜一体的，真、善、美、益、宜相生互长，互利共赢的。

第二节　以文化为主的“善态”桂林景观生态美育场

文化景观生态美育场是景观生态美育场的重要组成部分。一方面，随着人类生态文明的发展，文化审美场的疆域不断向人类生态场中的非文化领域拓展，生成生态文化审美场，进而成为人类生态场的主要形态。另一方面，文化审美场又与自然生态景观审美场对生形成生态文化景观审美场。生态文化景观审美场发挥其生态美育功能和价值，就形成了文化景观生态美育场，它主要是以善态为主，真、善、美、益、宜中和整生的美育场。

一、文化为主的桂林景观生态美育场之“善”态

在审美生态系统中，求“真”之科学活动是求善和构建生态美的基础与前提，“审美者把握的科学规律越全面、越深刻、越系统，就越能遵循具备绿色审美特质的生态规律进行实践与生存，就越能遵循绿色审美性的生态规律进行文化活动、实践活动、日常生存活动。”[①] 人类作为有意识、有主观能动性的动物，有目的性的文化活动是人类生存活动的精神诉求，求“真”的科学活动是基础与前提，但不是人类审美生态活动系统的目的，而求“善”之文化活动、求“益”之实践活动、求“宜”之日常活动才是人类审美生态活动系统的目的，因而在求生态“真”之科学活动基础上，需要也必然会走向文化活动之生态“善”。生态之善是人之目的与生命自然物之目的的统一，是合目的之善与合规律之真的统一。在审美生态学视野下观照桂林景观生态美育场域，在考察了它的“真”

① 袁鼎生. 绿色人生和艺术人生的耦合旋升——生态审美者的生发路径 [J]. 哲学动态，2011（3）：101.

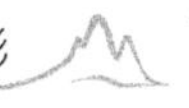

态生态美育场后，必然要指向桂林景观生态美育场域中文化求“善”的桂林景观生态美育活动。下面我们以桂林西山景观为例，阐明桂林以“善态”为主，真、善、美、益、宜价值整生的景观生态美育场。

桂林西山景观的生态之善。桂林西山景观区域占地面积约3000平方米，自然景观可分为西山、隐山、西湖三部分，人文景观主要有佛教摩崖造像、佛教石刻与佛教建筑等佛教景观，还有原桂林博物馆（现已搬迁至临桂新区）、熊本馆等人文景观，是桂林第二大综合性旅游胜地，文化底蕴深厚。就佛教景观来说，西山历史上是桂林的佛教圣地，其中位于风景秀丽、环境幽静的西山立鱼峰南麓的旷谷之间的西庆林寺（亦名延龄寺、西峰寺），属佛教华严宗，是唐代名刹。唐代莫休符在《桂林风土记》中说：“寺在府之西郭郊三里，甫近隐山，旧号西庆林寺。武宗废佛，宣宗再崇，峰峦牙张，运木交映，为一府胜游之所。”[①] 西庆林寺为与云南鸡足寺等齐名的寺庙，为当时我国南方五大禅林之一。位于隐山东麓朝阳洞口山脚下的华盖庵也是桂林名寺，为清乾隆五十七年富商李宜民出资在旧址上兴建，并请书法家王凤冈书写《金刚经》《大悲咒》等著名经文镌刻于石，嵌于后墙，又从杭州圣因寺摹拓五代僧人惯休所绘的十六尊者像，刻石嵌入庵内。华盖庵后被毁，现在原址上修建了法藏禅寺，为硬山顶式，砖木结构，黄粉墙，小青瓦，倚山势坐西朝东，系单层单进三开间，建筑面积286平方米。门匾题刻“法藏禅寺”，香火甚旺。西山的东侧还有能仁禅寺，始建于梁天监二年（503年），距今已1400多年。清乾隆二年（1737年）称能仁禅寺，后不幸毁于大火。抗战时期由中国佛教协会广西分会倡导在今丽君路十字路口北侧重建，并设会址于此。重建后的能仁禅寺占地2000余平方米，主建筑为大雄宝殿和观音堂，附属建筑为斋舍和素菜馆。大雄宝殿系大式双重檐歇山顶，砖木结构，覆盖小青瓦，瓦头饰以绿色琉璃瓦当和滴水，四脊在仙人之后，配饰龙、凤、狮。殿门匾额题“能仁禅寺”，为书法家伍纯道写，行楷。门联云：“能缘成佛所缘成法佛法在世间不离世间觉；仁者乐山智者乐水山水甲天下迎来天下人。”为居士周亮撰联、佛源敬书，广州刘三妹全家敬赠。殿外周环回廊，格扇门窗，朱楹石础，殿内为大屋顶抬梁架，广阔五间，气势恢宏。除佛教建筑外，西山还有浮雕石塔、摩崖石刻、摩崖造像，西山、隐山都是历史上许多文人墨客的留宝之地，就连小巧的隐山，都有石刻94件，且大部分为摩崖石刻。西山浮雕石塔，位于西山公园龙头峰西延突石上，石塔就在这

① （唐）莫休符．桂林风土记[M]．北京：中华书局，1982：9.

块高 4 米、长 8 米余的石灰岩突岩面微缩浮雕而成，塔高 2.15 米，成四方六层密檐楼阁式，坐南朝北。塔基为须弥座，2 级，共高 70 厘米。塔身镌成密檐楼阁，底层为空室，高 31 厘米、宽 46 厘米、深 21 厘米。第二层起，高、长逐渐收缩 20 ～ 30 厘米不等，其正面均有券门，每层无繁复装饰，瓦面、风檐为直线表示，塔刹简成三角形，为唐初的瘗穴石塔。西山的佛教摩崖造像数是我国南方仅次于四川大足石刻的第二大石刻佛教造像群。西山摩崖造像不仅数量最多，而且最大造像和最小造像也都在西山。西山的摩崖造像集中反映了由古印度犍陀罗艺术发展而来的笈多艺术对桂林的影响，而且也集中体现了桂林唐代摩崖造像与同期中国北方造像的差异。据考证，“西山的摩崖造像多为唐初时代，造像分布在西山的观音峰、龙头峰、立鱼峰及千山诸峰的悬崖峭壁间，现存摩崖造像 98 龛 242 尊，造像和瘗穴记 7 方，浮雕石塔 2 龛 2 座。最大造像高 1.65 米，小的仅数厘米。”[①] 造像风格独具，均为耳垂至肩，面部丰满，宽胸细腰、袈裟贴体、裸露乳肩、斜襟飘逸、神态温和，雕刻精美，极具盛唐时期造像特点。1939 年中山大学历史系学者罗香林来桂考察认为，“桂林的佛教造像是印度传入中国的南线造像遗存，西山造像更是代表作。”[②] 佛教作为宗教，从印度传入中国后，与中国儒家、道家等本土文化融合，成为中华文化大家庭的一部分。正如人们所说的：“宗教并不能解决世界上的环境、经济、政治和社会问题。然而，宗教可以提供单靠经济计划、政治纲领或法律条款不能得到的东西：即内在取向的改变，整个心态的改变，人的心灵的改变，以及从一种错误的途径向一种新的生命方向的改变。”[③] 因此，我们今天仍可以从佛教文化中汲取其精华，来促进当今的文化建设，特别是生态文明建设，促进人与自然、人与社会、人与人的和谐共生。如佛教主张众生平等，这种平等不但及于人类，而且及于万物，这一思想观点充满着善待他人，善待万物的爱心及生态智慧，与生态学理论不谋而合，与深生态学的生态整体主义具有高度的一致性。整体论也是当代生态学的支柱。只有将一物置于整体中，在众多条件的规定下，才能确定其存在。生态学家莱文斯和莱沃丁认为，整体是“一种由它与它自己的部分相互作用、并与它所隶属的更大的整体相互作用而规定的结构”[④]。佛教从缘起论出发，

---

① 桂林旅游资源编委会 . 桂林旅游资源 [M]. 桂林：漓江出版社，1999：653.

② 桂林旅游资源编委会 . 桂林旅游资源 [M]. 桂林：漓江出版社，1999：654.

③ （德）孔汉思，库舍尔编 . 全球伦理——世界宗教议会宣言 [M]. 何光沪译 . 成都：四川人民出版社，1997：13.

④ 转引自罗・麦金托什 . 生态学概念和理论的发展 [M]. 徐嵩龄译 . 北京：中国科学技术出版社，1992：155.

提出了“无我论”，认为事物只是相对的存在，没有不变的本质，并称此为“空”，“空”是指生命个体或事物没有实在的本质存在，要求破除众生对生命主体和事物的执着，即破除人我执和法我执。从消极的意义上来说，佛教有否定人的主观能动性的消极人生观倾向，但从积极的意义上来说，特别是工业文明以来，在人与自然关系上，人的主体性过度张扬，人类自我过度膨胀，从而导致了自然资源枯竭、大气污染、温室效应等生态危机的情况下，则有利于突破人类中心主义的藩篱，树立宇宙中心主义和生态整体主义的理念。因此，佛教的缘起论和无我论，以及在缘起论和无我论观照下倡导的众生平等、戒杀生、主张放生、倡导素食等关注自然、关注人与自然的和谐等，无疑蕴含着丰富的生态学思想，体现了佛教文化的生态之善。

桂林西山还是佛教与道教相融合的景观区域。隐山东麓的朝阳洞，高约4～6米，宽约7米，面积约78平方米。洞口东向，宽敞如厅，洞内石浆涓滴，旭日甫升，朝晖满室，并就原壁雕琢有3米高的太上老君像。我们知道，道教是中华民族的传统宗教，在思想上主要遵从道家思想，在宗教上称为道教，是中华民族传统文化的重要支柱之一。道教崇尚自然，十分注重医药卫生及保健延生之术。对于自然审美及养生思想，老子在《道德经》中提出要“致虚极，守静笃”，要求要排除杂念以达到心境宁静状态。庄子在《庄子・养生主》中提出：“吾闻庖丁之言，得养生焉。”并在《庄子・天地》言：“德全者形全，形全者神全。”强调不仅要注意精神的摄取，而且还要形体的保养，二者应相辅相成，相得益彰，得到均衡统一的发展。道教典籍《道藏》所存医药养生文献极为丰富。① 因此，隐山的道教文化可以给人带来崇尚自然的哲学观，以及遵从自然之道的养生观和顺应自然、适性重生的生命观。美国人文主义物理学家卡普拉（F.Capra）说：“在伟大的诸传统中，据我看，道家提供了最深刻并且最完美的生态智慧，它强调在自然的循环过程中，个人和社会的一切现象和潜在两者的基本一致。”②

综上，桂林西山景观作为宗教，特别是佛教文化的圣地，是自然与人文相融，人文景观凸显的综合景观，体现出了人与自然、人与人、人与社会和谐的生态思想，彰显了以人文为主的善。

---

① 熊铁基等．道教文化十二讲 [M]. 合肥：安徽教育出版社，2005：11.

② Fritjof Capra. Uncommon Wisdom, conversations With Remarkable People[M]. Simon & Schuster edition Published, 1988, Bantam edition1989：36.

二、文化为主的桂林景观生态美育场之真、善、美、益、宜的中和整生

景观之善与美的结合。桂林西山景观的美体现为自然景观之美。西山景区群峰环绕耸立，西湖、桃花江相映带，形成山重水复奇景。每近黄昏，夕阳斜挂西峰，形成“西风西向桂林西，数点晴云落照低。绝岳倚空排宝戟，斜晖转树绕雌倪。锦纹零乱霞前晚，翠影参差雨后迷”[①]。的“西峰夕照”胜景，为桂林老八景之一。此外，西山的西湖，据载在唐代的全国三十六个西湖中为最大，也是唯一一个山水相连的西湖。后虽因城市发展，面积减小，但仍湖水明透如镜，山峦叠翠，一玲珑小山于其间若隐若现，这山便是唐代李渤开发的名山隐山，因整座山峰隐没于西湖之中，环境清幽适合修隐，故取此名。唐代宝历元年（825 年）太学博士吴武陵书的《隐山游记》，记述与李渤等人“搜奇访异，独得兹山”[②]。隐山虽小但多洞，整座山有大小岩洞 10 余处，其中有六洞，洞洞相通，曲畅勾连，玲珑剔透，精巧异常，合称“隐山六洞”。吕愿忠在《六洞记》中称其“乃八桂岩洞最奇绝处”[③]。在此观景可有“石窗细竹摇清影，翠壑佳莲发异香”[④] 的审美感受。淳熙五年（1178 年）黄德琬等八人的“北牖洞题名”中赞美其山“招隐之胜，冠绝桂林”，淳祐十二年（1152 年）曾原一等五人的“朝阳洞题名”赞美西山的西湖“荷花绕香，鼓棹觞吟，依约杭湖，白苏如在”[⑤]。西山景观之美的第二个方面是人文的善之美、艺术美。阿诺德 • 柏林特认为人不仅是一个生理有机体，还是一个文化有机体，感知不仅是感官的参与，还渗透着文化因素的影响。他说 :“美感绝不仅是生理的感觉，……因为我们生活在文化的环境中，审美感知和判断不可避免地成为文化的美感。”[⑥] 对于西山的人文的善之美，如西山建有为中国人民抗日战争和世界反法西斯战争做出了积极贡献的抗日英雄——苏联陆军步兵大尉巴巴什金烈士墓，它让人铭记历史，珍爱和平。还有原桂林博物馆、熊本馆等人文建筑，帮助人们了解桂林的社会、经济、文化发展的历史以及中日友谊。如原桂林博物馆，是一座以桂林历史文化为主要内容的地方性博物馆，有馆藏文物 21500 件。博物馆搬迁后，还经常在

① （元）吕思诚 . 西峰晚照 [A]// 古代桂林山水诗选 [C]. 刘寿保注 . 桂林 ：漓江出版社，1982 : 99.
② 桂林旅游资源编委会 . 桂林旅游资源 [M]. 桂林 ：漓江出版社，1999 : 672
③ 桂林旅游资源编委会 . 桂林旅游资源 [M]. 桂林 ：漓江出版社，1999 : 671.
④ （明）曹学佺 . 隐山六洞 [A]// 古代桂林山水诗选 [C]. 刘寿保注 . 桂林 ：漓江出版社，1982 : 60.
⑤ 桂林旅游资源编委会 . 桂林旅游资源 [M]. 桂林 ：漓江出版社，1999 : 672.
⑥ （美）阿诺德 • 伯林特 . 环境美学 [M]. 张敏，周雨译 . 长沙 ：湖南科技出版社，2006 : 20.

原址举办各种艺术作品展览。它有助于游览者感知桂林的历史文化及桂林各少数民族文化。同时，西山的佛教摩崖造像、石刻及建筑所包含的生态学思想，有利于使游人关注人与自然、人与人、人与社会和谐，从而滋生生态整体主义思想，进而彰显佛教文化的善之美。隐山朝阳洞的老子像所包含的道教文化，也有利于游览者对道家崇尚自然、法贵天真，重养生思想的感悟，并内化、活化为观念和行为，彰显道教文化的善之美。关于西山景观的艺术之美方面，一是宗教景观的艺术之美，如西山的摩崖造像和石刻，它不仅是南方仅次于四川大足石刻的第二大石刻佛教造像群，而且其摩崖造像和石刻的审美品位均很高。如北牖洞的观音童子像，像刻碑石高 1.83 米，宽 0.83 米，嵌入洞壁。上款题书“唐吴道子笔”，下款“大清乾隆五十八年六月朔日海宁弟子施守法摹勒”。观音像通高 1.46 米，头饰花冠，颈戴翠环，柳眉微翘，面容慈祥，身披袈裟，衣褶勾勒莼菜条，长裙轻盈，势欲飘举。旁有小童侍立，躬腰合掌，虔向观音拜揖。吴道子擅绘佛像和山水，人称“吴带当风”，可见此佛像之艺术价值之高。二是西山不仅是佛教建筑、佛教摩崖造像与佛教石刻融雕刻、绘画、书法诸艺术于一体，且它们还与西山山水相生相依、相映成趣，这就使得西山的佛教人文景观艺术走向了生态化，而西山的山水生态景观则走向了艺术化，于是生成佛教景观与山水景观文本融合的独特的生态艺术之美。正如蔡元培所说：“宗教家择名胜的地方，建筑礼堂，饰以雕刻图画，并参用音乐舞蹈，佐以雄辩与文学，使参与的人有超尘世的感想，是美育。”①

景观之善与真的结合。桂林西山景观的真，主要体现在以下两个方面，一是自然景观与人文景观建筑的合生态规律的和谐共生之真，西山景观以西山、隐山、西湖等自然景观为基础，同时又有原桂林博物馆、桂林熊本馆、法藏禅寺、能仁禅寺等建筑，但这些建筑的设计在长度、宽度、高度方面都进行了严格控制，因而体量不大，与西山形成相依相生、相融的局面，没有破坏西山自然风景，也没有损害西山自然生态系统的生态位，显现了自然规律之“真”，是合自然生态规律与合社会规律，合规律性与合目的性的统一，是善与真的统一。二是西山人文景观的合生态规律、合社会规律之“真”。在合生态规律方面，佛教倡导包括自然万物在内众生平等、戒杀生、倡导素食等都是符合生态系统整体可持续发展规律的，因而佛教的这些思想既是善的思想，又是有利于促进自然生态系统可持续发展的，是符合自然生态规律的“真”的思想。如西山为佛

① 蔡元培．以美育代宗教说 [A]// 蔡元培美学文选 [C]. 北京：北京大学出版社，1983：68.

教圣地，桂林西山能仁禅寺的素菜馆，在桂林就享有盛誉。随着佛教在桂林的发展，佛教斋面素食，已在桂林地区发展出独具特色的佛教素食文化。游览者来此游览，就会受到反映生态“真”的思想的感染和熏陶。

景观之善与益的结合。西山景观之益，一是表现为抵抗侵略、争取民族独立与民族复兴之民族大义的善与益。如抗日战争时期西山龙华寺的住持僧巨赞法师是佛教界颇有名望的抗日运动的发起者和主要领导者。抗战爆发以后，巨赞法师组织了南岳佛道教救难协会，组织带领佛教青年服务团到长沙一带开展救亡运动，引起国民党特务不满，被迫离开湖南来到桂林。当时的桂林，也兴起了轰轰烈烈的、涵盖社会各阶层、各团体抗战文化运动，其中也包括桂林的爱国宗教界人士，并于1939年4月在省城桂林成立了中国佛教会广西省佛教会。巨赞法师于1940年来到桂林后，参与广西省佛教会工作，主持佛教界刊物《狮子吼月刊》，宣传抗日救国思想，主张统战和团结，推动佛教界的抗日救亡运动。该刊物使桂林佛教救亡运动进入一个蓬勃发展的新阶段。两年后巨赞法师到桂林的西山龙华寺作住持，提出了佛教徒的“学术化、生产化”道路，带领众僧种了二十多亩西山茶，以所得的收入解决了寺庙的部分开销，同时带领桂林宗教界在民族危亡、国难当头的时刻投入到抗战文化运动中，使桂林宗教界的爱国主义精神和英勇奋斗的事迹在桂林文化城的光辉史册上刻下闪耀的一页。巨赞法师及其所带领下的宗教界的抗日救亡运动，以国家和民族大义为重，为祖国走向独立、富强和民主做出了应有的贡献，因而于国家、社会是有益的。西山景观之益的第二个方面是生态系统之益。西山的自然景观得到保护，如禁止砍伐树木，并建西山公园，使自然景观自然生长。而且人造景观与自然景观和谐相生、相融。如西山的西湖古代相当开阔，西湖赏“莲”为游览西湖的一大特色。宋代的方信孺就有诗云：“池开新白遍天涯，未许东风擅一家。苍桂丛中苍桂树，碧莲峰里碧莲花。”[1]后来随着城市的发展和人口增长，填湖建房和修路，使西湖的面积大大减少。如今，为了凸显古已有之西山“荷”特色，桂林市除了继续保持在西山路两边的西湖继续种植荷花外，在西山公园内专门规划建造了荷花园，园林部门每年在此举办荷花展。每年，荷花绽放时，来赏荷花者络绎不绝。还有如原桂林博物馆、熊本馆等人为建筑和法藏禅寺等佛教建筑，体量均不大，与西山自然景观形成相依相生、相融的局面，不仅符合自然生态规律，而且使西山景观更加自然化、生态化，具有促进自然生态系统和人

① （宋）方信孺．西山凿池种白莲作[A]// 古代桂林山水诗选[C]. 刘寿保注．桂林：漓江出版社，1982：98.

类社会生态系统之益的价值。西山景观之益的第三个方面是社会功利之益。如西山的佛教景观，掩映在风景秀丽的青山绿水之间，由此构成了桂林佛教建筑、摩崖造像与石刻、绘画、书法艺术于一体的独特的分布格局，从而为西山吸引国内外游客，为西山的旅游开发提供了广阔的天地，也就为西山乃至桂林带来了丰厚的旅游收益。

景观之善与宜的结合。一是自然景观之宜。西山群峰环绕，桃花江、西湖相映带，山水相依，空气清新自然，是人们游览、晨练和休闲的好地方，有利于强身健体。春天花草树木青翠，樱花烂漫；夏天荷叶田田，荷香四溢；秋天，留得残荷听雨声；冬天，有温暖的阳光和长青的树木等，还有“凌寒独自开”的梅园。所有这些，都会使游者因工作和家庭事务繁忙而带来的疲惫一扫而光，身心得到全面放松，颐养身心性情。二是人文景观之宜。西山突出的文化景观是佛教景观，如前所述，佛教景观包含着深刻生态思想，游览者到此游览观赏，会受到这些生态思想的熏陶和感染，感受到人、自然、社会的适宜的生态位，有助于他们向“生态人”“生态审美人”生成，并在今后的学习、生活和实践中使人与自然、人与社会、人与人的关系更加和谐。此外，佛教提出的要求人们要顺从和忍耐等主张，从消极方面来说，一味地忍让未必是好事，但是从积极方面来说，人的一生不会总是一帆风顺的，碰到困难挫折时一定的忍耐心和抗挫折力则是必需的。在桂林，如桂林瑶族的青年男子，每到15～16岁，都要举行一种“度戒”仪式,“度戒”的方式多种多样，但现在常使用“跳云台”方式，即以四条长木作柱搭成一个约0.5米见方的高台，高4～6米，受“度戒”的男子，由师公引登台上，待师公做法及一番祝愿后，男子闭上眼睛，双手抱膝，勇敢地倒翻下跳，落到铺有稻草或棉絮的藤网上，就叫“跳云台”。待男子落到藤网上后，众人将其抬起，围绕“云台”走三圈，就算完成了“度戒”。“这种‘度戒’仪式和思想，与‘不受磨难不成佛’的佛教的忍耐思想极其相似，或许是由于佛教的传入而引起的。”[①] 游人，特别是青少年来此地游览，感知、领悟了佛教与地方文化融合后，也会不知不觉地受到熏陶，并可能促使他们在今后的学习实践中锤炼自己的意志，成为意志坚强、坚忍不拔的人。

综上，西山作为自然景观与人文景观结合，且人文景观突出的综合性景观，是以“善”为主，真、善、美、益、宜中和整生的美育场。实际上，在桂林还有相当多诸如西山这样特征的景观美育场，如独秀峰景观区域，自然景观有“南

---

① 廖国一. 广西的佛教与少数民族文化 [J]. 宗教学研究，2000（4）：61-69.

天一柱”之称的独秀峰、月牙池等，人文景观亦非常丰富多样，如有“桂林山水甲天下”“紫带金袍”“颜公读书岩”等摩崖石刻，还有靖江王府、广西贡院、及第坊（三元及第、状元及第、榜眼及第）等藩王及古教育建筑，有中山仰止堂、“中山不死”纪念碑等。又如七星景观区域，由普陀山天枢、天璇、天玑、天权四峰与月牙山的玉衡、开阳、瑶光三峰组成的七个山峰，一东一西，相互连属，犹如天上的北斗七星坠地而成，故名七星山，漓江支流小东江穿流而过，有“北斗七星”“驼峰赤霞”“花桥虹影”“普陀石林”“芙蓉石”（亦称天柱石）等胜景。七星山以岩多洞奇著称，有元风、玄武、白鹤洞和四仙岩、曾公岩等几十个岩洞，其中，七星岩作为桂林最早开发的游览和进行科学考察的著名洞穴之一，迄今已有1400多年的游览和考察历史，徐霞客曾两次入洞考察，并留下详细记录。岩中最高的洞段内壁有明代进士张文熙题书的“天下第一洞”巨榜，在普陀山西坡的七星岩洞口有隋代高僧昙迁隶书题写的“栖霞洞”榜书。人文景观方面，有栖霞寺、清真寺、花桥、月牙楼等寺庙和少数民族风格建筑，有陈光烈士墓、三将军及八百壮士墓；有盆景艺苑、桂海碑林等艺术景观等，这些景观均是以“善”为主，真、善、美、益、宜多种价值中和整生的美育场。

第三节　以生存为主的“益态、宜态”桂林景观生态美育场

人是目的性动物，人类审美生态活动系统之目的既是系统的，又是复杂的、多元的，生产实践活动、科学认识活动、精神文化活动、纯粹艺术活动、日常生存活动共同构成了人类的生态活动系统。其中人类科技活动主要是以“真”为目的，侧重科学精神的目的，以真启美；精神文化活动主要是以“善”为目的，侧重伦理精神的目的，以善蕴美；生产实践活动主要是以“益”为目的，侧重物质的目的，以益含美；日常生活活动则主要以“宜”为目的，兼有精神与物质的目的以及生理性与精神性的目的。生产实践活动是人的生态活动系统的重要一极，是人们生存的基础，它为人类的科学技术活动、精神文化活动和日常生活等活动提供物质基础，同时又融合了多种价值，其中，最重要的是“生

产价值、生态价值、审美价值、文化价值和生活价值”[①]。概括起来就是益、真、善、美、宜的中和。因而，以生存为主的“益态、宜态”桂林景观生态美育场是桂林景观生态美育场的重要分形。

一、以生存为主的“益态”桂林景观生态美育场

在人类生态活动系统中，生产实践及其相关活动主要以“益”为主，侧重于物质目的，主要追求物质之益，但从应然状态来说，它应是合规律合目的的，因而是具有功利之益的美，即人类应是在遵循生态规律基础上追求物质利益，从而实现生态之益和物质之益的互利共赢和相生共长。墨子说：“食必常饱，然后求美；衣必常暖，然后求丽。”[②]阿诺德·伯林特也提出“审美不能脱离整体的社会利益及行为”[③]的观点。合规律合目的的物质功利之益的美应包含两个方面的含义：一是物质之益与生态系统之益的中和整生，二是物质之益与真、善、美、宜的中和整生。

桂林景观生态美育场中的生产实践及其相关活动中所获得的物质之益中，既有诸如农业畜牧业生产中的水稻、玉米、梨子、桃子、金橘等农产品，猪、牛、羊、鱼等畜牧水产品等带来的物质之益，还有作为“山水甲天下”的自然与人文融合的桂林旅游业带来的物质之益。例如，在旅游业方面，桂林作为24国家公布的第一批个历史文化旅游名城之一，旅游业发展一直走在全国前列。近年来桂林着力推进文化旅游供给侧结构性改革，加快推进大桂林生态休闲旅游精品线路建设，探索全域旅游桂林模式，使桂林人民在获得物质生产之益的同时也获得丰硕的旅游业带来的物质之益。仅2017年一年，桂林市接待游客就达8232.79万人次，其中国内游客7983.89万人次，入境游客248.9万人次，旅游总消费971.76亿元。[④]桂林的景观旅游发展，如桂林的农业景观生态旅游，就有诸如恭城的以月柿、桃林为代表的生态农业景观，阳朔的金橘、油菜花农业产业景观，全州的禾花鱼农业景观，灵川海洋的银杏林景观，龙胜的龙脊梯田等，它们都是典型的生态农业景观文本，其产生发展均契合了生态农业景观的生态之益。下面，我们以桂林的龙胜龙脊梯田为例，来分析桂林“益”之生态美育场。

---

① 陈望衡．环境美学[M]．武汉：武汉大学出版社，2007：281.

② 叶朗．中国美学史大纲[M]．上海：上海人民出版社，1985：60.

③ （美）阿诺德·伯林特．环境美学[M]．张敏，周雨译．长沙：湖南科技出版社，2006：12-13.

④ 刘倩．2017年桂林旅游接待人数和收入双双实现高幅增长[N]．桂林日报，2018-1-27.

（一）以生存为主的桂林景观生态美育场的物质功利之益与生态系统之益

农业生产实践活动是人类追求和获得物质之益的重要方式。农业生产实践活动不仅生成了人类文明类型之一的农业文明，至今仍是人类生产方式中的一种，它为人们提供粮食、副食品和工业原料，是国民经济的基础。由此可见农业物质生产实践之益的重要性。从历史的角度看，农业物质生产实践活动的出现可谓是人类历史上的一次革命，它替代了原始的狩猎和采集劳动，提高了人类获取物质的有效性与稳定性，使人们从农业生产实践活动中获取了比原始生产劳动更大的物质利益，从而使人类从漂泊走向了定居，并从对自然的被动依附走向了一定的自主自为状态。中国农业文明历史悠久，源远流长，如《易•系辞下》记："神农氏作，斫木为耜，揉木为耒，耒耨之利，以教天下。"《史记•五帝本纪》记："（黄帝）时播百谷草木，淳化鸟兽虫蛾。"等等，意味着我国先民很早就已认识到"农事"的重要性。作为国民经济的基础，农业在国家发展中现今仍占有重要的战略地位，政府对农业生产实践之益的根基性作用也有深刻的认识。现在每年的中央一号文件都是关于农业问题。这是对重农传统的继承，也是对农业生产的基础作用的正确认识。历史的事实也能证明农业生产实践之益的根基性价值。但是，由于工业文明的兴起，特别是在经济全球化的背景下，大机器工业生产的观念也冲击了中国重农生产的思想和实践传统，因而就有了"宁要城市一张床，不要农村一幢房"之说。这一传统的颠覆缘于工业生产实践的冲击。工业生产实践这一生产实践模式过度追求物质的增长，强调人对自然的改造与征服，人的主动性、自为性得到了高度张扬与突显，彻底颠覆了人对自然的依生关系，是人与自然竞生关系的典型化。现代工业模式下的农业生产实践模式也被同化，在农业生产中过量使用和不当使用化肥、农药，过于追求农业生产的物质之益而无视整个大自然生态系统的物质之益，因而导致了土壤污染、水体污染、大气污染等影响子孙后代和阻碍农业可持续发展的不良后果。由此，发展生态农业势在必行。生态农业发展须要挖掘、传承传统农业中的生态理念和实践。如我国传统的农业生产实践具有先天的和合自然性。《管子•禁藏》说："顺天之时，约地之宜，忠人之和，故风雨时，五谷实，草木美多，六畜蕃息。"强调农事要忠顺于天时地宜才能实现五谷丰登、六畜兴旺。《吕氏春秋•审时》中也强调农事中天地自然因素的作用："夫稼，为之者人也，生之者地也，养之者天也。"可见，在传统农业中，天、地、人、物构成了一个动态关

联的生物有机体，成为一个巨大的农业生态系统。在西方，恩格斯说过："其实劳动和自然界一起才是一切财富的源泉，自然界为劳动提供材料，劳动把材料变为财富。"[①] 下面我们以桂林龙胜龙脊梯田为例，来分析桂林景观中以"益"为主，真、善、美、益、宜中和整生的景观美育场。

龙脊梯田的"益"主要体现为农业生产实践之益与生态系统之益的统合，主要体现在其生态自觉性高，生态自由度大，不仅给人类带来了物质生产的益，也给自然界的森林、水源、动物等各个子系统和整体生态系统带来了生态益。我们先来看它的农业生产实践之益。"民以食为天"，龙脊梯田作为农业景观，开展农业生产，是其全部活动得以生发和展开的缘由，是稻作文化的根基，因而，它带给当地居民最直接的就是水稻、玉米等农产品产出带来的物质生产之益。随着乡村旅游的兴起，龙脊梯田景观又成为重要的乡村旅游产业资源。传统的梯田耕种所形成的独特田园风光，以及其孕育出的独特的壮寨文化、红瑶民族民俗文化和民族艺术。梯田自然景观与文化景观的融合与对生，更增添了其乡村旅游的无穷魅力。由此，梯田也成了保持和维护旅游资源的必要手段，所以农民每耕种一亩梯田，旅游公司还会补助一定数目的钱，这就保证了农民耕种梯田的积极性，使得这一古老的生产实践模式得以延续。村民不仅在参与本土民俗文化展演、轿子队、背包队及其他项目旅游经营中获得旅游收益，还在整体景区的门票中获得分红，如龙脊梯田景区大寨村 264 户村民共获得 2017 年年终分红 530 多万元人民币。[②] 其次，龙脊梯田的生态系统之益。龙脊梯田的居民在开发建设中还体现出了人与自然的和谐，对自然界的生态益的关注和保护。我们知道，水循环、物质与能量循环是大自然最基本的活动，人要在实现自身的物质目的的同时保持与自然的和谐，就应把自己作为自然界有机体的一部分，融入大自然的整体循环之中。龙脊梯田的耕作者正是把自身的农业生产实践活动纳入整个大自然的各种循环活动之中，从而实现人与自然的和谐的。龙脊梯田的开发建设中，村民们一般是把低矮的山全部开挖成田，而对于较高的山，则把山分成三部分，山的顶部，约为整座山的三分之一不挖，保持原有的森林植被，使之作为龙脊梯田的水源林地保留下来；山腰冬暖夏凉，适宜居住，则建村寨，并在村寨周围植树造林，称风水林；寨脚部分才用来造梯田。而且还订立村规民约，禁止砍伐山顶的水源林及山寨的风水林。这样，既保证了梯田居民水稻获得丰收，又保证了大自然水的良性循环。同时，龙脊梯田的生产实践过程也融入大自然的物质与能量的大循环

---

① （德）马克思，恩格斯．马克思恩格斯选集（第 3 卷）[M]. 北京：人民出版社，1972：508.

② 刘倩．桂林旅游扶贫"桂林模式"助力脱贫攻坚 [N]. 桂林日报，2018-3-2.

之中。龙脊梯田的耕作者主要是利用自然的太阳能、水与土壤中的有机质来种植主要农作物——水稻，生产出他们生存所必需的粮食——稻谷，他们把余下的稻草用来饲养牛或者垫牲畜圈，而人的排泄物与所有牲畜的排泄物又被用来肥田，作为下一轮水稻生长的营养，这就形成了一个物质与能量转化与循环的过程。这种传统农业生产内部的物质循环利用，正是当今循环经济思想的原始体现。梯田的“农业生态系统和龙脊地区的自然生态系统是密切吻合的，适于自然、利用自然，变自然生态系统为农业生态系统，是龙脊地区当地人民生产实践和智慧的结晶”[①]。这样，龙脊梯田传统朴素的农业生产实践活动既满足了人们的物质之益，又兼顾了自然生态系统的生态价值之益，具有持续发展的可能性，其朴素而古老的农业生产实践活动具有可借鉴性。虽然，与现代化的机械农业生产相比，龙脊梯田的农业产量不高，甚至偏低，然而，这正表明了龙脊梯田的农业生产实践追求的物质之益是适度的。事实上，我国历史上第一部系统性农书《齐民要术》中就明确提出了“宁可少好，不可多恶”的观点与主张，这有利于我们对现代农业不顾生态利益、过度追求规模效益现象的反思，有利于对拜物主义及消费主义的反思。

龙脊的居民在开山梯田时，不仅考虑到了农业生产的有效性，“顺天时，量地利，则用力少而成功多。任情返道，劳而无获”[②]还考虑到了梯田行为对生态系统的影响，造就的生态农业景观能使自然体系变得更完整、美丽、和谐，因而不仅获得了诸如稻谷、玉米等物质产品之益，还获得了包括生态的和美学的利益。这正是“把农业生产、农村经济发展和环境保护、资源高效利用融为一体，运用生态系统理论与生态经济规律，遵循‘整体、协调、循环、再生’的基本原理”[③]的反映。反之，如果人们在农业生产实践中片面追求物质之欲，片面追求人类之益，而无视生态之规律，无视人类生存的根本目的，无视整个大自然生态系统之利益，最终受损害的不仅是自然，还有人类自己。

（二）以生存为主的桂林景观生态美育场的真、善、美、益、宜的中和整生

我们仍以龙脊梯田之“益”与真、善、美、宜的中和整生为例来分析。生

---

① 杨主泉．“越城岭”地区少数民族梯田文化中的生态智慧研究——以龙胜龙脊为例 [J]. 农业考察，2010（6）：397-399.

② （北魏）贾思勰．齐民要术 [M]. 缪启愉，缪桂龙译注．济南：齐鲁出版社，2009：58.

③ 李文华等．用生态价值观权衡传统农业与常规农业的效益 [J]. 资源科学，2009（6）：899-904.

态和谐与整生是生态景观，特别是生态农业景观的普遍价值形态。在生态审美的价值系统中，真是基础性价值，处在生态和谐链的第一环节，循真而成善，善在真的基础上长出，真善相合以成美，美在真善之基础上形成。在农业景观的生态审美的价值系统中更是如此，陈望衡教授说："农业景观的审美价值并不能单独存在，首先要基于农业用地的生产价值，具有生产的能力是这种用地类型能够产生美感的前提。"[①] 真善美相生而成益，因此，益处在生态和谐链的第四环节，并潜含了真态、善态、美态的生态和谐价值。

益与真的结合。农业生产实践是以益为目标的人类生态活动之一维，但它对物质之益的追求必须要符合自然规律和生态规律之"真"。龙脊梯田的建造者们在开挖梯田时完全是顺应等高线，并依照山体的形状和走势开垦建造，坡缓地大则开垦大梯田，坡陡地小则开垦小梯田。在梯田的具体开挖过程中也是遵照科学，在"真"的规范下进行的，如挖梯田时，会把颗粒细肥力高、适于作为耕作土壤的表层土挖出并放置一边，待开垦完毕后再用作梯田表层土，而不是顺着土的方向一直往下挖。根据梯田的田面越是水平越有利于蓄水与耕种，开挖者沿山体开挖梯田时，会利用对水的性质的认识，就地取材，把一根约两米长的大小均匀的楠竹，将其剖开两半，盛上水并水平置于地面，通过观察水的动静来观测开挖的地面是否达到水平。在没有精密仪器测试的情况下，开挖梯田的先民们就是运用了物理原理而保证了梯田的水平线的。正因如此，使得梯田的这种依山而建、随体赋形、因地制宜的梯山为田活动，虽然以人工种植的稻谷取代了自然生长的草木，改变了山体表层的景观生态，却并未破坏山体的内在肌理。因此，梯田景观尽管是人化自然，包含有人的主观能动性，但其以土地为核心的整体建构：土地——森林——水源——梯田（食源）——人（村寨），居民聚落区、耕作区、水源区等都有各自相对独立的区域和适当的比例，在人与自然对生和相生的生态文化机理选择中，遵循了开挖梯田的科学原理，遵循了水循环、物质与能量循环等生态规律遵循着等高线等科学原理，才有了梯田及其周围生态系统的可持续发展。正如《庄子》所谓的"夫大块载我以形，劳我以生，佚我以老，息我以死"[②]。彰显的正是人类敬畏自然和与自然和谐相处的观念和行为，人类"与天地精神相往来"的境界。

益与善的结合。农业生产对物质之益的追求要符合人类根本的生存目的之

① 陈望衡. 环境美学 [M]. 武汉：武汉大学出版社，2007：286.
② （战国）庄子. 庄子 [M]. 方勇译注. 北京：中华书局，2010：100.

善。墨子曰："凡五谷者，民之所仰也。"[①] 元代农学家王祯在《农书》中把梯田归为田制之一："梯田，谓梯山为田也。夫山多地少之处，除磊及峭壁例同不毛。其余所在土山，下白横麓，上至危巅，一体之间，裁作重磴，即可种艺。如土石相半，则必叠石相次包土成田。又有山势峻极，不可展足，播殖之际，人则伛偻，蚁沿而上，耨土而种，蹑坎而耘。此山田不等，自下登陟，俱若梯磴，故总曰梯田。"[②] 在人多地少的矛盾冲突之下，梯田的迅速发展，有利于维系当时人们的生存。农业生产实践的生态之益就是要与生存相联系，与人们的真实需要相联系，才不会因欲望的无限膨胀而导致滥垦滥伐，造成生态灾难与环境危机，使人类的根本生存也难以为继。而反观我们的农业发展到现代化能源农业阶段，虽创造了高产物丰的奇迹，但由于大量使用化肥、农药等造成了对环境的破坏，农药残留对人体健康的破坏等弊病也日益显现。如果任由忽视生态规律的生产方式继续持续下去，农业的未来，人类的未来都将不堪设想。恩格斯在《自然辩证法》中指出："我们不要过分陶醉于我们对自然的胜利。对于每一次这样的胜利，自然界都报复了我们。"[③] 要解决农业这样的发展困境，需要以生态科学与生态哲学观念为观照，把生态贯穿于农业生产实践之中，使真、善、美结合，不仅使人们获得农业生产的物质之益，而且对整个自然甚至宇宙生态系统而产生生态之益。生态农业生产实践把物质之益的追求渗入到真、善、美的价值之中，是对过去农业生产实践片面追求物质之益的纠正，是对农业生产实践之益的本真性还原。正如审美生态学家袁鼎生教授所界定的："益表现为直接的功利，表现为直接的有用，是一种直接满足个体以及人类与自然的整体生存与发展需要的价值。益的实现，离不开真、善、美的规范，离不开真、善、美价值的支撑，只有依真、向善，才可能成就益和发展益。"[④] 联合国环境大会《21世纪议程》指出："土地是一种有限的资源，也是自然资源的依托。随着人类对土地和自然资源需求的日益增长，产生了竞争和冲突，从而引起土地退化。解决的办法是需要一种对土地的综合措施，审查各种对土地的需求，以便进行有效的交换。"龙脊梯田的开发者对龙脊梯田的开发，既遵循了自然的内在运行规律，也有利于人们的生产生活，是合目的合规律的开发。龙胜梯田景观尽管是人化自然，体现着人的主观能动性，但其形成了以土地为核心的整体建构，

---

① （战国）墨子.墨子[M].冀昀主编.北京：线装书局，2007：15.

② （元）王桢：《农书》卷十一，丛书集成初编本.

③ 中共中央马克思、恩格斯、列宁、斯大林著作编译局.马克思恩格斯选集（第4卷）[M].北京：人民出版社，1995：383.

④ 袁鼎生.绿色人生和艺术的耦合旋升——生态审美者的生发路径[J].哲学动态，2011（3）：103-104.

突出和强调了对水源林等生态事项的尊重与保护，显示出人对农业整体生态系统保护意识，以及人对自然环境的依顺性和借助性，彰显了人与环境的良性互动，形成了人合于地的人地相依、相生，人文景观合于自然景观的格局，于哲学上反映了人类对土地的依生。

益、真、善与美的结合。人们常称龙脊梯田为“疑是仙境落人间”的世界一绝。龙脊梯田的美可分为内容美和形式美。景观生态中的层次分布、虚实搭配、质感配置、疏密组合、明暗对比、上下起伏、对称尺度、平衡比例等都是形式美的法则与组景规律。这些法则在龙脊梯田景观中都有体现。龙脊梯田中，最高海拔 880 米，最低 380 米，垂直落差有 500 米，因而宛若一级一级登上蓝天的“天梯”，却又是层层叠叠、高低错落、变化有致的“天梯”，与音乐艺术中的高低、缓急、曲折等艺术处理有异曲同工之妙。英国画家和艺术理论家荷迦兹持的是纯粹的形式美观，他提出美的六条原则都是关乎形式规律的，他说：“美正是现在所探讨的主题。我所指的原则就是：适宜、变化、一致、单纯、错杂和量……所有这一切彼此矫正、彼此偶然也约束、共同合作而产生的美。”[①] 他尤其关注线条，提出蛇形线是最美的线条。而龙脊从流水潺潺的河谷到白云缭绕的山巅，小山如螺，大山似塔，苍茫壮阔，铺天盖地，它是那样的巍峨、雄浑，绵亘不绝，气势排山倒海，如巨龙般穿云破雾，气吞山河。然而它的线条却又如行云流水，潇洒流畅，气韵生动。一条条依山就势的弯曲流转的田埂，或妩媚，或遒劲，或舒展或含蓄，蜿蜒在跌宕有致的梯田里，在它上空缥缈着一缕缕云烟，如飘逸、流动的音符，渗透了图画的美、雕塑的美和音乐的美。在那富有韵律节奏的梯田间，偶尔有几位正在劳作的山民，远远看去，就像一纸满页的五线谱上跳动的音符。这就是集壮丽与秀美为一体，气势恢宏磅礴，堪称天下一绝的龙脊梯田的形式之美。梯田的形式之美还与在其内在生命力紧密相连。一年四季，龙脊梯田的生命色彩像梯田本身一样层次分明。郭熙的“春山澹冶而如笑，夏山苍翠而如滴，秋山明净而如妆，冬山惨淡而如睡”[②] 正是龙脊梯田的传神写照，龙脊春叠银带、夏翻绿浪、秋垒金阶、冬盘苍龙，充满着富有生机活力的季相变换之美。春天，雨季到来，降水增多，水满田畴，水田如镜，“天光云影共徘徊”，梯田在阳光照射下如串串银链挂山间，相辍相连，相连相叠；还会因阴晴变化、云岚变化而幻化出迥异的神韵。夏至，佳禾吐翠，似排排绿浪从天泻；金秋，稻穗金黄沉甸，梯田犹如一片金色的海洋，又像座

① 北京大学哲学系美学教研室．西方美学家论美和美感 [C]. 北京：商务印书馆，1980：101.
② （宋）郭思，杨伯．林泉高致 [M]. 北京：中华书局，2010：38.

座金塔顶玉宇；隆冬，一场霜雪，让梯田银装素裹，雪兆丰年，若环环白玉砌云端。土地、森林等自然景观与梯田共成了龙脊一年四季如梦似幻的生态景观，时而春水融融，时而绿波荡漾，时而黄金铺地，时而银装素裹，春、夏、秋、冬，分别四时四幅套色的版图，流光溢彩的龙脊梯田一日三时也因天气的阴晴变幻和云霞水气的聚散，呈现出不同的神韵和情致。

在内容美方面，主要体现为古代先民开垦梯田中显现出的生态智慧之美及其艰辛劳动的崇高之美。梯田距今已有650多年历史。这里不仅贫瘠而且耕地稀少，人们要生存，只有向山要粮。“里仁为美”（《论语·里仁》）指的是符合人们生存目的的善就是美的标准、美的本质。因而，龙脊梯田的村民，从元朝开始，便以勤劳的双手艰难地挖山造田，至明末清初便成了今天的龙脊梯田绝景。在龙脊浩瀚如海的梯田世界里，层层梯田有如推向天际的陡峭台阶，因山势太陡，面积最大的一块田不过一亩，大多的梯田都很小，有的是只能种一二行禾苗的“带子田”，因而民间有“蓑衣盖过田”“蚂拐（青蛙）一跳三块田”的说法。看似琳琅满目的梯田，饱含开垦者的艰辛，他们犹如是在用微型刻刀来精心雕琢这块土地。龙脊先民不仅勤劳勇敢、不畏艰辛地梯山造田，而且在梯山造田时，把水土稳固、水源林保护、居民生活居住等综合整体考虑，体现了龙脊先民辛勤劳动与崇高的生态智慧之美。亚里士多德说：“美是一种善，其所以引起快感正因为它是善。”①龙脊先民以卓越的毅力、艰苦奋斗的精神，非凡的智慧，创造了如此鬼斧神工、惊天地泣鬼神的人间奇迹和“大地艺术”。这“大地艺术”使人的生命和智慧与雄伟山川完美融于一体，也成为壮族和瑶族生态智慧和生态文化的摇篮，它像保持水土一样保持着这里民族文化的斑斓和丰富。

真、善、美、益与宜的结合。龙脊梯田景观，因其注重梯田、森林与水土保护的综合整生，因而特别适合人们生产、生活和居住，因而，这里有世代居住的壮民和瑶民600多人，有和梯田一样历史久远、代代吟唱不息的山歌，有独特美丽的民族服饰，奇特的礼俗，有自清代就享有盛名的云雾茶，有香软爽口的香糯，有香脆的龙脊辣椒，有醇香甜美的龙脊米酒……所有这一切，都与龙脊的高山、流水、森林、云海一起，构筑了龙脊梯田天、地、人和谐的“宜”之美。

综上，龙脊梯田景观是以生存为主的“益态”为主，真态、善态、美态、宜态生态价值和谐整生的生态美育场。环境美学家卡尔松认为：“农业景观有形

① 北京大学哲学系美学教研室. 西方美学家论美和美感[C]. 北京：商务印书馆，1980：41.

式的美和富于表现性的美。……然而，只有当农业景观是可持续性的，它的功用和产出才对肯定美学有所贡献。"[①] 由此，我们可以理解为，生态农业生产要获得可持续发展的实践之益，就应是益与真、善、美、宜多元价值的结晶。为此，在发展生态农业和生态农业景观时，我们需要把诸如龙脊梯田这样传统农业中的生态农业发展理念和实践经验加以挖掘和承续，如龙脊梯田农业景观般统合益态与真态、善态、美态、宜态价值的整生。

二、以生存为主的"宜"态桂林景观美育场

以生存为主的"宜"主要体现在人们的日常生活之中。生态审美视域中的日常生活，是以科学活动、精神文化活动、纯粹艺术审美活动及物质实践活动为基础的，所以，"宜是美、真、善、益共生的。"[②] 因此，"宜"的价值"是一种生态价值，是一种适合生命体的生理心理特征，满足生命体的生理心理需求，有利于生命体存在发展的综合性价值。"[③] 具备"宜"态价值的日常生活指向的就是绿色生存。生态审美学主张艺术审美的生态化，因而包括衣、食、住、行的日常生活也是艺术审美的生态生境。日常生活在审美生态理想的召唤下，也可以呈现出充实而厚重、丰盈而博雅的风采。而且，这种理想状态的日常生活恰恰是在一些所谓经济欠发达的地区或民族的自在性生活中存在，如侗族、壮族、瑶族等少数民族中。桂林为典型的生态景观文本，且为多民族居住地，可游、可行、可居，景观整体宜态凸显。下面我们以桂林龙胜龙脊梯田壮寨的干栏建筑为例阐释桂林景观场域中所体现出的"宜"态的生态中和性价值，以彰显出桂林景观的绿色生存性。

（一）以生存为主的景观生态美育场之"宜"

"宜"就是适合、适宜之意，"宜"之景观应是宜人的、悦人的，而且是宜自然万物和生态系统的，因而"宜"内在地包含了人与自然、人与社会、人与人的和谐。如壮族干栏建筑之"宜"，在人与自然的和谐方面，表现为壮民在顺应自然的基础上改造自然，把干栏建成"宜居"的建筑，具有安全性与舒适性。对于房屋建筑，培根认为首先是要实用，其次才是外观的美，主张实用与审美

① 转引自陈望衡．环境美学 [M]. 武汉：武汉大学出版社，2007：286.
② 袁鼎生．绿色人生和艺术的耦合旋升——生态审美者的生发路径 [J]. 哲学动态，2011（3）：103-104.
③ 袁鼎生．生态艺术哲学 [M]. 北京：商务印书馆，2007：348.

的统一，“造房子为的是在里面居住，而非为要看它的外面，所以应当先考虑房屋的实用方面后求其整齐；不过要是二者可兼而有之的时候，那自然是不拘于此例了。”[①] 说明他既注重物质的实用性，也注重物质的美和诗意。当人类处于原始的野处状态时，常常会受到风、霜、雨、雪、雷电及猛兽、毒蛇的威胁和伤害，干栏建筑正是人类用智慧构造的避免自然伤害的一个空间，体现了人们向往“安得广厦千万间”的居之安的期盼。桂林为亚热带季风气候地区，夏天炎热、多雨、潮湿，冬天北风凛冽，又多虫蛇野兽侵害，安居不易。壮族的干栏建筑正是壮民适应环境的产物。干栏建筑的选址大都选在坡地，尽量不占用耕地，建房时也不大量地挖填土方，而是因山就势，只用几根圆木柱支撑形成平地再修建而上。建筑用材也是就地取用比较能速生且防虫性好、能使用百年甚至几百年的杉木。这样，对自然资源耗费少，取用后自然易于恢复，而且腐烂后可回归自然，也就构成了一个自然物质的循环，也能较好地维护自然的平衡。龙脊壮寨的干栏建筑在布局时基本按照“坐北朝南”“背山面水”等原则，每座干栏建筑基本都朝南或偏南方向，背枕龙脊山，前有金江河，山上流下的清澈泉水汇成小溪从一座座干栏旁流过，既有阳光的沐浴、泉水的滋润，又避免洪水和寒风的侵袭。干栏建筑的因形就势，既保证了人的安全，又合理地顺应和利用了自然资源，体现了人与自然的和谐。同时干栏建筑还体现了人与人的和谐及人内在自我的和谐，体现了建筑的宜生性。“宜生”是指人类建造房屋，在安全与舒适的基础上，实现“诗意地栖居”。如干栏建筑的堂屋作为建筑的核心，是活动面积最大的部分，为人们进出住宅、阁楼和各功能区间等的必经之地。它是一家之中最神圣的空间，家庭中所有重要的祭祀活动都在此进行，堂屋正中后壁设内凹的神龛，神龛下摆设神桌、八仙桌椅等。同时堂屋也是对外社交活动的重要场所，家中过节、婚嫁、丧礼、乔迁时宴请宾客都在此进行，由此促进了住户家人的团结和睦，也促进了与亲戚邻里的和谐。因此，干栏建筑建造了一个可安放人们的精神与心灵的宽敞、洁净、明亮与充满生机与活力的精神空间。

（二）以生存为主的景观生态美育场的真、善、美、益、宜的中和整生

生存的本真不仅是活着，而且要活得有意义，“活着”需要物质基础和物质

---

① 陈育德．西方美育思想简史 [M]. 合肥：安徽教育出版社，1998：141.

支持，“活得有意义”则需要人文性的支持，物质与人文二者相互结合，才具有生存之“宜”。现代化工业的发展，虽然极大地提高了人们的物质生活水平，却也极大地强化了人们的“效率优先”“经济中心”“管理至上”等科技主义的工具价值观念，使人的生存和发展中的人文性常常遭到排挤、忘却甚至丢失。以建筑物为核心的居住模式又是日常生活活动的重要组成因素。而人居建筑，在现代化背景下，人类主流的城市化聚落模式中，建筑与建筑之间，房子与房子之间的距离是越来越近，然而封闭式的一家一户住宅模式使人们的心理距离却越来越远，越来越陌生化，而且房子的功能也越来越单一化，如住的为公寓，吃的为餐厅，生产的为厂房，工作的为写字楼，娱乐的有歌厅、舞厅、音乐厅等。生活和奔波在各种单一功能的房子之间，人们的身心感觉到的更多的是疲惫不堪。实际上，正如中国著名的建筑学家梁思成曾给建筑下的定义那样："建筑就是人类盖的房子，为了解决他们生活上'住'的问题。"[①]并可以"解决他们安全食宿的地方，生产工作的地方，和娱乐休息的地方"[②]。说明建筑应有满足人们居住、工作、休息和交往娱乐等方面的功能。从审美生态学的观点来看，人类建筑的理想境界应既符合自然规律、生态规律，体现真之价值，又符合人类生存和发展的需要和目的，体现善之价值，还符合形式的规律，体现艺术美之价值，也符合人类物质的需求，体现益之价值。既能满足物质的需要又能满足精神的需要，使身体舒适又使心灵愉悦，既符合目的又符合规律是人们对建筑，即对“宜”居的憧憬。而龙胜龙脊梯田壮族以干栏建筑为核心的住居模式就隐含着以真、善、美、益为基础的“宜”之审美生态价值。

“宜”中之“真”。“宜”之首要特征就是合规律性，因而体现“真”之价值。建筑尤其如此。古罗马建筑师维特鲁威的《建筑十书》是现存最古老最有影响的建筑专著，该书认为建筑应当“造成能够保持坚固、实用和美观的原则”[③]。在中国，两千多年前思想家墨子也说过："居必常安，然后求乐。"[④]可见作为建筑的基础是坚固，才能使人安全、安心，在此基础上才能求美求乐。而建筑要坚固与安全，就必须遵循建筑在选址、布局、建造、结构等方面所涉及的气象、地质、水文、力学等方面的客观自然规律。桂林龙脊古壮寨的干栏建筑正是在遵循规律这方面做得非常好，因而才有现存的许多百年甚至数百年古屋。桂林龙脊古壮寨位于龙胜各族自治县和平乡的东北部，为桂北越城岭山脉西南麓，

① 梁思成 . 梁思成谈建筑 [M]. 北京：当代世界出版社，2006：3.
② 梁思成 . 梁思成谈建筑 [M]. 北京：当代世界出版社，2006：3.
③ （古罗马）维特鲁威 . 建筑十书 [M]. 高履泰译 . 北京：知识产权出版社，2001：16.
④ 叶朗 . 中国美学史大纲 [M]. 上海：上海人民出版社，1985：60.

干栏建筑是其主要建筑形式。这里主要有金竹、龙堡、枫木、龙脊和平安五个古壮寨，其中，金竹古壮寨坐落在金江河东南岸的越城岭西侧的金竹山上，龙堡、枫木、龙脊、平安古壮寨坐落在金江河西北岸的越城岭西侧的龙脊山上。龙脊古壮寨地处亚热带季风气候，冬天寒冷，有猛烈的西北风，夏天炎热、多雨、潮湿，夏季有强烈的来自东南方向的台风。因而在选址上，主要选择半山腰的坡地，而且建房方向为背山面水，坐北朝南，这样能避免正对冬季猛烈的西北风和夏季强烈的东南台风的侵袭，符合气象风力的规律。干栏建筑选址虽在坡地，但营建时会因地就势，尽量少挖动地层，而是用几根圆木柱支撑形成平地再修建而上，并在地表铺上大石块作柱础，使安放在柱础上的支撑起整座干栏的木柱既可以防止水侵蚀而不易腐烂，又能不改变地层的结构，使得地基牢固，能避免滑坡的发生。在干栏建筑旁，壮民还会栽树种竹，并将其神化为风水林或寨神林，禁止砍伐。这样，在壮寨的周围就形成大面积的树木森林。有了这些树木森林的滋养，保证了村民的用水和灌溉，也有利于保持水土，不易发生泥石流。干栏建筑为全木结构，多数干栏中建有阁楼，并在一侧增设披厦，既可增加居室空间，又能起到保护墙板不受雨水淋湿和日晒的作用。干栏构架均采用立柱与穿斗结构，用立柱和瓜柱分别承搁檩木，而且干栏整个建筑采用连榫法，不用一钉一峁，所有构件连成一体，前后左右对称，十分牢固，抗风抗震性强，搬运时又可拆开，到新址时按照原来构建重新组装，即可完好如初。“它充分利用了力学中的杠杆、合力、分力、应力和平衡对称的原理，使干栏的木结构具有分力均衡、应力协调、合力紧密相扣的特点，其木架结构更合理科学，更为紧密稳固。”[①] 干栏建筑是对树形的直接模仿，具有优良的抗震性能。上述的干栏建筑这些合规律的“真”之价值是实现干栏建筑安全与牢固的保障，也是干栏建筑其他价值的基础。

“宜”中之“善”。“宜”之重要特征还在于合目的性，因而体现“善”之价值。对于干栏建筑而言，壮族先民建造它，主要是为了摆脱风霜雨雪、严寒酷暑及毒虫猛兽的侵害，为了更好地进行生产和生活，即安全而健康地生存是他们进行房屋建造的最终目的。因而，干栏建筑在其选址、布局及结构上均体现出符合人的目的具有“善”之价值。马斯洛的需要层次理论认为，生理需要和安全的需要是人最低层次也是最基础的需要。生理需要包括衣、食、住、行的基本需求，安全需要包括物质安全、居住安全行为安全等基本需求。生活建筑物主

① 覃彩銮. 壮族干栏文化 [M]. 南宁：广西民族出版社，1998：314.

要是为了满足人们的生理需要和安全的需要。干栏建筑选址在地势高敞、视野开阔的半山腰的缓坡地，相比山脚，更利于光照和空气的流通，相比山顶，则可避免大风对房屋和人员的侵袭；而且底层架空，一般由砌石或木板横向半围合，也利于通风。选址居住在山腰，有山顶葱郁森林形成的终年不断的淙淙清泉，保证了人们居住和饮食用水。干栏建筑坐北朝南的布局，避免了寒风袭击，南北开窗又保证屋内通风流畅，斗拱结构也使得房屋高大宽敞，前后或左右开敞通风。干栏建筑为全木结构，使房子不仅抗震性能好，冬暖夏凉，还因就地取材，大大降低了建筑能耗，节能环保，与钢筋水泥相比，全木结构使房屋的总体重量要轻很多，不会对山体造成过大压力。保证了房屋的采光、透气、防水和安全，人们就能在其中安心、舒适地生活。另外，龙胜壮寨的干栏建筑底层架空，用来圈养猪牛和堆放杂物，二楼住人，避免了因亚热带气候带来的地面多雨而潮湿，以及山地茂密植被的枯枝败叶在高温下腐烂而散放出有害气体，古人称之为"瘴疠之气"，以及毒蛇猛兽对人们的威胁。"爱居爱处，爱笑爱语"[①]这都是干栏建筑符合人之生存目的所形成的"善"之价值。

"宜"中之"美"。"宜"之重要特征也在于合形式规律性，因而体现"美"之价值。马斯洛的需要层次理论认为人类在满足了实用的、物质的、生理的需要后会产生审美的心理和精神需要。龙胜龙脊古壮寨的干栏建筑作为少数民族建筑的成熟、典型的代表，在符合客观规律的基础上以坚固等特征满足了符合人的目的的实用要求，而且在符合形式美的规律上也满足了人们的审美要求。干栏建筑在整体上遵循均衡对称、规整和谐的形式规律。干栏建筑平面形状通常设计为矩形，对称式的双斜坡悬山式屋顶，比例协调，给人安定平和之感。立面上，多用虚实结合的手法，底层架空，二层居住层由木板竖向拼接围合，窗口装饰格栅或雕花，三层阁楼层常用竖向木板将结构构件间缝隙闭合，屋顶形式采用悬山顶或歇山顶，局部有小披檐的做法，建筑空间由平面、曲面、正方形、长方形、菱形等几何体组合而成，使立面形式丰富多变，形态朴实而灵活，从远处看整座建筑如《诗经》中描绘的"如跂斯翼""如矢斯棘""如鸟斯革""如翚斯飞"[②]，极具灵动之美。建筑所用杉木往往不加漆绘，保持木材原有的纹理与色彩，屋面覆盖以瓦片，部分需采光区域，如神龛上部、阁楼局部等做明瓦处理，质朴而自然。干栏建筑巧妙地处理狭窄与空阔、封闭与开放、地平与高耸、单调与繁复、幽暗与明亮等矛盾，体现了壮民对和谐、宁静和幸福

① 诗经 [M]. 葛培岭注译评 . 郑州：中州古籍出版社，2005：158.

② 诗经 [M]. 葛培岭注译评 . 郑州：中州古籍出版社，2005：158.

的追求。干栏集屋、房、楼、畜栏、阁、廊融为一体，主体结构和附属结构有机结合，形成一个形态多变，高低相就，整体丰满的多层次结构，充分体现了壮族工匠在建筑文化上的独具匠心。[①]整个村寨因位于坡地，而全寨的干栏建筑层叠上下相连，寨中的古石碑、凉亭、寺庙、房屋等各景观相结合，高低错落有致，变化而有序，与层层梯田相映衬，构成一幅对称、均衡、灵动、自然、变化而有序的和谐景观。

第四节　桂林景观生态美育场的生态绿性与生态诗性统一

上述的“真”态、“善”态、“益”态、“宜”态等各景观生态美育场的分形，既是对桂林整体景观生态美育场的各个侧面的质——真、善、美、益、宜的发展，也是对各个侧面的质和量的丰富和深化。桂林景观生态美育场就是在对各个分形的子生态美育场的生态中和基础上生成整体质的。由于有了各个分形的子生态美育场的充分生长和发育，桂林整体生态美育场通过生态中和才有可能生成更深刻、更丰富和更高层次的整体质。生态整体观认为，生态系统是一个不可分割的具有复杂性特征的整体。对于复杂性，埃德加·莫兰曾指出：“当不同的要素构成一个系统时，当在认识对象与它的环境、背景之间、各部分与系统之间、各部分之间存在相互依赖、相互作用、相互反馈作用的组织时，就存在复杂性。”[②]在生态系统这一复杂性整体中，存在着“多”与“一”的关系，“以万生一”和“以一生万”的关系。“多”就是生态整体系统中的子系统，体现着系统中事物的多样性、丰富性与复杂性，“一”就是蕴聚着“多”的整体系统，并对多样性进行生态中和而构建生成的系统整体质的过程。整体系统中的各个子系统既在其自身内部自成一个内循环系统，进行着信息与能量交换，又与系统中的其他部分相互影响、相互生发，共同趋向与服从整体规范，共成共生出整体质。整体质是由子系统各个部分的关系在生态中和里共生的，整体质的生

① 梁庭望. 壮族文化概论 [M]. 南宁：广西教育出版社，2000：286.

② （法）埃德加·莫兰. 复杂性理论与教育问题 [M]. 陈一壮译. 北京：北京大学出版社，2004：27.

成规律是系统的最高规律，整体价值是系统最高价值和最高目的。在生态中和中不断生成的整体系统——“一”又规约和引导着其生态系统内各子系统的发展，即深化和发展“多”。即由“多”到“一”是以万收一的系统生成、系统生存、系统生长的过程，由“一”到“多”则是以一生万，发展事物的丰富性、多样性的过程。其中“多”是生态中和关系构成的基本条件。桂林整体生态美育场也是如此。实际上，桂林整体生态美育场与其分形的子生态美育场的关系是“多”与“一”的关系，“以万生一”和“以一生万”的关系。在各个分形的子生态美育场的“真”态、“善”态、“益”态、“宜”态等方面质和量得到丰富和深化、充分发展的基础上，各个分形的子生态美育场在整体景观生态系统中又相互影响、相互作用，进行信息和能量交换，通过生态中和，共生出桂林景观生态美育场的“生态绿性与生态诗性”这一共同的统一的整体质，发挥和发展着桂林景观“生态绿性与生态诗性”的生态美育效应。

一、桂林景观生态美育场是生态绿性与生态诗性的统一

（一）桂林生态美育场的生态绿性

生态美育突破了传统美育的藩篱，在生态学、景观生态学、环境美学、生态美学等学科环境圈中生发运进，使生态性与审美性双向对生，促进了生态系统的审美化，促进了生态与审美的合一与同一，提高了生态系统的整生化与美生化的境界。生态美学与生态文化对生，形成生态审美文化，进入生态文化圈，参与双向超循环运动，拓展和提升审美生态的整生性，增长和生成了生态审美文化和生态系统的生态绿性，也即生成了生态审美场的生态绿性。生态美育场作为生态美学的生发机制和生态审美场的有机组成部分，也分有其生态绿性。各个生态美育分场作为整体生态美育的生发机制和有机组成部分，也分有其生态绿性。桂林景观生态美育场作为生态美育场的分形，也分有生态美育场的生态绿性。桂林作为山水名城兼历史文化名城。而桂林历史文化名城的生成历程，桂林深厚文化底蕴的积淀是离不开其甲天下的山水景观及生境的。可以说，桂林的人文景观是在桂林自然景观中孕育、生发出来的。自然性和生态性是桂林自然景观的本质特征，审美性出于也合于其生态性与自然性，成为审美生态。同时，桂林自然景观的自然性和生态性也是桂林人文景观的基座，有了这个基座，桂林人文景观才能与桂林自然景观一样，同样熏染上自然性、质朴性和本

真性特征，并生成审美生态性。由此，桂林景观整体及各个组成部分均充满着审美的生态绿性。因此，桂林景观“真”态美育场、“善”态美育场、“益”态和“宜”态美育场成为桂林整体景观生态美育场的有机部分，其局部性的生态美育整生化，有助于整体美育场的美育生态化和生态美育整生化。

桂林景观生态美育场的生态绿性，首先表现在自然景观美育的生态绿性。自然之“景”作为观赏对象，其内在性态如质地、形状、色彩等，本身就隐含着审美特质，自然物在按照其自身内在规律运行时会产生刘勰在《文心雕龙•原道第一》里所说的“日月叠壁，以垂丽天之象；山川焕崎，以铺理地之形”[①]的美质美态。于是，景观在地质条件、气候因素等自然规律的作用下，必然会产生诸如对称平衡、动静结合、高低起伏等形式，如苏轼观赏庐山时所描述的“横看成岭侧成峰，远近高低各不同”，庐山远近高低、上下起伏等审美视觉上的美态，正是庐山自然本真的美态显现。此时，自然与美是同一的，自然的就是美的。而桂林的自然景观总体具有“清莲出水”的自然造化之美。它是宇宙创化过程的产物，是亿万年地壳运动和生态运动的结晶。桂林山，天生丽质，虽总体海拔不高，但状如舞蹈中的飘带般高低起伏，且大多山为孤峰拔地而起，形如玉笋瑶簪，小巧而独立，挺直而秀美，在水的倒影下如“青莲出水”。由于每年夏季降水丰沛导致江河涨水时，会从江河上游山区冲刷带来大量山石，桂林江河的河床多为鹅卵石，少泥沙，河水清澈见底，在山的相伴下更显柔婉、清新和秀逸。于是在桂林这片自然山水沐浴中的人自然而然地就会生成清新秀逸而正直的品质。例如，面对孤峰耸立的独秀峰，唐代的张固写下了“孤峰不与众山俦，直入青云势未休。会得乾坤融结意，擎天一柱在南州”[②]的佳句，咏出独秀峰挺立云端、意志坚定、不畏风雨、拼搏向上的君子人格。清代的袁枚发出“青山尚且直如弦，人生孤立何伤焉”[③]的感叹，写出了即使受孤立也要保持正直人格的心声。因此，桂林自然景观的美育功能和效果可以在自然而然中生成和生长，富于生态绿性。

桂林景观生态美育场的生态绿性还表现在人文景观美育的生态绿性。桂林的人文景观具有非常突出的自然性和生态性，即生态绿性。庄子说：“既雕既琢，复归于朴。”[④]桂林人文景观是在遵循自然规律、生态规律的基础上生发的。如桂林龙胜的龙脊梯田景观，是少数民族的生产艺术，艺术与生产有着平等的生

① 周振甫．文心雕龙今译：附词语简释 [M]. 北京：中华书局，2013：8-9.
② （唐）张固．独秀山 [A]// 刘寿保注．古代桂林山水诗选 [C]. 桂林：漓江出版社，1982：44.
③ （清）袁枚．登独秀峰 [A]// 刘寿保注．古代桂林山水诗选 [C]. 桂林：漓江出版社，1982：46.
④ 庄子 [M]. 方勇译注．北京：中华书局，2010：323.

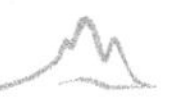

态位，构成了相互生发、耦合并进的共生关系，是少数民族生产与环境载体绿色诗意的共生。桂林的人文建筑——桂湖饭店，倚其背后的老人山而建，因形就势设计为高低起伏的形态，且建筑体量、格局与老人山的形态有着高度的对应性和均衡性，形成了相对相生，互为衬托的审美结构。特别是到了晚上，在景观灯的勾勒下，有“起舞弄清影，何似在人间”的审美感受。又如伏波山是一座依水傍水的孤峰，因汉代时伏波将军马援南征曾经过此地而得此名。建在伏波山山腰的半山亭，亭檐厚实外翘，柱子粗细合度，既流畅灵动又富有力度，这种俊秀型建筑，具有的特性，与伏波山亦雄亦秀的自然审美特性十分吻合，与桂林山水整体俊秀的生态审美特征也是一致的。桂林桥梁建筑中的诸多石拱桥，体现出“景到随机”的自然性，如灵渠的粟家桥、桂林七星公园横跨小东江上的花桥、榕湖上的榕溪桥等，其半圆形的桥洞与水中的倒影形成了澄澈的、圆圆的明月，形成自然景观与人文景观的第一层次共生。其次，这些共生的明月，与自然形态的明月，如地理位置和空间距离比较接近的七星公园的花桥与水中倒影形成的桥月，穿山山上由于地壳运动形成的穿山洞月，象鼻山“伸出”的“象鼻”与漓江形成的象山水月，以及天上的明月及明月在漓江中的沉月，人工月（花桥）与自然景观相互映衬生成月及天上自然月在相依相生中共成了桂林景观空明灵虚的整体审美境界。它们作为人文景观实现主客体潜能的对生性自由发展。又如，桂林的“两江四湖”景观，虽经人工设计，但是构成景观的质料大多为原生态的,“两江四湖”中的“两江”——漓江、桃花江,“四湖”——杉湖、榕湖、桂湖、木龙湖均为原生态的江和湖，“两江四湖”两岸的山均为原生态的山，即使是人工修建的堤岸也大都用原生态的山石叠成亲水平台，也是遵循中国古典园林“虽由人作，宛自天开”[①] 的造园法则，使之自然化，并满足了人们的亲水需求。

（二）桂林生态美育场的生态诗性

中国文化是诗性文化，诗的精神不仅主宰着中国艺术的整体精神，影响和左右着艺术之外的文化产品。在中国古代，从春秋战国的“诗经”“楚辞”，到汉魏的“乐府”，到“唐诗”“宋词”“元曲”，尽管形式千变万化，但“诗”这种文化产品在中国艺术中始终占有主导地位，并渗透到其他艺术形式中，如小说“有诗为证”，书法写诗，绘画也要题诗，正所谓“诗中有画，画中有诗”。

---

① （明）计成．陈植注释．园冶注释 [M]. 北京：中国建筑工业出版社，1981：44.

敖陶孙《敖器之诗话》中说："魏武帝如幽燕老将，气韵沉雄；曹子建如三河少年，风流自赏；鲍明远如饥鹰独出，奇矫无前；谢康乐如东海扬帆，风日流丽；陶彭泽如绛云在霄，舒卷自如；王右丞如秋水芙蓉，倚风自笑。"诗以其特有的韵律反映不同时代的人们的内在生命节律。胡应麟《诗薮》中说："上下千年，虽气运推移，文质迭尚，而异曲同工，咸臻厥美。"诗是精神札记，是一个民族的深度精神存在，是一个民族的心路历程。"诗者，天地之心"，中华民族自古就以一种诗性的思维和诗性的态度来对待世界。

在西方，诗性一词与诗性智慧有关。诗性智慧一词来源于17～18世纪的意大利哲学家维柯。维柯说："原始的诸异教民族，由于一种已经证实过的本性上的必然，都是些用诗性文字来说话的诗人。"①认为诗性智慧是原始人类共有的智慧，并进一步得出结论："世界在它的幼年时代是由一些诗性的或能诗的民族所组成的。"②然而，人类社会在其发展的历史进程中，特别是自工业革命以来，由于人主体地位的彰显，理性主义的高扬，严重异化了劳动的性质，生产者被当成生产流水线上的一个机器零部件，异化为"工具理性"，而不复是自由自在的完整的生命个体，人类生存的诗意性也随之消失殆尽。人类在审视和反思自身的文明发展时意识到了这种问题和状态，因而发出了"诗意地栖居"呐喊，呼唤诗性的回归。海德格尔提出，诗性"不只是此在的一种附带装饰，不只是一种暂时的热情甚或一种激情和消遣"③而"是历史的孕育基础"。④提出的诗意地栖居，实际上就是审美化地生存，就是日常生活的艺术化。周来祥教授说："海德格尔理想着'诗意地栖居'，所谓'诗意地栖居'、审美地生存，实际上不过是和谐地栖居、和谐地生存。"⑤陈望衡教授说："诗意，只是一个比喻，它强调的实际上是审美地生存。"⑥因此，诗意地栖居使人成为人，意味着人们的日常生活艺术化，使人们书写艺术人生，使大地成为大地，意味着书写艺术生境，艺术人生与艺术生境对生，生成美生场。海德格尔的"天地神人四方游"就是一种整生化的诗意栖居："四种声音在鸣响：天空、大地、人、神。在这四种声音中，命运把整个无限的关系聚集起来。但是四方中的任何一方都不是片面地自为地特立独行的。在这个意义上，就没有任何一方是有限的。或没有其他三方，任何一方都不

① （意）维柯．新科学[M]. 朱光潜译．北京：人民文学出版社，1986：28.
② （意）维柯．新科学[M]. 朱光潜译．北京：人民文学出版社，1986：162.
③ （德）马丁•海德格尔．海德格尔选集（上册）[M]. 孙周兴选编．上海：上海三联书店，1996：319.
④ （德）马丁•海德格尔．海德格尔选集（上册）[M]. 孙周兴选编．上海：上海三联书店，1996：319.
⑤ 周来祥．和谐社会与和谐人生[N]. 人民日报，2007-1-6（8）.
⑥ 陈望衡．环境美学[M]. 武汉：武汉大学出版社，2007：83.

存在。它们无限地相互保持，成就它们之所是，根据无限的关系而成为这个整体本身。”[①] 由此，诗意地栖居就有了审美整生的意义。环境美学家阿诺德·伯林特在谈到城市景观生态时说道：“我们将城市景观理解为生态系统，并认定城市景观不应该压抑居住者，而是应该有利于居住者审美地融合于城市景观中，从而提高其生命质量。”[②] 也显示了诗意栖居的向性、理念和追求。

桂林景观美育场的整体及其各个部分均充满着生态诗性。尽管桂林景观生态在内容和形式上品类繁盛，但它们都拥有诗性的精神气质。概括起来，成就桂林景观生态诗性的因素有以下几个：一是地理环境的因素。从气候上来说，桂林为亚热带季风气候，温暖湿润，气候宜人，很适合人类的居住，而且景观独特迷人，明代陈于明刻于叠彩山诗云：“透迤江路洞天开，奇峰排空拥翠来。水石参差当槛出，亭台高下自天裁。”[③] 这是一幅多么令人向往的生活图景。虽然我们不赞同地理环境决定论，但宜人桂林的气候和地理环境无疑更适合诗性文化的生长。二是政治、经济方面的因素。桂林之所以为历代文人所怀念、咏唱，与桂林历史上曾是桂州的政治中心，中原政治人物被贬谪的流放地，又是中原文化与岭南文化的交汇地有关。被贬谪到桂林的中原文人到桂林后远离政治，徜徉于山水中使他们更容易感悟到生活的真谛，对历史大彻大悟从而沉浸在一种诗性的日常生活之中，沉迷于日常生活的诗性情调。由于桂林自然环境的优美，虽是岭南政治中心，但毕竟远离中原，于是成就了文人“事外有远致”，“目送归鸿，手挥五弦”的不沾滞于物的自由精神，因而也成就了桂林的诗性文化。即桂林诗性文化并不仅仅是桂林地区本身产生的，而是有来自中原的异乡人在感受中不断阐释的元素。正如桓宽《盐铁论·通有第三》描述的云荆、扬之南的百姓“羮窳偷生，好衣甘食，虽白屋草庐，歌讴鼓琴，日给月单，朝歌暮戚”[④]。那样，桂林当地各民族人民天生就有劳动中或劳动之余爱唱山歌、爱漂亮的服饰、甘美的食物等美的追求，其生活方式中本然地流淌着一种诗意审美。于是，民族性与地方性特色的交融成就了桂林的灿烂文化和悠久历史，历史与自然的融合成就了桂林千年的历史与深厚的文化底蕴。

桂林景观美育场的整体及其各个部分均充满着生态诗性，既有利于实现人的诗意地栖居，也有利于实现审美世界的美化。正如中国宋代的郭熙所说：“山

---

① （德）马丁·海德格尔．荷尔德林诗的阐释 [M]. 孙周兴译．北京：商务印书馆，2000：210.

② （美）阿诺德·伯林特，程相占译．都市生活美学 [A]// 曾繁仁，阿诺德·伯林特全球视野中的生态美学与环境美学 [C]. 长春：长春出版社，2011：23.

③ 曾有云，许正平．桂林旅游大典 [M]. 桂林：漓江出版社，1993：360.

④ （汉）桓宽．盐铁论校注（上）[M]. 王利器校注．北京：中华书局 1992：42.

水有可行者，有可望者，有可居者，有可游者。……但可行、可望不如可居、可游之为得。何者？观今山川，地占数百里，可游可居之处，十无三四，而必取可居可游之品。君子之所以渴慕林泉者，正谓此佳处故也。故画者当以此意造，览者又当以此意穷之。”① 郭熙所追求的诗情画意与海德格尔对其栖居的理解不谋而合。而在桂林的“真”态景观美育场中，充满着“诗化的理性”。如在桂林景观生态中，人们可以从如玉笋碧簪和青莲出水的峰林和峰丛中了解和领悟到喀斯特地貌的诗化之“真”；人们可以从山峰的挺拔中感悟“青山尚且直如弦，人生孤立何伤焉”② 的诗化之“善”，如解缙描写的桂林大圩古镇居民生活的“柳店积薪晨爨后，僮人苳叶裹盐归”③ 诗句与《诗经》中的“断竹，续竹，飞土，逐肉”有异曲同工之妙，区区几个字便吟诵出一曲充满诗情画意的生活劳动之歌。人们可以从龙脊梯田景观中感受到“益”之大地艺术的壮美，可以从桂林的红瑶服饰、侗族大歌、端午龙舟、桂林米粉、恭城油茶等民俗文化、服饰文化、饮食文化中感受到“宜”之文化形态都是劳动大众诗意的寄托与沉淀，充满了诗性的智慧，每一种习俗和文化都是一首无声的诗。从中我们也可感受到诗性不只是具有审美意义，它本身就是人类和各民族最真实的生活方式。人类与生俱来的诗性，已深入到桂林景观文化的每一个细胞，成为桂林景观的文化基因，也深入到个体的灵魂深处。

二、桂林生态美育场的生态绿性与生态诗性统一的美育效应

传统的美育是一门单纯强调培养审美者的学科，而生态美育是培育生态审美者和生态审美世界的学科，是整体培育美生场的学科。一方面，它传承和发展了传统美育理论，并关联起生态学、生态美学、新实践美学、审美人类学等研究审美化生存学科系列，形成了培育生态审美者的本质侧面。另一方面，它又关联起了生态学、环境美学、景观生态学、园林美学等研究生态系统审美化学科系列，并概括和提升这些学科绿态地美化世界的规律、路线、模式、机理和机制，形成了传统美育所没有的培植生态审美化的绿色世界的本质侧面。生态美育这两个侧面的对应生发，形成了绿色美生的系统本质和功能。在双向循

---

① （宋）郭思，杨伯．林泉高致 [M]. 北京：中华书局，2010：19.

② （清）袁枚．登独秀峰 [A]// 古代桂林山水诗选 [C]. 刘寿保注．桂林：漓江出版社，1982：46.

③ （明）解缙．桂林大圩 [A]// 曾有云，许正平．桂林旅游大典 [M]. 桂林：漓江出版社，1993：398.

环对生中，不断地生成丰富多样的审美人生质和审美世界质，不断地实现这两大本质侧面的双向对生与整体融会，达成了整生性的审美生态质的不断生成、生长与提升。这集中体现了生态美育培植审美生态的系统功能，即培植生态美育场的功能。由于生态美育一方面是在生态美学的语境中发展其本质规定性，因而诗性为其基本特征，另一方面又是在生态学、景观生态学的语境中发展其本质规定性，因而生态绿性亦为其基本特征。由此，生态美育场是生态绿性与生态诗性的统一。桂林景观生态是一个典型的生态文本，因而也具有一般生态美育场的生态绿性与生态诗性统一的特征。实际上，一般生态美育场的内涵和外延基本可以在桂林景观生态美育场中体现出来，并有较典型的美育案例和内容。例如，自然科学美育方面，有典型的喀斯特地貌作支撑，在文化历史美育方面，它有丰富的史前文化遗址，且政治、经济、民俗景观丰富。在艺术景观方面，有独树一帜的漓江画派，有列入国家非物质文化遗产的桂剧、彩调、文场和渔鼓等。上述所有这些都可以在宽松自由的景观环境中以具体、鲜活的形式进行生态美育。于桂林景观生态美育场中实施生态美育，可以使生态艺术美育、生态科学美育、生态伦理美育、生态文化美育、生态情感美育、生态文明美育诸多生态美育侧面得到兼顾，有利于落实整体性生态美育的目标。从而克服应试教育倾向下的片面美育，特别是当前学校教育中存在的过于强化艺术教育，强调音乐、舞蹈、绘画等学科专业技能训练的倾向。它使美育停留在培养匠人与艺术产业工人阶段，泯灭了艺术所应该承担的美育的崇高使命，也使美育情感教育、人格教育、精神品格等功能未得到发挥，美育促进人自由、全面发展和整体素质提高的目的难以得到实现。

（一）成就绿色审美人生

生态美育成就的是绿色审美人生。马克思曾对劳动“异化”使“动物的东西成了人的东西，而人的东西成了动物的东西”[①]做出过尖锐深刻批评，并提出“人也按照美的规律来建造”[②]，美育便是人类“按照美的规律”塑造人自身的一项审美实践活动。美学之父的鲍姆嘉通称美学为“感性的完善”，美育则可以称为“感性的生命的教育”，它关心人生命发展、尊重人的生命特性，重视把审美育人，以美育促进人的全面发展作为己任。通过美育，可以促进人的审美心理

① （德）马克思. 马克思1844年经济学哲学手稿[M]. 北京：人民出版社，1985：51.
② （德）马克思. 马克思1844年经济学哲学手稿[M]. 北京：人民出版社，1985：53-54.

的丰富和发展，健全人的体魄，净化人的心灵，提升人的品格，诗化人的生活，使人由自然人发展为审美的大写的人。人的感性的完善、生命的发展、人格的提升，是美育的根本出发点和最终归宿。景观作为人类接触自然最基本的方式，在其重要功能之一——美育功能上具有很大潜力。一是对生活居住在其中的人们，他们的学习、生产实践、日常生活就是一个巨大的景观美育场，这一巨大的景观美育场可以成就其审美人生。正如海德格尔在《追忆》一文中对荷尔德林的诗“充满劳绩，然而人诗意地栖居在大地上”的阐释：“一切劳作和活动，建造和照料，都是‘文化’。而文化始终只是并且永远都就是一种栖居的结果。这种栖居就是诗意的。”① 如世代居住在龙脊梯田景观区域的村民，他们依据生态规律、自然规律，在梯山造田以及之后的辛勤耕耘中，不仅造就了梯田的四季美景，也成就了他们自身的诗意审美人生。对于来桂林参观游览的人们来说，他们可以通过自己参观，亲身体验感悟或借助环境解说等途径来接受桂林景观生态美育，促进人生审美化。“环境解说就是通过各种媒体和各种活动等媒介，将有关景观的特定信息，如保护对象及其保护价值、物种、美学价值、传统文化、环保意识等传递给访问者的一系列交流手段的统称。”② 在环境解说中，可根据游览者（访问者）的认知心理，通过提供直观的感受来提高特定信息对人的传播效率以提高环境意识，并在游览、访问过程中加入了体验式互动景观，通过访问者的自主性参与来提高景观的教育功能。如可以将一些患病的植物给予特殊治疗和保护，同时供访问者观摩和学习。景观也是故事的载体，一些名家先贤的趣闻轶事或者是革命前辈的光辉事迹往往是以景观为背景为场所展开的。景观借助与之相联的故事给人以思想的启迪和强烈的精神感召。如观赏清华园的朱自清雕像和自清亭不仅想起那篇脍炙人口的《荷塘月色》还会回忆起这位学者宁愿饿死也不吃美国救济粮的气节。游人来到桂林，瞻仰三将军墓及八百壮士墓，听讲解员讲述抗日桂林保卫战中的将士如何在外无援兵、内无补给，面对数倍于我的强敌的情况下，孤军奋战，英勇抗击日军，讲述壮烈殉国的国民党131师师长阚维雍、城防司令部参谋长陈济桓以及国民党31军参谋长吕旃蒙三将军奋勇捐躯，誓与桂林共存亡，以及131师391团官兵退守七星岩坚持抵抗，最后被日军向洞中施放毒气，800余名官兵壮烈牺牲等事迹，会被炎黄子孙保家卫国、永不屈服的精神所深深感染。

游览和欣赏桂林景观的过程，就是一个对桂林景观文本进行绿色阅读的

---

① （德）马丁•海德格尔．荷尔德林诗的阐释[M]. 孙周兴译．北京：商务印书馆，2000：107.

② 乌恩，成甲．中国自然公园环境解说与环境教育现状刍议[J]. 中国园林，2011（2）：17-20.

过程，一个接受桂林景观美育场的熏陶、化育的过程。西方的生态批评在对工业文明审视和反思的基础上，努力消解近代主客两分的人类中心主义色彩，倡导“绿色阅读”[1]，倡导和追求绿色生态性与自然审美性的统一，创建“生态诗学”[2]。西方的生态批评是以主体间性理论为哲学基础，从最初的主张人与自然共生的框架逐步扩展到物种之间、性别之间、人种之间的相互尊重、相互包容、互为主体、生态平等，既旨在批判人对自然的“夺绿”和“损绿”，倡导对自然的“复魅”和“增绿”，还倡导在心灵、社会、自然的“复绿”和“增绿”，这就达成了绿色生态性与审美性的统一，实现了生态规律与目的和审美规律与目的之间的绿色共生。在中国，鲁枢元教授提出了“自然法则、人的法则、艺术的法则三位一体”[3]的生态文艺思想，认为人、自然、艺术的规律与目的，并非是相互割裂的，而是生态性与审美性的同一，是耦合发展的共生。袁鼎生教授则提出了“以生态全美为前提，以生态系统的整生化和审美化耦合并进为机制，以生态系统的绿化和美化为结果”[4]的绿色美生理想，强调以生态整体主义为哲学基础，以整生为方法，对生态系统整体及各个局部绿色之美的构建，从而使人类生态和自然生态耦合整生为全美状态。游览者在上述生态美学理念的规约和指引下，对桂林景观文本进行绿色阅读时，就会进行生命与景观生态不间断地持续对生与耦合，从而实现审美人生与审美世界的对生，这是人与世界在各自生态位上实现平等的对生。

刘勰的《文心雕龙·物色》中提出“山林皋壤，实文思之奥府也”。一方水土养一方人，北方人粗犷豪爽，南方人温和细腻，与各自所处的山水地域不无关系。优雅美洁的环境，可以培养人文明清雅的言行习惯，反之，则可能助长人懒惰粗野的性情。所谓“近朱者赤，近墨者黑”，就是这个道理。人的成长、艺术的发展、审美倾向的形成，离不开自然、社会环境的影响。由于在桂林景观生态中，包括“真”态、“善”态、“益”态、“宜”态多种类型的景观，欣赏者在阅读这些景观生态文本时，依次生发着绿性与诗性中和的“生态真”“生态善”“生态益”“生态宜”“生态美”的意义与价值。钟嵘在《诗品序》中写到“气之动物，物之感人，故摇荡性情，行诸舞咏。照烛三才，晖丽万有，灵祇待之以致飨，幽微藉之以昭告，动天地，感鬼神，莫近于诗”。生态绿性与诗性结合之真、善、

① Buell Lawrence, The Environmental Imagination: Thoreau, Nature Writing, and the Formation of American Culture, Cambridge, Ma: Harvard University Press.2001：1.

② 转引自王诺 . 欧美生态批评 [M]. 北京：学林出版社，2008：12.

③ 鲁枢元 . 生态文艺学 [M]. 西安：陕西人民教育出版社，2000：73

④ 袁鼎生 . 整生论美学 [M]. 北京：商务印书馆，2013：92.

美、益、宜在双向对生和超循环中，又增长了相生互含性。首先，生态绿性与诗性之真作为生态文化的生发起点，是其他文化得以形成的前提，生态绿性与诗性之善在遵循生态真的基础上形成，也就包含了生态真；生态绿性与诗性之益则是在遵循生态真和趋向生态善中生发，包含着生态真和生态善，生态宜于生态真、生态善和生态益的兼备中形成，生态美则是生态真、生态善、生态益和生态宜的中和。已生成的生态中和的生态美则反过来指导新一轮的生态真、善、益、宜的生发。如人们在阅读桂林自然山水景观文本时，不仅可以了解和掌握其充满艺术性的“真”知识——喀斯特地貌，感受和领悟到其山青水秀滋养出秀雅的漓江人的合目的性与规律性的善，而且使人在对青秀山水的一往情深中，潜移默化生成为具有雅致、俊秀美质的人。对于自然景观的这种作用,《世说新语•言语》里说：“王武子、孙子荆各言其土地人物之美。王云：‘其地坦而平，其水淡而清，其人廉且贞。’孙云：‘其山嶵巍以嵯峨，其水渫而扬波，其人磊砢而英多。’”[①] 道出了不同山水自然景观对人的人格品质生成的影响。桂林景观也是如此，置身于其中的人们会在润物细无声中熏染成为具有生态中和美质的俊雅的人，这样的人就是生态绿性与生态诗性统一的生态审美者。

生态绿性与生态诗性统一的生态审美者将褪下浓郁的人类中心主义色彩，着上一身绿色的艺术的衣装，在艺术活动与生态活动的双向对生中，实现生态规律与美学规律的耦合，使自身的生命全程既是生态的，又是求美、显美、造美的，实现艺术审美生态化，达成绿色人生与艺术人生的耦合旋进，从而造就一个诗化的绿色人生文本。“是绿色人生和艺术人生的耦合旋升。”[②] 如桂林的千年古镇临桂五通镇，“当地村民自古就喜欢赋诗撰联，习字学画蔚然成风。……村民们自发成立了五通农民书画艺人协会。……目前五通镇有 5000 多村民参与或从事绘画，绘画作品占桂林书画市场份额 70% 以上，被誉为‘中国农民画第一村’。……五通镇先后获得‘国家文化（美术）产业示范基地’‘中国民间文化艺术（民间绘画）之乡’等荣誉称号。”[③] 五通镇农民的绘画习俗显示了桂林这一方秀山丽水哺育下的子民的生态审美人生。桂林这样的书画之乡还有很多，如桂林四大古镇之一的灵川县潭下镇也素有“书画之乡”之誉，当地群众是出门拿起锄头干活，回到家里就握起画笔丹青写意，该镇拥有一大批书画家及书画家庭，如苏正强一家四代人，就有包括苏正强自己、儿子、儿媳、女儿，堂

① （南宋）刘义庆．黄征，柳军晔注释．世说新语 [M]. 杭州：浙江古籍出版社，1998：30.
② 袁鼎生．绿色人生和艺术人生的耦合旋升——生态审美者的生发路径 [J]. 哲学动态，2011（3）：99-104.
③ 莫曲．广西临桂农民画：绘出幸福生活 [N]. 中国文化报，2014-8-8（1）.

叔伯、侄子、孙子等十几个人都从事书法绘画工作。他们的作品还销往北京、广州等地，甚至国外。[①]

在桂林景观生态美育场中，不仅居住在桂林景观所在地的桂林人们接受了它的生态绿性与生态诗性的熏陶、化育，参与着推进桂林景观生态诗性与生态绿性世界的创造，从而成为生态审美者，成就绿色审美人生。外来的游览者和文人等也不断地受桂林景观的生态诗性与生态绿性的熏陶、化育，并参与桂林生态诗性与生态绿性世界的创造，使自身成为生态审美者，成就绿色审美人生，同时也促进、生成和丰富了桂林的生态诗性和生态绿性，如南宋王正功的“桂林山水甲天下”、唐代韩愈的“江作青罗带，山如碧玉簪”、当代贺敬之的“云中的神啊，雾中的仙，神姿仙态桂林的山”等就参与了桂林景观生态诗性精神的构建和阐释，他们所描绘出的桂林景观的生态诗性形象甚至在千百年之后依然会感化着一代代人。人们对这些诗句的阅读过程就成了一个“为桂林景观所化育”的过程，同时，在阅读的那一瞬间，读者实际上也已经加入了桂林景观诗性化的又一次构建和阐释中，也成就了他们的审美人生。

（二）创生绿色审美世界

桂林生态美育场通过培养生态审美的人，培育了人的生态审美意识和态度、生态审美鉴赏能力，全面提升了人的生态审美素质。已提升了生态审美素质的人，在生产、生活和学习实践中会自觉地运用生态审美这个内在的尺度来推进其生产、生活和学习实践活动，进而推进生态审美世界的创造，使世界生态全美。实际上，自人类产生以来，创造生态全美世界的追求和行为的生态自觉一直没有改变，自始至终在进行着，只是在不同的时期，指导其生态自觉的理念不同，所达成的目标的程度不同。我们知道，生态调适是创生生态全美世界的机制。自然的生态发展是一个从简单到复杂，从无序到有序的过程，从线性有序到非线性有序的过程。在其发展变化历程中，一方面是自然本身的自发性调适所形成的一定程度上的自然全美，另一方面从自然界中生发的人类的自觉性调适。原始和古代时期，由于人类认识自然的能力有限，只有初步创生生态全美世界的生态自觉，这种初步的生态自觉体现为人类改造和创造自然和世界的行为依于、合于自然的人与自然和谐的自发性机理，依生性生态自觉，使生态人道统一于生态天道，使人类生态之美汇入了自然生态之美，在一定程度上促

---

① 廖梓杰，蒋艳凤．尚文向学，灵川潭下“书画之乡”的由来 [N]. 桂林日报，2017-2-28（4）．

进了生态全美。如司空图的《二十四诗品》就是一部具有自然生态意识的文艺作品，全篇用韵文写成，语言优美、简洁凝练，富有形象性和可感性，以《雄浑》开篇，以《流动》结尾，其中几乎贯穿了所有自然现象中能够出现的景象，既是关于诗歌风格的文学理论，体现着人的主观创造性，又体现着最真实、最原始与最客观的自然画面，是一部描摹“自然美”的著作，始终贯穿着一种内在精神——“无工”的生态契合性，其本身所具有的内在的思想更体现着文艺的生态自觉性。桂林壮族的干栏建筑、侗族的风雨桥不仅起到了居住、遮风避雨的作用和功能，更具有对歌、行歌坐夜的诗意生活的功能。到了近现代，由于人的主体性觉醒和高扬，人类的生态自觉发展为征服自然、改造自然的片面的生态自觉，形成了竞争性生态自觉，力求用片面的生态人道去统一天态人道，因而造成了天人的对立和冲突，造成天人的两败俱伤，生态不再全美，与生态全美的追求和目标背道而驰。到了当代，人类从严重的空气污染、雾霾、沙尘暴、气候变暖，臭氧层破坏和酸雨等大自然的报复中觉醒，从生态失序和生态失绿中觉醒，反思和修正了人类过于突出主体性的片面性、绝对化的生态自觉，承接了人的合理的主体性，中和人类之前形态中生态自觉的合理成分，形成生态中和的生态自觉，追求人与自然、人与社会、人与人中和的全面的整体的生态自觉，追求生态人道与天态人道的耦合并进，以恢复和拓展生态全美。中和性的生态自觉以生态文化自觉，耦合自然生态、人类生态、社会生态，实现四者的绿与美的整生化运行，使生态人道汇入生态天道，形成自然整生之生态大道，最终促进绿与美的生态世界的创生。

作为一个典型的生态文本，桂林景观生态美育场在历时空和共时空的发展中，以生态整体主义的哲学理念规约，以中和的生态自觉，培养和化育生态审美者。这其中，培育者及其平和优美的环境都起着重要作用。刘勰在《养气》中说：“是以吐纳文艺，务在节宣。清和其心，调畅其气；烦而即舍，勿使壅滞。意得则舒怀以命笔，埋伏则投笔以卷怀。逍遥以针劳，谈笑以药倦。常弄闲于才锋，贾余于文勇，使刃发如新，凑理无滞；虽非胎息之迈术，斯亦卫气之一方也。”不仅审美创作是这样，欣赏亦如此。审美者只有在宽松平和的情境中才有可能认识美、欣赏美、感受美，获得美的启迪，得到美的陶冶。同理，桂林优美的生态景观环境开阔和照亮了审美者的心胸，使他们在怡情悦性的、真善美益宜的生态中和整生的审美氛围中受熏陶化育，成长为生态审美者。已成长的生态审美者又会以中和的生态自觉来净化调适周围的世界，创造出更加美好的美育环境和生态审美世界。这样，他们在使桂林变得更加生态美好的同时，也使世界变得更加生态美好。桂林景观生态美育在推进生态审美世界创造方面的案例比比皆是，如诸多美术大师们被迷人的桂林山水所陶醉，激发了创作灵感，于是以他们独有的慧眼，用如神的画笔将桂林漓江等山水的神韵表现得淋漓尽致，由此而形成了漓江画派。“外师造化，中得心源”，桂林地理环境及岩溶地貌的特点、桂林气候条件、桂林山石植物特性及清澈水质等成就了画家们，而画家们也以其敏锐独特的眼光揭示和展现了桂林水墨山水独特的审美特征。这是艺术家们对桂林山水的艺术创造，这些作品的传播又使更多的人感受到桂林山水的魅力，受到桂林山水的熏陶。又如，人们对桂林这座山水名城的生态化、审美化建设如今也在如火如荼地进行中。例如，对于美丽乡村、生态乡村建设，桂林平乐县张家镇老鸦村委一个自然村——夏城村的村民有着自己的标准，他们编写了“五不算”歌谣，唱出了自己心中的“美好家园”。即“山不清，水不秀，不算生态村；鸟虫不长，鱼虾不生，不算生态村；水泥遍地，稻菜不种，草木不长，不算生态村；村容不整，村貌不扬，不算文明村；村民无礼，村风不良，不算生态文明村”[①]。夏城自然村全部为陶姓人家。据考证，系晋朝大诗人陶渊明后裔。其先祖陶英，是唐末昭州平乱的征南大将军。村里至今还保留一座清康熙年间“户户相通，家家相连，防盗防匪”的古村落。该村民参与生态乡村建设的最大动机就是发展生态旅游业。因夏城村三面环山，北面临水，形成了自然封闭式的地理环境和近乎原始的生态环境，青山绿水中的古村落、古民居和美丽的田园风光，造就了“近国道于咫尺，远喧嚣于千里”的幽静家园，勾画出一个“世外桃源”式的美丽仙境。得天独厚的生态旅游条件和底蕴浓厚的古文化优势，让夏城村人早早就有了发展旅游的念头。10多年来，为了改变村里的面貌，村民们积极地进行规划和建设，总结过去的经验教训，如由于农药用量超标，加上电鱼、毒鱼，小河小溪里的鱼虾几乎绝迹。如今在生态乡村建设如火如荼的形势下，村民们按照他们自编的“五不算”歌谣的标准积极打造着美好家园。[②]这是接受了生态审美理念的桂林人建设生态美丽桂林的进行曲。

① 蒋伟华，陶彩忠．夏城村：陶渊明后裔，十多年致力打造“世外桃源”[N]. 桂林日报，2015-7-1（4）.

② 蒋伟华，陶彩忠．夏城村：陶渊明后裔，十多年致力打造“世外桃源”[N]. 桂林日报，2015-7-1（4）.

小　结

根据分形理论，分形具有普遍性。生态美育场具有一定的历史形态和逻辑形态，在以万生一中，成就了生态美育场的一般本质，又在以一生万中，形成了多元化、特色化的子生态美育场，即生态美育场的分形。桂林景观生态美育场可以分形为以科技为主的“真态”、文化为主的“善态”、生存为主的“益态”、“宜态”景观生态美育分场，各个分场既具有真、善、美、益、宜中某一方面的突出美育功能和价值，同时又是真、善、美、益、宜美育功能和价值的中和整生。桂林“真”态、“善”态、“益”态、“宜”态各个分形景观生态美育场，是对桂林整体景观生态美育场的各个侧面的质——真、善、美、益、宜的发展，是对各个侧面的质和量的丰富和深化。桂林景观生态美育场在对各个分形的子生态美育场的生态中和基础上生成了“生态绿性与生态诗性”这一共同的统一的整体质，并发挥和发展着桂林景观“生态绿性与生态诗性”的生态美育效应，即成就绿色审美人生和创生绿色审美世界。帕斯卡是古典时代的一个关键的关于复杂性的思想家，让我们回想他在《思想录》中提出的箴言：“任何事物都既是承受作用者又是施加作用者，既是结果又是原因，我认为不认识部分就不可能认识整体，同样地不认识整体也不可能认识部分。”

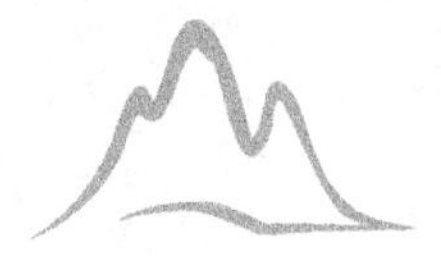

第五章　桂林景观生态美育的实施

桂林作为一个生态景观美育场，一个具有真、善、美、益、宜等分形生态景观美育场的生态景观美育场。作为一个典型的生态景观文本，不仅山水秀甲天下，而且文化底蕴深厚，拥有全国重点文物保护单位 15 处，自治区文物保护单位 68 处，是国务院首批公布的国家重点风景游览城市和历史文化名城。桂林的桂剧、彩调、文场、渔鼓、瑶族服饰（龙胜各族自治县）、中元节之资源河灯节（资源县）被评为国家级非物质文化遗产，2014 年，美丽的桂林喀斯特景观作为“中国南方喀斯特二期”的重要提名地，被列入世界自然遗产名录。桂林不仅是中国的一张靓丽名片，也是世界的一颗璀璨明珠，至今已有 160 多位外国元首或政府首脑及政要到访，多年来每年接待境内外游客量位居全国同类城市前列。

本章要探讨的是桂林景观作为生态性和艺术性完美结合而成的生态美育场，应如何实现它的生态美育的价值和功能，实现审美人生和审美世界的整生，实现的路径以及桂林景观生态美育场作为典型个案所体现的景观生态美育和生态美育的真、善、美、益、宜的生态中和价值、功能、途径等的普适性意义。

第一节　桂林景观生态美育的实施路径

生态美育作为一种生态审美者和生态审美世界的培育和整生的新的美育范式，不是一蹴而就的，而是一项既承接历史又有创造性的工程。其中，艺术美育是生态美育的基础，学科美育是生态美育的拓展、生长环节和中介环节，日常生活等生存美育与实践美育则是生态美育的展开和实践应用。生态心理学家布朗芬•布伦纳在他1979年出版的专著《人类发展的生态学》中提出，能动的正在成长的人与其所生活的环境之间进行着渐进的相互的适应，在这一过中程，人受各种情景关系以及情景所处的更大环境的影响，因而，他创造性地引入“系统”概念来探讨影响人的发展因素。认为人的发展是家庭、学校、社会、自然等因素相互联系或交互作用的结果。布朗芬•布伦纳认为个体的发展与周围的环境之间相互联系构成了微观系统、中介系统、外在系统以及宏观系统四个不同层次的系统，并强调要注重全面细致地把握彼此之间的潜在交互关系。布朗芬•布伦纳关于人的心理发展的生态系统理论中，关注到了自然和社会等影响因素，无疑为我们在桂林景观生态美育中构建学校、社会、生产、日常生活和自然景观美育一体化体系提供了理论视角和借鉴。同时，美国哈佛大学发展心理学家霍华德•加德纳提出的多元智能理论，认为“每个人身上都包含有语言、数学逻辑、空间、音乐、身体运动、人际和自我认识等多种智能，且它们相互作用、相互促进”①等也给教育和美育一个重要启示，即美育的实施不应是单一和封闭的，而应与德育、智育、体育等教育结合，使它们之间相互促进，进而促进人的德智体美全面发展。

一、艺术美育是桂林景观生态美育的起点和基础

艺术美育在生态美育中占据着十分重要且突出的地位，是整个美育的基础。人们对作为审美对象的景观的感知，其基础是艺术美育中积累起来的审美知识与审美经验。因此，艺术美育作为景观生态美育的起点和基础，可以使景观生态美育具有高起点、典范性和规范性，有利于后续的学科美育、生活和实践美育等合乎规律地开展。艺术是人类审美意识的集中体现和物态化形式，它在本质上必然是审美的，而且艺术美是为了满足人们高级的审美需要而产生的，它集中体现了一定历史和社会时代审美场的审美理式、审美范式、审美理想。“艺术美以创造性审美价值为系统质，使艺术审美场中的审美者和受教育者所得到的审美愉悦、所经历的审美熏陶、所悟到的美学规律、所积累的审美经验、所形成的审美和造美技能，都是质高、量巨、值盈、度满的，从而经受了典范的审美熏染，特别是整生之美的熏染。”②因此，生态美育要想取得好的效果，必须经过经典艺术美育、景观生态美育和桂林景观生态美育等三个层次和环节的

① （美）霍华德•加德纳．多元智能（第2版）[M].沈致隆译．北京：新华出版社，2004：8-9.
② 袁鼎生．审美生态学[M].北京：中国大百科全书出版社，2002：343.

艺术美育。

（一）经典艺术美育

审美主体要成就审美人生，必须有艺术特别是典范的绿色艺术修养作为基础。审美，固然需要掌握一定的美学及美学史知识与理论基础，具备一定的审美知识和标准，但是因审美的形象性与感性特征，决定了审美主体的审美趣味、审美理想以及审美能力和素养的提高，离不开人们的审美经验，离不开一定数量的高质量艺术典范的陶铸。经典艺术意味着永久性、不朽性。这种永久性和不朽性，源自于其超越性和生命力，即不仅是经典艺术品的形式在艺术史的漫长发展中具有相对持久的稳定性，而且以特有的形式向后来人表现着其内在的超越性和持久的生命意蕴，因其具有人间世界深刻而持久的意蕴而获得永恒。“操千曲而后晓声，观千剑而后识器”[①]，获得和拥有“晓声”“识器”' 的审美直觉能力应是“操千曲”“观千剑”的结晶。

经典艺术美育应从经典艺术的绿色阅读开始。虽然艺术美育这一名称由德国人提出，中国是虽无艺术美育之名却有艺术美育之实，有着悠远且优良的艺术美育传统，所以进行经典艺术教育时应包括古今中外的艺术经典。人们必须潜心于本民族和他民族以及全人类创造的艺术经典中，并反复审视这些艺术经典，理解和体验艺术经典中深刻的思想意蕴、精神密码和精湛深邃广博的审美境界，领悟其精妙和致高的审美规律，获得思想启迪，享受审美乐趣，接受其审美陶养，并以此培养和提高审美趣味和审美能力。作为经典艺术，它一方面体现了高度的艺术技巧和规律，另一方面又体现了高度的创造自由，是自然与法则、自由与规范的高度统一。此时，艺术法则不是外在的强制物，而是他创造艺术品的内在要求和自然表现，达到了合目的合规律的自由自然境界。社会生活是秩序化的生活，特别在全球一体化的今天，每个人都要面临协调个性与共性、自由与限制、自然与法则等诸矛盾关系，以完成心理的自然合理化过程。因此，进行经典艺术美育，对此具有重要意义。同时，不可否认，我国经过四十多年的改革开放，取得了世界瞩目的成就，但在这个过程中也出现了一些令人担忧的文化沙漠现象，年轻一代又正遭遇低俗、庸俗甚至是垃圾文化的影响，人文精神面临着新一轮的流失、剥离。如何让中国年轻一代在经济飞速发展时代祛除粗粝，富有素养，高雅起来，过上优雅的生活，并创造未来优雅的

---

① 周振甫. 文心雕龙今译：附词语简释 [M]. 北京：中华书局，2013：438.

生活，能欣赏高雅的艺术和文化，包括景观艺术和文化，已经不可否认地成为我们追求的目标之一。

经典艺术美育可以贯穿人的一生。根据不同年龄阶段，内容、形式和要求都应有差异。在幼儿时期，可以让幼儿诵读适合幼儿年龄特征的、朗朗上口的经典诗歌及儿歌，如骆宾王的《咏鹅》、孟浩然的《春晓》、李白的《静夜思》等；聆听幼儿启蒙的国内外名曲，如柴可夫斯基的《儿童进行曲》，肖邦的《小狗圆舞曲》，维瓦尔第的《春之歌》，贝多芬的《孩子的梦》、《献给爱丽斯》，詹姆斯•罗德•皮尔彭特的《铃儿响叮当》，贺绿汀的《牧童短笛》，黎锦辉的《麻雀与小孩》、《葡萄仙子》等。让美好的音乐融入孩子的生活中，让孩子的生活更加甜美，也为后续阶段的艺术美育奠定基础。丰子恺认为"儿童时代所唱的歌，最不容易忘记。而且长大后重理旧曲，最容易收复儿时的心"[①]。并说"音乐能永远保住人的童心"[②]。当个体发展到了儿童、青少年及成人阶段，可以随着年龄的增长，知识经验的丰富和理解能力的提高，可以进行文学作品、书法、绘画等多方面多类型经典艺术文本的深度阅读与欣赏，探究经典艺术的审美规律，对艺术知识和规律探究的抽象程度也可以不断提高，在更深和更高层面上体验和领略经典艺术的魅力，使儿童、青少年和成人在阅读中受到经典艺术的熏陶，提高自己的人生品味。

（二）景观艺术美育

艺术美育的第二环节应是景观艺术美育。在积淀了经典艺术美育的基础上，就需要景观艺术美育的陶养。经典艺术美育所涉及的范围可以很宽泛，可以使审美者积淀广博深厚的审美素养。在此基础上，可以把范围缩小，进行专门的景观艺术美育。景观艺术美育对于陶铸人的审美素养有着重要作用。俞伯牙之所以能成为音乐家，琴艺高超，固然与他从小就酷爱音乐有关，但是更重要的是他的老师成连很重视自然景观美育，曾带着他到东海的蓬莱山领略大自然的壮美神奇，感悟音乐的真谛。因而，伯牙弹琴时，琴声犹如高山流水一般优美动听。这对于伯牙来说，既是音乐教育，又是景观艺术美育。俞伯牙和钟子期高山流水遇知音的故事，既是音乐家的故事，是知音相遇的故事，缔结友谊的故事，更是景观艺术美育的经典案例。根据古典传说，俞伯牙和钟子期创作的

---

① 丰子恺．丰子恺思想小品 [M]. 陈梦熊编．上海：上海社会科学院出版社，1997：40.

② 丰子恺．丰子恺思想小品 [M]. 陈梦熊编．上海：上海社会科学院出版社，1997：42.

古琴曲《高山流水》，就是表现古代文人雅士“巍巍乎志在高山，潺潺乎志在流水”的高雅情操的经典之作，其中琴曲《流水》充分描绘了流水的各种动态，抒发了智者乐水之意。教师在教学《伯牙绝琴》时可引导学生“入高山流水之境品高山流水之情”[①]，实际上，很多中外音乐经典都是描绘和表现大自然的作品。贝多芬的《田园交响曲》就是贝多芬在乡村养病期间深感大自然优美与馈赠，是音乐、人与自然美妙结合的产物，是美在自然的体现。该交响曲的五个乐章分别为初到乡村的快乐感觉、溪畔景致、乡民欢快的聚会、暴风雨、暴风雨过后的愉快心情。据贝多芬给他朋友的一封信中说，他当时就躺在溪边的草丛中，有美丽的风景和四周的鸟鸣，贝多芬说：“当时感到美妙极了。”此时，人与自然往往是一种人融入自然，天人合一的关系。“田园交响曲”中隐藏的就是一种“人和自然的融入”和“人和自然的对话”。当贝多芬在养病期间抒写田园交响曲的时候，他对自己的命运已经不再抱怨。当我们欣赏贝多芬的田园交响曲的时候，则感受到了他在对大自然进行审美时产生的情感愉悦和心灵感触，感受到了贝多芬所展现的自然审美观与王国维先生所说的“境非独谓景物也，喜怒哀乐亦人心之一境界。故能写真物、真感情者，谓之有境界。否则，谓之无境界”[②]的意境论的内在一致性。

（三）桂林景观艺术美育

艺术美育的第三个实施环节应是桂林景观艺术美育。经典艺术美育和景观艺术美育的实施为桂林景观艺术美育奠定了厚实的基础，而桂林景观艺术美育又是实施桂林景观生态美育的基础和必要环节。桂林景观艺术既有景观艺术的普遍特征，又有其自身的独特个性和特征。桂林自然景观艺术特性，诸如烟雨桂林、群峰倒影山浮水、九马画山等就与桂林的喀斯特地貌及桂林的温润多雨气候有密切关系。桂林人文景观的艺术性，诸如桂林山水传说、神话、摩崖石刻、漓江画派、桂林山水摄影等。桂林景观艺术美育可以以家庭艺术美育、学校艺术美育和社会艺术美育等不同方式和途径进行。如可以由家长或教师带领，让孩子走进桂林景观，了解和领略桂林一些著名景观的神话故事、传说，走进桂林漓江、两江四湖写生，培育孩子的“艺术心”。如桂林市中华小学开展亲子绘画活动，由不同年级的300名学生及家长，共同创作主题为“美丽的家园”

---

① 王晓辉．入高山流水之境 品高山流水之情——《伯牙绝弦》情感体验活动设计[J]．小学语文教学，2008（9）：27-28.

② 王国维．人间词话[M]．腾咸惠译评．长春：吉林文史出版社，1999：12

的百米绘画长卷，此举旨在鼓励大家观察、发现桂林的美，为建设美丽桂林增光添彩。[①] 学校还可以开设地方校本课程，传承非物质文化遗产，如2016年被评为“桂林市非物质文化遗产传承示范学校”的有桂林市东江小学、秀峰区桥头小学、秀峰区飞凤小学、叠彩区大河中心校、桂林市石油小学、永福县罗锦镇罗锦小学。地方高校也承载着传承非物质文化遗产的重任。例如，近年来，桂林师范高等专科学校努力发挥学校的力量，加大对广西文场等桂林地方音乐的传播和传承力度，该校音乐系将广西文场纳入人才培养方案中，教师们则注重对广西文场的传播方式等进行改革和创新，突出多样性、灵活性、接地气、与国际接轨等特征，以适应社会的变化和发展。同时也积极研究创新文场曲目，如由音乐系教师柴伦党、皇甫丽华等创编的广西文场节目《漓江烟雨》，旋律委婉、缠绵而悠长，将桂林山水特有的灵性、烟雨漓江唯美的意境表现得淋漓尽致。该节目于2016年9月，从500多个舞台艺术节目中脱颖而出，成为第11届“红铜鼓”中国—东盟艺术教育成果展演的51个精品节目之一。该校音乐系教师们的愿望就是努力建立一个桂林的音乐文化体系，将彩调、桂剧、桂林渔鼓、零零落等桂林地方音乐结合起来，与桂林山水融合，让大家一听到这样的音乐就想起桂林来。[②] 作为国家级非物质文化遗产项目广西文场的代表性传承人的何红玉老师，不仅到社区、乡村，还走进了桂林高等师范专科学校，教授大学生学习和传承文场。[③] 推动非物质文化遗产以社会景观艺术美育的方式进行，可以是个体或群体的自娱自乐，也可以是由社区或政府在保证时间、场地以及传承活动制度化的条件下以基地传承方式进行，如桂林市的非物质文化遗产项目，目前有市级代表性传承人111人，自治区级代表性传承人25人，国家级代表性传承人5人。2016年被评为“桂林市非物质文化遗产传承基地”的有龙胜各族自治县龙脊镇金江村龙脊古壮寨（北壮民歌）、桂林市水上琵琶艺术团（彩调、广西文场）、叠彩区大河乡星华上窑村（傩祭仪式）、桂林市群众艺术馆（桂林渔鼓）、秀峰区甲山街道办事处张家村（傩舞）、灵川县定江镇定江村（彩调）、全州县全州镇拓桥村委罗家村（彩调）、七星区文化馆（桂剧、彩调、广西文场）、资源县两水苗族乡烟竹村（苗族山歌）、兴安县兴安镇道冠村（马仔调）。桂林市秀峰区政府自2011年以来每年组织“三月三”民族歌圩节，内容包括山歌群英会、寻找桂林刘三姐、桂林米粉大王争霸赛、状元文化演绎、非

① 桂晨．绘百米长卷建美好家园[N]. 桂林日报，2014-10-10（3）.

② 杨力叶．让桂林戏曲真正活起来——一位桂林高校音乐教师对广西文场保护与发展的探索[N]. 桂林晚报，2016-9-4（17）.

③ 庄盈．非物质文化遗产：广西文场走出了一条新的传承之路[N]. 桂林晚报，2016-11-18（17）.

物质文化遗产傩舞、经典杂技等20多个项目，展示民族文化艺术的传承与创新。

需要指出的是，受应试教育思想影响，我国现今的学校艺术教育中存在着重知识传授、技巧训练而忽视审美鉴赏和艺术精神养成的倾向。这种不良倾向，丰子恺生活时代的教育中也存在，他曾提出批评："有技术而没有艺术的心，则其人不啻一架无情的机械了。"①法国思想家、教育家卢梭也倡导儿童到自然中进行观察学习，指出"自然应该是他唯一的老师，真实事务是他唯一的范本"②。反对机械性、约定俗成的模仿，强调让孩子在大自然中学习艺术。因此，我们在进行艺术美育及桂林景观艺术美育时，既要注重必要的艺术知识和技巧的传授，更要注重审美意识、审美情感和审美精神的培育。

二、学科美育是桂林景观生态美育的关键

（一）学科美育把真与善转化提升为美

蔡元培说过："凡是学校所有的课程，都没有与美育无关的。"③学科教育既具有传达真、善的功能和效应，也具有传达美的功能和效应。生态美育要改变过去单一的艺术美育的局面和局限，就要以艺术审美场作为起点和奠定基础，把美育向有着审美潜能的学科教育领域拓展，发掘学科的审美因素，揭示学科的审美价值，对具备审美基因的学科对象进行同化，使学科教育中真与善转化、提升为美，增生审美效益从而生发审美化育力。这是美育转化为生态美育的关键一环。正如爱因斯坦说的："这个世界可以由音乐的音符组成，也可以由数学的公式组成。"④阿诺德·伯林特认为美学应走出其狭隘的艺术美学概念，拓展其疆域，使"美学成为普遍存在的学科，不是某个特指的学科，而是涉及普遍感知的、无所不在的概念"⑤。即除艺术美学之外的自然和社会学科等其他学科在求"是"的基础上追求"美"或者说"是"与美的统一。如有的一线教师指出，现今我国小学人教版的小学语文教材中的科学童话，如一年级上册的《阳光》《小雨点儿》《小老鼠找花生》《小熊住山洞》《一次比一次有进步》，一年级下册的《要下雨了》《小壁虎借尾巴》《棉花姑娘》《地球爷爷的手 》《小蝌蚪找妈妈 》等就

---

① 丰子恺. 丰子恺文集（2）[M]. 杭州：浙江文艺出版社，1996：576.
② （法）卢梭. 爱弥尔 [M]. 李平沤译. 北京：商务印书馆，2001：163.
③ 高平叔. 蔡元培教育文选 [M]. 北京：北京人民教育出版社，1980：155.
④ 许良英，范岱年. 爱因斯坦文集（第1卷）[M]. 北京：商务印书馆，1976：285.
⑤ 阿诺德·伯林特. 环境美学 [M]. 张敏，周雨译. 长沙：湖南科技出版社，2006：12.

包含大量人文学科和自然科学的内容，是培养学生人文和诗意情怀的重要途径之一。①

由艺术美育到学科美育，是美育范围和疆域的拓展。同时，由于学科美育的实施，使美与真、善相结合，为审美者进入生存和实践美育又打下了基础。因而，学科美育就成了沟通美育与生活的桥梁和中介，是生态美育实施中的关键。同理，景观生态美育作为生态美育的一部分，也理应把学科美育作为景观生态美育的拓展和中介。

（二）学科美育中渗透和实施桂林景观生态美育的路径

学科美育教育在不同年龄阶段的群体和个体中的具体实施路径是不同的。对于走上工作岗位的成年人，主要是通过自主学习和参与单位组织的岗位培训等继续教育课程进行，对于退休人员，则主要以自主学习方式进行。如确定要去桂林旅游，可在旅游之前或旅行中阅读与桂林地形地貌和历史文化相关的岩溶书籍、文化书籍等，来丰富和提升关于桂林景观的真与善方面的知识，以利于在游览时产生真之美和善之美的审美体验。至于处于在学校接受教育的学生而言，除了自学之外，更重要的是融入学生的在校各门类课程学习之中，包括课外拓展实践课程。如2016年12月教育部等11部门联合下发的《关于推进中小学生研学旅行的意见》就要求推进广大中小学生的研学旅行，既要读万卷书，还要行万里路，走出校门去了解社会、亲近自然、参与体验。并提出要把研学旅行纳入中小学教育教学计划，与综合实践活动课程统筹考虑，精心设计研学旅行活动课程，促进研学旅行和学校课程的有机融合。要结合域情、校情、生情，依托自然和文化遗产资源、红色教育资源和综合实践基地等遴选和建设一批安全适宜的中小学生研学旅行基地，形成布局合理、互联互通的研学旅行网络。由此可见，把学科美育作为景观生态美育的拓展和中介，把景观生态美育的实施在国家课程、地方课程和校本课程中进行不仅是可行的也是现实需要。一是在国家课程体系中渗透和实施景观生态美育，二是在地方和校本课程中渗透和实施景观生态美育，三是在美育课程体系中实施景观生态美育。

1. 在国家课程体系中渗透和实施桂林景观生态美育

在国家课程体系中渗透和实施景观生态美育主要是指在国家课程体系的构

---

① 吴素萍. 浅谈生态美育下的科学童话［J］. 浙江工商职业技术学院学报，2013（4）：35-38.

建中包含有景观及景观生态美育的内容，包含有自然景观生态美育和人文景观生态美育的内容。如笔者的一位来自外省的校友说，她从小就一直向往到桂林一趟，原因是因为在读小学时，学习了小学语文课本中《桂林山水》后，深深地被文章所描述的桂林山水之美迷住了。可见，对于因种种原因尚未能亲自到桂林的人们来说，作为文字文本或其他艺术文本的有关景观美育，包括桂林景观美育，也是景观生态美育的重要途径之一。正如有学者所言："美育的教学范围是比较广的，例如，自然景观、社会交往和艺术等方面，均可列入教学范围。"[1] 因此，在国家课程体系中应该也是可以渗透和实施景观生态美育的。一是设置专门的美术、音乐等专门的艺术学科。同时要挖掘各门学科的自然、人文景观的生态美育资源、价值和功能。我国从20世纪50年代以来所实施的国家课程体系中，就克服了历史上的大汉族主义，力求从自然、社会、文化、历史与现实等各方面反映各少数民族的生存状态，体现了多元文化教育和多元文化美育的追求和努力，但课程体系总体上是一元性、集中性特征较明显，在多元化程度上还远远不够。2001年国家启动新一轮课程改革，2001年6月7日教育部发出了《教育部关于印发〈基础教育课程改革纲要（试行）〉的通知》（教基〔2001〕17号），《基础教育课程改革纲要（试行）》强调要改革课程结构，"以适应不同地区和学生发展的需求，体现课程结构的均衡性、综合性和选择性。"如以人民教育出版社编写的义务教育课程标准实验教材《小学语文》教材为例，在不同年级分别有《黄山奇石》《日月潭》《葡萄沟》《爬天都峰》《富饶的西沙群岛》《美丽的小兴安岭》《珍珠泉》《迷人的张家界》《桂林山水》《七月的天山》等课文，其中有陈淼创作的描述桂林景观的散文《桂林山水》。人文景观有《难忘的泼水节》《香港，璀璨的明珠》《赵州桥》《颐和园》《秦兵马俑》《武夷山和阿里山的传说》《藏戏》《各具特色的民居》等。语文教育出版社出版的义务教育课程标准实验教材《小学语文》和《初中语文》中则分别选编了陈淼创作的描述桂林景观的散文《桂林山水》（四年级下册第6课）和贺敬之创作的《桂林山水歌》（八年级下册第26课），对于《桂林山水》《桂林山水歌》这两篇课文，在教学要求上，除了要求学生有感情地朗诵外，还要求能够背诵。虽然国家课程体系中义务教育阶段语文课程直接以桂林景观为内容的只有2篇，但是，教师在进行其他地域的著名景观教学时，可以与桂林景观进行对比，或在教学中的拓展延伸时，融入桂林景观的内容。比如，在讲到《迷人的张家界》时，可以与桂林山

① 杜卫.美育论[M].北京：教育科学出版社，2000：278.

水景观进行比较。同时，在其他各科课程教学中也可渗透和融入桂林景观的内容。比如，在进行历史景观教学时，讲到孙中山领导的辛亥革命，教师也可以把孙中山在桂林进行的革命活动补充进去，可以把蒋翊武烈士的事迹补充进去等，都会收到良好的桂林景观生态美育效果。如有的从事基础教育的一线教师，认为把家乡史融入历史教学，学生“往往会从内心产生一种非常强烈的寻根究底愿望”。从而“有助于培养学生乐于探究、勤于动手的能力”。而且“家乡辉煌的过去、灿烂的文化、名人的事迹使学生很容易产生亲切感、自豪感、责任感”[①]。

2. 在地方和校本课程中渗透和实施桂林景观生态美育

梁启超先生说：“以我国幅员之广，各地方之社会组织，礼俗习惯，生民利病，樊然淆杂，各不相侔者甚多。……而各地方分化发展之迹及其比较，明眼人遂可以从此中窥见消息。斯则方志之所以可贵也。”[②]十分肯定地方文化历史研究的价值。由于人们的日常生活与地域文化高度的融合，所以地域文化能够在学生的校内生活和校外生活之间起到有效的沟通作用。例如，桂林山水文化就会渗透于桂林学生的日常生活当中，学生每天都能看到桂林的山水景观，会对其有一种天然的熟悉感与亲近感。地域性的自然和人文景观虽然可以在国家课程体系中有所体现，但由于我国是多民族国家，而且各地区自然、人文差异较大，单一的国家课程体系难以囊括其中。而且不论是中国还是外国，在面对多民族多文化背景下的教育问题时，一方面是要将普适性的知识与主流文化通过国家课程的体系来传递和承接下去，以此来培养适应社会的国家公民，另一方面也将地方性知识或民族文化知识作为国家课程体系中的基础课程之一，即地方性课程与校本课程。这样，不同文化的相生互长，和谐共生，促进文化的多样性和丰富性，促进文化的繁荣，使人类文化这一棵参天的大树既有发达的根系，有坚强而粗壮的树干，又有繁茂的树冠。文化生态体系作为类似于生态系统中的一个体系，具有共生、竞生、衍生、聚生、新生、相生、统生等生态美。即在整个文化生态系统中，只有各种类型和模式的文化百花齐放、百家争鸣，形成相生共长、相竞互赢的共生、竞生之美，这个文化生态系统才是生机勃勃、蓬勃发展的。不同类型的文化相互接触时，每种文化都有保留自身文化特质的权利，同时文化交叉后的各文化类型之间双向的相互影响、相互渗透，

---

① 龚丽娟．开发乡土史课程资源 增强历史教学有效性 [J]. 课程教学研究，2012（11）：72-75.

② 梁启超．中国近三百年学术史 [M]. 北京：人民出版社，2008：138.

形成一种结构性的衍生之美，文化交叉后通过多向归一的交融与会通，构成一种文化综合、融通的聚生之美。就桂林的景观美育在地方和校本课程中的现状而言，不容乐观，如从音乐教材的编选内容来看，地方性的戏曲分量不足，以广西出版社出版的中学生音乐教科书为例，书中只介绍一些二胡、琵琶、古筝等中国民族乐器，关于中国的传统戏剧只字未提，更不用说桂林本土戏剧桂剧、彩调、广西文场、零零落是何物了。

同时，随着社会的发展以及人类的实践活动也在不断发展，文化在内因外因的影响下会有渐进的量变也有突发的质变，文化在发展过程中产生对文化旧质的否定，产生出一种新质，就会体现出一种文化的新生之美。尤其在越来越趋向开放的现代社会中环境，文化的交流、碰撞、吸纳更为频繁，文化新的增长点也大大增多。所以，我们既要保护已有文化生态，更要建设新的文化生态。在全球文化生态圈中，处于不同文化生态位上的文化类型相互联系，构成一个生态网络。这个生态网络具有整体性、联系性，各个网点上的单元都是平等的。每一个民族的文化就是一个网结，它们相互交流、相互联系，通过文化争鸣、文化交叉、文化综合、文化转型等作用形式构成文化的相生、统生之美。文化的这些生态之美要求生态美育凸显开放性、多元性、创新性等特征；全程全域、校内外结合的终身生态美育体系，以促进人的诗意栖居和文化生态的良性发展。正如P．K．博克所言："文化多样性的价值——即在由有多元文化的群体组成的社会中共存的意义。这种多样性，不仅在于它们丰富了我们的生活，还在于它们为社会的更新和适应性变化提供了资源。"[①] 在我国，多元文化教育面临着双重的背景，一方面是西方文化与中华文化的差异，另一方面是以汉文化，尤其是儒家文化为中心的主流文化与各少数民族文化的差异。在以地方性课程与校本课程为拓展和中介实施景观生态美育时也要处理好这个问题。

文化生态视野下的生态美育的首要选择，就是将目标指向促进人类各群体之间文化的交流与合作，突出跨文化审美观念以及跨文化审美能力的培养。特别是在当今全球联系越来越紧密，越来越像一个"地球村"的情况下，任何文化都不可能依靠人为的或先天的文化壁垒而与世隔绝，都会面临不同文化间的碰撞、交流与沟通。生态美育正是在这样的文化背景下承担着促进民族本土文化的生存与发展以及与他文化间融洽相处、共生共荣的重任。因此，在地方和校本课程中渗透和实施桂林景观生态美育有其必要性和紧迫性。

---

① （美）P．K．博克．多元文化与社会进步[M]．余兴安，彭振云，童奇志译．沈阳：辽宁人民出版社，1988：前言．

我国在1992年颁布的《九年义务教育全日制小学、初级中学课程计划（试行）》中就提出，要设置“地方课程”，2001年颁布的《基础教育课程改革纲要（试行）》（国发〔2001〕21号）中又明确指出，“为保障和促进课程适应不同地区、学校、学生的要求，实行国家、地方和学校三级课程管理”，如《音乐课程标准》中明确规定：“根据《标准》编写的教材占教材总量的80%至85%，其余的15%～20%留给地方教材及学校教材”。因而各个地方需要开发自己的“乡土音乐”教材。大力挖掘地方民族民间音乐资源，各地的音乐教师应承担起传承和创新民族民间音乐文化的责任。地方课程和学校课程体系为地方性知识和民族文化知识的传承提供了空间，也为景观生态美育提供了空间和土壤。对于桂林景观生态美育，可以考虑从善、美、益、宜生态中和美育机制出发，通过开发出系列地方教材或校本教材，结合学校的学科课程和综合实践活动课程来实施。在一些问卷调查中也表明，学生有这方面的愿望和心声：“我们对有关地方戏剧的知识特别贫乏，如果我们在中小学中稍微涉及一点，中国传统戏剧和地方戏剧如彩调、桂剧、文场等的基础知识，在大学里能开设一些有关戏剧的欣赏课，我想一定会有很多的同学喜欢戏剧的。”①

开发桂林景观生态美育的地方教材或校本教材，可以考虑以下自然和人文两个方面的诸种类的地方教材或校本教材。

自然景观方面可以开发的地方教材或校本教材。

（1）《桂林山水》。主要描述桂林的自然山水景观的主要构成元素——山、水、洞、石，描述这些景观元素散发的独特的自然美——山青、水绿、洞奇、石美，以及整生之美——俊秀美。

（2）《喀斯特地貌与桂林山水》。主要从地理科学，如地质、气候、水文、植物等方面介绍桂林山水的生发成因及整生之美。如气候，桂林属于亚热带季风湿润气候，冬季时间短，温凉少雨，夏季时间长，高温多雨，雨热同期，四季较温和，让人感觉舒适宜人，唐代诗人杜甫曾以“五岭皆炎热，宜人独桂林”的诗句来形容桂林。

人文景观方面可以开发的地方教材或校本教材。

（1）《桂林本土戏曲音乐及其生态艺术美》。主要介绍和阐述桂剧、彩调、文场、渔鼓、零零落等被列入国家及自治区非物质文化遗产的本土戏曲音乐及其生态艺术美。“本土音乐”教育，主要指“以本地域（本国、省、市、县、乡

① 庞荣，黄洪焱. 广西桂林彩调的现状与生存策略研究 [J]. 西安文理学院学报（社会科学版），2009（6）：21-24.

镇及其他各级区域）的音乐文化作为课堂内容对少年儿童进行的音乐文化教育。”[①] 相对于东西方音乐而言，本土音乐主要指中华民族的传统音乐，而在中国，相对于中华民族的主流传统音乐意义而言，主要是指具有鲜明地域特色的、根植于民间的具有草根性文化特质的音乐，即传统的民间音乐。美国的《艺术教育国家标准》认为“领悟民间艺术以及民间艺术对其他艺术的影响，能够加深学生对自己的民族和社会的尊重”[②]。不同民族有着不同的文化，因而也有不同的音乐，反过来，不同的音乐体现着不同的文化。多元文化背景下的音乐教育必然关注音乐的多元文化属性，多元文化音乐教育应关注和落实到民族文化与本土音乐文化的关系。在我国，就音乐教育而言，统编的音乐教材不能完全承担中学音乐教育，因而需要“开发具有地区、民族和学校特色的音乐课程资源”[③]。本土音乐积淀和表达了本民族的情感，承载着本民族的精神与信仰，是民族音乐文化的基础成分，是宝贵的文化财富。目前，本土音乐文化作为“非物质文化遗产”的重要组成部分受到了国家政府和教育部门的高度关注。本土音乐教育也是实践“中华文化为母语的音乐教育”战略的重要环节。桂林有着丰富的本土音乐文化，譬如，壮族山歌、桂剧、桂北彩调、桂林文场、桂林渔鼓、民间器乐等。可以说，桂林本土音乐是民族文化的翡翠，是华夏文明的明珠。因此，我们应让学生接触格调高雅的本土音乐以提升其艺术品位，感受纯朴的本土音乐以沉淀其文化内蕴。

对于桂林市区的中小学，可以充分利用社会上的文艺团体、如桂剧团、彩调剧团等，高校的专家教授、文化部门等机构的内行人士等，还有各种本土音乐的政治性、商业性、公益性演出活动等这些社会资源。采取“请进来、走出去”的方式，把专业演员请进课堂和校园进行教学和表演，把专家老师请进学校做专题讲座和专门指导。这些活动既可以针对学生，也可以针对音乐老师。同时我们可以把学生带入社会中，走进剧团、走入剧场、甚至走上舞台，让学生亲耳聆听原汁原味的本土音乐，亲眼看地地道道的戏曲表演。总之，其形式应不拘一格，以有效、便利为原则。县城和乡镇中学，可以充分挖掘利用乡土音乐素材、民间剧团和民间艺人这些民间资源，仍然可以采取上述方式，把民间音乐融入教材，把民间艺人请入课堂，把民间剧团引入校园，同时把学生带进剧团，让学生走进戏台等。一言以蔽之，形式应多样、鲜活，讲求实效。

---

① 苏前忠，章秋枫．中小学强化本土音乐教育的可行性分析 [J]. 新余高专学报，2007（4）：113.

② 刘沛．美国艺术教育国家标准（续）[J]. 中国美术教育，1998（6）：31.

③ 中华人民共和国教育部．音乐课程标准（实验稿）[M]. 北京：北京师范大学出版社，2001：28.

（2）《桂林景观的生态科技美》。主要阐述桂林灵渠、相思埭、夜景照明景观、建筑景观等所包含的生态科技元素及生态科技美。

（3）《桂林民俗景观的生态美》。主要阐述桂林壮族的“三月三”、资源河灯歌节、瑶族的盘王节、禁风节、祭牛节、侗族与苗族的吃新节等节庆民俗；阐述侗族特有的行歌坐夜、玩山对歌，苗族的“坐妹”“游方”等择偶习俗；瑶族的“度戒”成人仪式；壮族的抛绣球、瑶族的打旗公、侗族的送春牛等趣味游戏民俗；桂林米粉、全州红油米粉、恭城油茶、侗族酸肉（菜）等饮食习俗；龙胜红瑶服饰及“晒衣节”、资源苗族服饰、侗族服饰等服饰习俗。上述民俗景观，使学习者感受民俗景观中所包含的人与自然、人与人、人与社会的相生相长、互利共赢的生态文化美。

（4）《桂林景观的生态美》。主要阐述桂林龙脊梯田、灵川海洋银杏林与阳朔油菜花等农业景观及桂林史前文化景观、建筑景观、军事景观、艺术景观等所包含的人与自然、人与人、人与社会的相生相长、互利共赢的生态文化美。

（5）《桂林石刻景观的生态美》。阐述桂林自南朝以来的历代摩崖石刻，包括碑刻、壁书和造像，及其所分布于城市内外的20余座山岩上的石刻艺术精品。这些石刻不仅赋予了桂林这座城市历史文化的丰厚内容，为研究各朝代的社会历史和山水名胜及其游览盛况提供了弥足珍贵的文物遗产和人文史料，而且还使桂林拥有了融石刻艺术于山水名胜的又一道独特而靓丽的风景线，使后世学者与游人到此便会有“看山如观画，游山如读史”的感受，既提高了桂林城市的历史文化品位，又实现了自然与人文的整生。

上述以桂林景观生态为主要内容开发出来的地方课程和校本课程，作为生态美育的实施途径，一方面可以在中小学都开设有的综合实践课程中实施，另一方面，可以把地方课程和校本课程渗透在与之相近的学科课程中，而不是仅仅把地方课程和校本课程教材发给学生，让他们在课堂、教室之外的时间里以业余学习的方式进行。即在设计、实施景观生态美育课程时，必须把地方课程和校本课程，课外、校外景观生态美育纳入学校正式的课程体系中，以保障景观生态美育的实施效果。这在国内外已有可借鉴之经验。如在英国，“自小学起，学校里就有着这样的专门课程，即在博物馆或艺术馆甚至其他的合适的场所上课，场所是校外的，课程却是列入了学校的课程之中的。因此，这种学习是有保证的。”[①] 在我国也有成功的案例。例如，吉林省吉林市第一中学从1994

① 王旭晓．课外、校外艺术教育是美育的一个重要组成部分——英国艺术馆、博物馆见闻与启示[J]. 河南教育学院学报（哲学社会科学版），2008（3）：15-18.

年以来持续进行了20多年的美育改革实践，就是以两条主要途径在校实施美育，一是前期开设的“综合美育课”，学校初步形成了美育教学的持久性研究与操作体系；二是学科审美化教学，也称学科美育课，就是“指将所有的教学因素（诸如内容、方法、手段、评价、环境等）转化为审美对象”[①]。“美育使学生成了最大受益者，让学生更自觉地追求美的生活和美的人生。……教师们实现了从教学技术向教学艺术的提升，美育研究和美育实践赋予了他们更强的教学活力。”[②] 同时，在地方和校本课程中渗透和实施桂林景观生态美育时，美育工作者要遵循维果茨基的“最近发展区”原则，要了解受教育者的“实际发展水平与潜在发展水平之间的距离”[③]，在此基础上确定受育者的具体学习课程，让他们“跳一跳摘果子”，以避免由于课程过深过难使学生难以理解和消化吸收。

三、自然美育是桂林景观生态美育的重点

自然美育即是审美者亲自奔向大自然，投身于大自然，在大自然中感受空气的清新、聆听大自然的心语，其生态美育效果是其他生态美育方式所不能替代的。因而，自然美育是桂林景观生态美育的重点。人是自然之子，人的生长、发展，包括生态审美意识、能力和素养的提升，都离不开自然美的哺育。庄子认为“天地有大美”[④]，人要“观于天地”以“原大地之美而达万物之理”[⑤]。因此，人要通过阅读大自然这个文本去发现美、认识美、寻求美、展示美和创造美。宗白华认为“诗和春都是美的化身，一是艺术的美，一是自然的美”[⑥]。人们通过感觉、情绪、思维可以找到自然界的美。伯林特认为，“自然的美学可以作为欣赏艺术的模式。”[⑦] 因为“连续性和感知的融合在艺术体验和自然体验中都会发生”[⑧]。大自然千姿百态、绚丽无比。无比壮观的宇宙、锦绣河山是美的源泉，都是美育的课堂和文本。

对于桂林自然景观，审美者投身于桂林山水的怀抱中，凭着感官直觉，既可观看到天空的云彩，又可看见玉簪瑶笋般的山峦及在水中的倒影，看到白鹭

① 赵伶俐，杨旬，齐颖华．审美化教学原理与实践[M]. 长春：吉林人民出版社，2000：35.
② 张淑清．学科美育课：实现知识视点与审美视点的融合[J]. 人民教育，2014（21）：46-48.
③ Vygotsky，L. S. Mind in Society: The Development of Higher Psychological Processe [M].Cambridge，Massachusetts: Harvard University Press，1978：86.
④ 方勇译注．庄子・知北游[M]. 北京：中华书局，2010：362.
⑤ 方勇译注．庄子・知北游[M]. 北京：中华书局，2010：362.
⑥ 宗白华．美学散步[M]. 上海：上海人民出版社，2005：24.
⑦ （美）阿诺德・伯林特．环境美学[M]. 张敏，周雨译．长沙：湖南科学技术出版社，2006：155.
⑧ （美）阿诺德・伯林特．环境美学[M]. 张敏，周雨译．长沙：湖南科学技术出版社，2006：155.

等鸟儿在江上飞翔，听到江上山间小鸟的啼鸣和潺潺的流水声，可闻到花草树木的芳香，这一切都会使人心旷神怡。若爬行蜿蜒的小路，攀登起伏的山峰，以及点缀其中的亭、塔、水榭，则可以更好地观赏桂林山的突兀独立、水的清澈澄明、洞穴的光怪陆离、岩石的玲珑奇巧，犹如珠玉浮雕，更好地把握桂林自然景观美的形象及其象征意义，从而提高学习者的审美感知力和理解力。同时，观赏桂林景观的自然美可以开阔视野，增长知识，陶冶情操，砥砺品行。审美者投身到桂林山水大自然中，不仅会感受到山的雄奇与俊秀，水的澄澈与清幽，而且桂林很多自然景观中包含着丰富的地理、历史、文化、艺术知识。审美者徜徉于桂林山水中，可以以课堂、教室所无可比拟的生动形象方式了解和获得桂林喀斯特地貌相关的地理、历史等知识，获得“真”的教育。陈鹤琴说：“我们在书本中看死的标本，死的山水，应当到野外去看活的动物，采活的木，玩真的沙石。”[①] 游览者沉浸到桂林山水中可以感受到桂林山水独特的自然艺术魅力，获得美的享受，正如一位到桂林旅游者说的：“我真要高声赞美大自然这个非凡的雕塑家，它的艺术成就简直无与伦比，古往今来，有哪一样制作像这样规模宏大？有哪一项设计像这样独特奇妙？”[②] 可以通过“比德”的方式使桂林大自然美的意蕴与人的道德伦理相互关联、彼此浸润，如审美者游览桂林独秀峰拔地而起、直冲云霄的样态和气势，引起与人的刚直不阿的人品的联想，也可以通过“畅神”的审美观看待自然物，如“水底有明月，水上明月浮，水流月不去，月去水还流”这首诗把自然物看成是与人一样有生命情感之物，融物我于一。这样游于自然山水间，既可以陶冶性情，又可以产生探索大自然奥秘的愿望，增长真、善、美、益、宜，使人们在感知、体悟桂林山水自然景观时也会不知不觉地受到熏陶和化育。

对于自然景观美育，儿童教育家陈鹤琴先生是非常赞同的，他认为“大多数小孩子都喜欢野外生活的。到门外去就欢喜，终日在家里就不十分高兴”。[③] 陈鹤琴先生还说到自己儿子陈一鸣有一天哭个不停，给东西不吃，给玩具也不玩，后来抱他到门外去玩，一到门外就不哭了，并且不一会儿他就笑逐颜开了。[④] 此外，陈鹤琴先生还提出需要根据年龄特征进行，如他说年龄偏小的儿童，可以种树、短距离远足等，年龄较大的儿童可采集标本等。[⑤] 即注意因材施教。

---

① 陈鹤琴 . 家庭教育——怎样教小孩 [M]. 北京：教育科学出版社，1981：5.
② 饶晓 . 仙境桂林 [M]. 南宁：广西人民出版社，1979：5.
③ 陈鹤琴 . 家庭教育——怎样教小孩 [M]. 北京：教育科学出版社，1981：4.
④ 陈鹤琴 . 家庭教育——怎样教小孩 [M]. 北京：教育科学出版社，1981：5.
⑤ 陈鹤琴 . 家庭教育——怎样教小孩 [M]. 北京：教育科学出版社，1981：5.

四、生活和实践美育是桂林景观生态美育的拓展和深化

生态美育不仅是停留在“知”的层面，更应体现“行”上，体现在审美应用与创造方面。因此，生态美育不仅在艺术教育中实施，在学校课程教学中实施，在自然界中实施，更需要在生活和实践中实施，贯穿于生活和实践中，促进审美创造，引导审美生活，使人审美化生存，诗意地栖居，同时也美化世界。

景观生态美育走向生活和实践美育，是使审美和美育从理论走向实践的重要途径和环节，它是使审美和美育不再停留于单纯或曰苍白的内心情感体验、单纯的省思中，而是让人们参与到美的欣赏与创造中，使美有机地融入人们的生活与生产实践的各个方面，吸收现实生活的土壤，显示其现实中的生命活力。杜威坚持人与动物，有机体与自然之间存在着连续性，这种连续性延伸到美学领域则表现为恢复艺术与非艺术、审美经验与日常生活的连续性，杜威提出要“恢复作为艺术品的经验的精致与强烈的形式，与普遍承认的构成经验的日常事件、活动，以及苦难之间的连续性”①。在杜威看来，一声清脆的鸟鸣，一桩滑稽的趣事，跟一场美妙的音乐会，一部精彩的电影并没有本质的区别。只是传统的艺术经验被局限于在博物馆和画廊里欣赏画作，在音乐厅里聆听音乐。杜威认为，这正是艺术理论走向形式主义的原因所在。而且，随着信息社会的到来，人们每天可以接收到大量的信息，但是如何对之甄别和选择，哪些是美的哪些是丑的，每个人都急需一双审美的慧眼。现实生活中我们也发现，“美”这个字眼，现在是用得多了而不是少了，“最美教师”“最美妈妈”“最美保安”“最美民警”“最美的哥”“最美外来工”等，都呼唤着美学理论对美的再次诠释，也呼吁着美育对真美的培育。如桂林市秀峰区丽君社区的83岁老人秦国明曾获得过“广西歌王”称号，从3岁开始学唱山歌，长大参加工作后，一直坚持自创自唱山歌，至今数量已超过29.2万首，2015年荣获了上海吉尼斯颁发的“吉尼斯之最”——唱山歌（自创山歌）数量最多的人，出版过《广西情歌对唱》《民歌创作谈》等多本著作。1982年12月，他自创的300首山歌，被国家农村读物出版社收录，编辑出版的《农民识字歌》，发行量高达30万册，荣获全国优秀农村读物二等奖，为全国扫盲工作做出了突出贡献。1999年秦国明老师创作并出版了400余首山歌，颂扬从桂林走出去的全国抗洪英雄，作品后来获得桂林市第四届文艺创作“金桂奖”。秦老从文化战线上退休后，仍耕耘不辍，醉心于

① （美）杜威．艺术即经验[M]．高建平译．北京：商务印书馆，2005：1-2.

公益事业，2005年，从自己的积蓄中拿出10万元建成了包括会歌厅、藏歌楼、传歌堂三层楼的山歌艺术馆，并长期坚持在山歌艺术馆、家里、社区、学校和辖区单位开设课堂，义务培训各界山歌创作和山歌爱好者1万多人次，使一大批“山歌达人”脱颖而出，为山歌的传承做出了贡献。①

实际上，生活与实践为培育生态审美者，特别是为个体审美经验的生发提供了鲜活的土壤。同时，生活与实践也离不开审美，审美与人们的生活和实践紧密相随，对人来说是普通又重要的一部分。生活中的人们，穿衣要漂亮，吃饭讲究色、香、味，新房装修要有品位，买小汽车要讲究款式等都是审美；春天来了，人们去踏春，看姹紫嫣红开遍，是审美；茶余饭后，人们看影视、综艺节目，或欢笑，或流泪，这也是审美……只不过处于不同的审美层次，有的处于“悦耳悦目”，有的处于“悦心悦意”，有的则是“悦志悦神”。一句话，生活离不开审美，人类离不开审美，审美是人的精神需要。《礼记·乐记》说：“大乐与天地同和，大礼与天地同节。”② 大乐和大礼一样都是协和人生长，对于上下、长幼、亲友相邻都有亲和作用。这是艺术和审美活动渗透于人们生活和实践的各个方面，进行生命全程全域审美活动即是生态美育的本质特征之一。相反，若是艺术和审美被从日常生活抽离出来，被制作成难以表征自我的“审美幻象”被他者“凝视”变成商业化的表演后，其根植于地方习俗的情感世界和意义世界的整一性就会遭到撕裂，艺术和审美反而会疏离人，疏离人的心灵世界。在当今生态环境恶化的形势下，生态问题已不是单纯的生态学问题，而是涉及人类生活的各个方面，因而更需要人们以审美的态度来对待生态问题。正如一西方学者所说的“当人类的活动渗透到所有的生态系统中，一切生态学都朝向人类生态学转变”③。陶行知先生也提出“改造应当秉着美术的精神，去运用科学发明的结果，来支配环境，使环境现出和谐的气象”④。生态文化审美化、审美文化生态化正是给文化注入新的生态、艺术基因，以焕发文化的生命活力，并以终极关怀来点亮人类的心灯，指引人类向前发展和进步。

在生活和实践中进行桂林景观生态美育，一方面是使人把在艺术美育和学科美育中学到的审美知识、审美标准等运用到生活和实践中，帮助人们分辨生活中的真假、善恶与美丑，并自觉地抵制假恶丑，并由此使正确的审美观进一步得到强化，形成人价值观、世界观的一部分，并使美与真、善、益、宜相生

① 唐顺生．社区里的“山歌王”[N]. 广西日报，2016-5-17（7）.
② 吉联抗译注．乐记 [M]. 北京：音乐出版社，1958：11.
③ 转引自周鸿．文明的生态学透视——绿色文化 [M]. 合肥：安徽科学技术出版社，1997：1.
④ 华中师范学院教育科学研究所主编．陶行知全集（第一卷）[M]. 长沙：湖南教育出版社，1984：502.

共长，最终达成整生。比如，生活和实践美育，可以是弘扬桂林优秀的传统文化艺术，促进民族传统文化传承、培育地方文化传承人等。例如，桂林市艺术馆的唐洁老师，14岁开始接触彩调，20世纪60年代初，唐洁成为第一批演刘三姐的彩调演员，并以她美丽的外貌和扎实基本功赢得了观众和专家的一致好评。但她没有停留求知的步伐，继续追求彩调表演的完善，使她的唐氏唱腔被誉为"广西第一唐氏腔"。作为桂林彩调传承人，唐洁老师深知彩调传承的重要性，是退休后仍自愿参与彩调传承工作的老专家之一，她不辞辛苦，常年行走在桂北各县乡村，每到一个村屯，都尽心尽力传授技艺，把最经典的彩调表演形式教给村民，教村民如何舞出美丽的扇花，包括绣球扇、滚球扇、铲球扇等十几种，与村民积极互动，深受村民喜爱。不管是在乡镇、村屯，还是在艺校，她都亲力亲为，尽心尽力传授技艺。她说："彩调是老艺人传下来的，不能烂在肚子里，我恨不得全部都传给那些聪明好学的孩子们。"[①] 又比如，广西非物质文化遗产保护中心选派"瑶族刺绣"专家到桂林恭城瑶族自治县，与当地群众一起交流开展瑶绣技法，并指导部分汉族妇女学习刺绣法，让瑶族传统刺绣技艺在民间能够传承下去。[②] 桂林市政府部门也行动起来，开展桂林景观的造美活动。如开展两江四湖景区绿化提升，推进5A景区创建工作。让游客游一遍景区即可看遍世间颜色，并有身处"青山绿水中，人在画中游"的美妙境界。[③] 2016年桂林市召开历史文化保护利用工作领导小组第三次会议，桂林市委书记赵乐秦强调政府及地方各部门要通力合作，共同促进桂林"文化与旅游、生态等各方面融合发展"[④]。

景观生态美育还需要重视家庭教育中的景观生态美育。儿童教育家陈鹤琴非常重视这一点，如他认为要让幼儿从小有浇花的机会，他在儿子陈一鸣一岁九个月时就给他买了个浇花壶，让他学习浇花，到三岁时，一鸣就浇得很好了。陈鹤琴认为浇花可以"教幼儿爱护花卉……可以教他花卉的颜色和花卉的名字以及花卉的结构"[⑤]。从中获得真和美的收获和享受。因而，桂林景观生态美育也要注意家庭景观生态美育这一块，当然家庭景观生态美育实施时可以是在家庭中进行，如浇花、养殖盆栽、花木，也可以是全家庭一起投入大自然的怀抱，

---

① 秦凌斌．舞起彩调追梦的纽带 [N]. 广西日报，2014-10-22（9）.

② 唐日明．恭城：面对面传技 瑶绣有传承 [N]. 桂林日报，2014-10-31（2）.

③ 徐莹波等．云想衣裳花为容——两江四湖景区绿化提升，推进5A景区创建工作综述 [N]. 桂林日报，2016-4-14（5）.

④ 刘倩．我市召开历史文化保护利用工作领导小组第三次会议 [N]. 桂林日报，2016-4-15（1）.

⑤ 陈鹤琴．家庭教育——怎样教小孩 [M]. 北京：教育科学出版社，1981：76.

如可以于春、夏、秋、冬不同季节到龙脊梯田、到海洋银杏林，感受它的四季变换之美，也可以游漓江、观古东瀑布、红滩瀑布等。全家出行，既是观赏自然美景，又是亲子互动，既受自然之美的熏陶，又可增进亲情与家庭和谐。

综上，生态美育从艺术美育起始，以学科美育为拓展和中介，之后到生活和实践美育，是艺术走向自然的必经之道，是艺术的自然化、生命化、生态化的过程，它促使艺术的整个足迹遍及包括自然界、人与社会在内的整个生态场域。因此，艺术生态化的过程就是生态全美的过程，使艺术的生态质深入自然本源，并日臻于自然本体，最终契合宇宙大道。

第二节　桂林景观生态美育的参与式模式

一、参与式模式的含义及理论依据

（一）参与式教学的含义

现代汉语词典把“参与”界定为：“参加（事物的计划、讨论、处理）。”[①]“参与”既是手段也是目的，既可以增强教学活动的有效性，也有利于教学活动中的人的发展。参与体现出活动主体，即人的能动性、自为性，也体现出活动中人与人之间的平等与自由。参与强调主体对活动的亲自性、带入性，使活动具有较强的建构性，因而，参与也是活动主体展示自我、发展自我的重要途径。正因为如此，“参与”的概念自20世纪60年代中期以后逐渐发展成为具有实践意义的“参与式方法”。2010年，我国经中央政治局和国务院常务会议审议并通过的《国家中长期教育改革和发展规划纲要（2010—2020年）》中也提出要“倡导参与式教学，帮助学生学会学习。激发学生的好奇心，培养学生的兴趣爱好，营造独立思考、自由探索、勇于创新的良好环境”[②]。我国学者陈向明认为参与式方法“是目前国际上普遍倡导的一类进行培训、教学和研讨的方法。这类方

① 中国社会科学院语言研究所词典编辑室．现代汉语词典（第5版）[Z]. 北京：商务印书馆，2006：129.

② 中华人民共和国教育部．国家中长期教育改革和发展规划纲要（2010-2020年）[OB/OL]. http://www.moe.edu.cn/publicfiles/business/htmlfiles/moe/moe_838/201008/93704.html.

法力图使所有在场的人都投入到学习活动中，都有表达和交流的机会，在对话中产生新的思想和认识，丰富个人体验，参与集体决策，进而提高自己改变现状的能力和信心”[①]。

（二）参与式教学的教育生态学依据

教育生态学强调以生态哲学的视角和方法来分析教育领域的问题和现象，它不是自然科学的“生态学”硬性嫁接到之中，而是把生态学的原理上升到生态哲学的高度来观照教育领域诸现象和问题。认为教育系统是一个生态系统，教育中的每一个个体、群体都有各自的生态位，并起着相应的作用。在生态学中，生态位是指每个物种在群落中的时间、空间位置及其机能关系，即群落内一个物种与其他物种的相对位置。生态位的形成，使不同物种能更加有效地利用自然资源，减轻了不同物种之间恶性的竞争，都可获得比较好的生存优势，从而使自然界各种生物共同发展、和谐发展、欣欣向荣。反之，则相反。从宏观角度上看，教育是整个社会复合系统的一个子系统，教育对其他各子系统有促进作用，教育本身也需要有一定的能量输入，彼此间应有恰当的能量分配比例，并与其他子系统共存、共生、共荣。从微观的生态角度上看，则是学校教育中的个体与群体，包括教师个体、群体、学生个体、群体，在班级管理、课堂教学中的生态位。其中，教师对学习者的学习起着引导作用，学习者则是学习的主人，在教学中起着主体作用，而且教师与学生、学生与学生之间也相互作用、相互影响，从而组成一个统一的学习共同体。参与式教学正是教育生态学原理在教育教学中的体现和应用。

参与式教学既是一种教学理念，又是一种教学方法。首先，参与式教学是一种教育生态学理念在教学中的体现。从教学理念上看，参与式教学是对传统忽视学生生态位的教师讲授为主的“灌输式”教学的变革，提倡以教师的“教”来促进学生的“学”，以学定教，强调教学过程中师生平等，师生共同参与，重视发挥学生作为学习者的学习积极性和主动性，以实现最终促进学生德智体美全面发展的教学目标。富含教育生态学蕴涵的建构主义理论认为知识不是由教师传授给学习者的，是学习者与客观世界相互作用而形成意义建构的过程。尽管世界是客观存在的，但是每个人都是以自己的经验为基础来建构现实，因而每个人对于世界的理解和赋予意义却不一样。因此，建构主义倡导在教学中应

① 陈向明. 在参与中学习与行动——参与式方法培训指南 [M]. 北京：教育科学出版社，2003：3.

更关注学习者通过活动，包括外部的操作活动和内部的心智活动，倡导以学习者原有的经验、心理结构和信念为基础来建构对这个世界的理解和关于这个世界的知识。如儿童心理学家皮亚杰提出的发生认识论认为，认知源于学习主体与客体间相互作用的活动之中。从教学方式上看，参与式教学是一种要求师生平等地参与到学习活动之中，强调师生互动、生生互动，共同讨论学习中的问题，以促进教学活动中的师生发展和教学相长的方式和方法。参与式教学把传统教学的以“教”为重心转变为现代教学的以“学”为重心。教学是教师的“教”和学生“学”相统一的活动过程。传统教学主要把重心放在教师的“教”，教学往往是“教师讲，学生听”，教师对学生进行单向信息输出，为“信息提供者”和标准答案的“发布者”，学生则处于被动地接受教师灌输的大量权威性的事实和结论的状态。即使有参与，也只是对教师预设好的问题的简单回答，学习的积极性和创造性得不到充分发挥，课堂上始终处于消极、被动的学习地位。实际上，学生作为学习者，是学习的主人，其学习活动及其过程是任何人都代替不了的。参与式教学认为教学的重心应关注和转向学生的学习活动，教师的“教”不是直接、单向地向学生灌输信息，学生也不是被动的信息接受者，而是主动参与，成为课堂教学中真正的主体，在参与中获得真切的感受和情感的体验。美国教育家布鲁纳提出的“发现学习法”强调，教学是教师引导和启发学生自己去发现和获取知识的过程。苏霍姆林斯基也认为，“在人的心灵深处，都有一种根深蒂固的需求，就是希望自己变成发现者、研究者、探索者，而在儿童世界中，这种需求特别强烈。”德国文学理论家伊塞尔的接受美学理论认为阅读是读者与文本的相遇、交流和双向互动的过程，是读者的能动参与过程，是读者与作者共同创造的产物。因此，参与式教学中教师则通过努力寻求各种有效的方法激励、促进和支持学生的学习活动，指导学生的学习活动，指导学生学会学习，以实现“教”是为了“不教”的目的，使学生拥有终身学习的愿望和能力并促使学生的心理品质、活动能力及综合素质不断向前发展的目的。同时，参与式教学认为教学是师生共同的学习活动，教师在教学活动中，通过组织或指导学生的学习活动进一步掌握教学规律，使自己的教育教学不断走向合理和智慧，促进了自身的专业发展。因此，参与式教学是以学习活动为中心，教师和学生都作为平等的参与者，共同参与到学习活动中，教师的学习可以引领和促进学生的学习，而学生的学习亦可以促发和带动教师的学习，最终实现学生和教师的教学相长和共同发展。

从历史的视域看，教育生态学视域下的参与式教学思想源远流长。在中国，

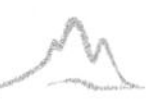

古代孔子的“不愤不启，不悱不发”的启发式教学思想，近代陶行知的“教学做合一”教学思想等都蕴含着主体参与思想。在国外，无论是古代苏格拉底的“产婆术”，杜威的“从做中学”，布鲁纳的“发现学习法”，还是罗杰斯的“非指导性学习”，主体参与思想也一直贯穿其中。古今中外教育家的主体参与教学思想为当今参与式教学积淀了深厚的文化底蕴。

（三）参与式生态美育的含义

生态美育作为教育的有机组成部分，既具有教育的一般特点，又有自身的独特特点。传统美育教学中存在过于注重教师讲授，注重美育知识、技能传授，忽视学生作为学习者的主体性，忽视学生的参与和实践，以致弱化学生审美意识、审美能力以及个性和人格培养的倾向。参与式生态美育就是要矫正这种偏向，在使学生掌握一定审美知识、技能的同时，全程参与到审美欣赏、审美批评、审美研究和审美创造等环节中，在参与、体验和感悟中学会审美、显美和造美，使自身的审美意识、审美能力和素养得到提高，个性、人格得到陶铸，精神境界得到提升，并使世界得到美化。环境伦理学家罗尔斯顿提出“对事物价值属性的认知要求认知者全身心地投入其中”。要认识自然的价值，就得进行感知、评价和体验。美学家阿诺德·柏林特在其环境美学理论中也提出了“参与美学”的思想，其中的“参与”就是要使自身融入作为审美对象的自然、环境或生态整体之中。更为重要的是，他们提出的参与美学力图破除无利害的静观美学观，使各种感觉经验投入这种包括自我在内的自然、环境与生态的整体之中。因此，利用景观这个生态文本进行美育，不仅使读者阅读出景观的美，并修正原有的可能对于景观的不正确审美经验，如一些不喜欢亲近山水的，走入景观后，才发现其别有洞天。同时，景观审美还可以使景观的生命活力得到焕发和重构。一些审美者在阅读景观文本后，可能留下对于该景观的关于诗歌、散文等文学创作或书法、绘画等艺术创作。如古代文人雅士留在景观中的摩崖石刻就是实例。

二、参与式生态美育的特征

（一）和谐性

“参与式”教学倡导和要求把教学过程看作是一个整体建构的生态系统，充分发挥教育者、受教育者、教育媒介和教育方式方法等因素在教育中的地位和作用，不可偏执于一端，又要重视促进不同教育因素的相互影响、相互制约与和谐共生，从而使美育产生最佳效果。这就要求美育要摒弃传统的教师权威、教师唱独角戏、束缚学生的个性和独立思考的“教师中心”论，营造平等民主的课堂氛围，创设开放的教学情景，营造积极而宽松的思维状态，为每个学生都提供平等的发现和创造的机会。就艺术和审美教育而言，更需要宽松而自由的氛围。事实上，在中西方的教育思想中都包含着丰富的和谐教育思想。如成书于战国末期的《学记》，作为中国古代乃至世界教育史上最早的一部教育论著，就蕴涵着丰富的和谐教育思想。如《学记》里说：“学然后知不足，教然后知困。知不足，然后能自反也；知困，然后能自强也。故曰：教学相长也。《兑命》曰：‘学学半’。”[①]《学记》意识到了教师的教与学生的学是相互促进、相生互长的。美学家席勒也曾说过：“艺术是自由的女儿。”[②]只有在一个民主、和谐的氛围中，学生能够平等地参与，教师与学生或学生与学生间能平等地交流，教师尊重和鼓励学生的认识和感受，让学生自由地表达自己的不同思想和观点，才能激发学生的学习热情和对美的追求，形成创新意识和创新精神。当然，教师作为学生成长的引路人，让学生享有一定程度的民主、自由，并不意味着教师完全放弃对学生的指引，对学生放任不管，如对学生审美标准、审美理想的正确引导等。只不过是教师发动学生个体和集体力量，与学生在共同“商讨”中引导学生取得进步、获得发展。参与式教学打破了传统教学中教师中心、教师主宰的藩篱，教师不再作为居高临下的向学生“宣教”的权威者，不是“带着知识走向学生”，而是作为学习共同体中的一员，作为一个平等的参与者，“带着学生一起走向知识”。在这种充满民主、和谐氛围的课堂中，教师关注和尊重每个学生的个性、兴趣和爱好，以平等和友善的态度引导每个学生，使学生在充满安全感的课堂中让身心自由地表现和舒展开来。

（二）多元性

多元性一是指参与主体互动的多元性。传统讲授教学所形成师生授—受的单向信息传输，学生则相对容易处于旁观或被动接受知识状态，即使全身心投入，也还是“观众”，而不是“演员”，学习容易变成对知识的简单理解和记忆，

---

① 礼记（下）[M]. 钱玄等注译 . 长沙：岳麓书社，2001：484.

② （德）席勒 . 美育书简 [M]. 徐恒醇译 . 北京：中国文联出版公司，1984：37.

更不利于知识的运用和创新。参与式教学中，强调以学生为主体，强调学生是“演员”，是主动的参与者，教师的作用是引导学生主动参与到课堂学习中，形成了师生互动、生生互动，共同讨论、交流，形成参与主体互动的多元性。引发学生的探究、体验、反思和感悟，从而更易引起发散思维和创新思维，也有利于形成不局限于唯一或标准答案，发表创新性的结论。二是指学习结果的多元性。参与式教学，强调教学不仅是预设的，更是动态生成的，是教师与学生的交往、积极互动、共同发展的过程。胡塞尔的现象学哲学，提出“回到事物本身”的口号，就是基于我们的意识不是对于客体的被动记录，而是一种积极的构成和设想，所以倡导将超出我们直接经验的事物放进“括号”里，悬置前见，以使外部世界变成我们自身意识的内容，进而生成对事物或文本的认识和理解。“顺木之天，以致其性。”教师在学生面前不应是高高在上的尊贵的“施舍”知识的人，而是应把“教”的重点放在引发学生的“学”。《乐记》中就讲到不同个性气质的人“宜歌”与之个性相适应的不同歌曲，从美育的角度来说，就是要用不同风格的艺术品来满足不同个性的审美需要。这样，学生就有可能在多维度、多层面、多细节的阅读、思考、想象、体验中形成个性化的理解和独特的感悟，生成的知识就具有多元性，也可能更具有创新性。师生犹如朝着某一目标前进的小溪，于不断奔流中浪花不断，载歌载舞；于不断奔流中滋润两岸，历练自己。三是指教学评价的多元性。传统教学主要是以教师评价为主要甚至唯一方式，参与式教学基于既重结果，又重过程的理念，注重形成性评价与终结性评价结合，从评价主体来说，既有教师评价，又有学生互评、学生自评等多种评价方式，以实现运用评价的多元化和人文化来促进学生的全面和谐发展的教育目标。

（三）情境性

情境性是参与式教学的重要特征。《学记》说：“君子之教喻也。道而弗牵，强而弗抑，开而弗达。道而弗牵则和，强而弗抑则易，开而弗达则和。和易以思，可谓善喻也！”要求教师要重视引导学生、鼓励学生，而不是牵制或压抑学生，教学能达到“和易以思”的境界，这其中既强调了教师要注重启发式教学，又包含了教师要注重创设问题情境，使学生在愉悦的氛围中积极思维教学的情境理念。法国教育家卢梭在其教育名著《爱弥尔》中，也很重视和倡导情境教学，如作为老师的卢梭带爱弥尔到大森林中，爱弥尔对一切都感到新鲜，完全沉浸在大自然看不完的“景”、听不够的“歌”中，等到又累又饿该回家的时候，却迷失了方向。老师不是直接告诉爱弥尔答案，而是要求他根据森林情境，运用植物学知识自行观察。最后，爱弥尔辨别出了方向，找到了回家的路。[①]杜威也把创设情境看成是教学过程的有机组成部分，他在《我们怎样思维》中提出“思维起于直接经验的情境”[②]，认为教学过程应包括“情境（暗示）——问题——假设（引导观察，占有资料）——推理——验证”[③]五个步骤。可见，情境教学在中西方的教育中都受重视。在我国当今的教育中，情境教学既是对中西情境教育思想和传统的承继，更是对教育中存在的机械的“灌输式”“填鸭式”教学的纠偏。它要求教师要注重根据教学内容创设相关的场景、情境和氛围，以引起和激发学生审美注意、审美兴趣和审美体验，锻炼学生的创造性思维，陶冶情感，净化心灵，从而使学生的审美意识、能力和综合素质得到发展。鉴于人们总是依照所经历的情境去解释意义和获得信息，因而不能把对事物现象的理解与经验活动割裂开来。为此，学者陈向明提出，参与式教学方法特别强调在真实的情境下组织的学习活动，激发参与者对实际问题进行思考。因此，美育课程中进行情境的创设就显得格外重要。只有创设出有意义的情境，才能激发学习者的兴趣，引发审美期待，顺利的展开教学主题，促进学习者参与学习、体验和感悟。为此，教师可利用诸如榜样作用、生动形象的语言描绘、游戏、角色扮演、诗歌朗诵、绘画、体操、音乐欣赏、旅游观光等，创设“美”“趣”“智”的学习情境和“亲”“助”“导”的师生人际情境，寓教学内容于具体形象的情境之中，使学生积极主动投入美育文本的感知、欣赏与研究活动中，并获得美的享受和审美素质的提升和发展。在智育中主要是创设认知情境，以其制造认知冲突，突出和强化问题意识。在美育教学中，则要创设审美感知、欣赏情境，激发学生的审美需要，促进审美感知，激发情感和审美想象。刘勰在《文心雕龙》中说“目既往还，心亦吐纳。春日迟迟，秋风飒飒。情往似赠，兴来如答”。即欣赏者敞开心扉，把全部的情感和感受都倾注于环境审美活动中，与审美对象发生双向互动，从而进入美的广阔天地。例如，有教师在进行画作《格尔尼卡》欣赏教学时，设计了播放一段抗战时期日军轰炸重庆的视频这一教学环节，“视频中建筑物成了一片废墟，大量无辜的平民在炸弹和烟火中丧生。残骸到处可见，景象令人触目惊心，惨不忍睹。”由于创设了相

① （法）卢梭．爱弥尔[M]．李平沤译．北京：商务印书馆，1996：238.
② 赵祥麟，王承绪．杜威教育论著选[M]．上海：华东师范大学出版社，1981：297.
③ 赵祥麟，王承绪．杜威教育论著选[M]．上海：华东师范大学出版社，1981：191.

似的场景和欣赏情境，引起了学生的共鸣，使学生对毕加索创作格尔尼卡的背景有了真切的体会，理解了画家的感受，于是对于鉴赏分析作品更加顺畅。

（四）体验性

美感含有认知的成分，但更是体验。与认知的逻辑性、概念性不同，体验具有直接性。美感的这种直觉性就是它超逻辑性和超理性的性质。因而，美育过程不仅仅以审美知识掌握的多少为唯一目标，美育的方式也不是简单的知识授受过程。参与式美育强调以体验式的审美超越抽象化、概念化的知识论美育，使美育过程成为一个以意象的生发、情感的激发与交流为基础的审美经验过程。它包含着审美者对审美对象的感知、想象、理解和评价等心理成分，并且伴随着特殊的情感状态，进而产生审美快感，形成审美经验。我国传统美学中的“感兴”“妙悟”等指的就是审美体验。人们在阅读、欣赏艺术作品、游览名山大川、创作艺术形象的过程，不只是感官“享受”的过程，而且也是激发人们审美情感，在人们心理产生各种各样的审美意象的过程。一方面，这些情感和意象直接成为审美体验的一部分，另一方面也可以作为后续审美欣赏和审美创造的审美参照，在以后的审美情景中受到激发而重新唤醒。因此，审美体验能够提高审美者对审美对象的敏感性和辨别力，较之灌输式美育，更能有效促进个体的审美趣味和鉴赏能力的提高。如果学生对某种艺术比其他艺术更容易产生愉悦感，就有可能是他对这种艺术有更多接触机会和体验。

（五）实践性

实践性是参与式的重要特征。审美不仅仅在于人们能掌握多少美学知识和审美理论，更在于践行一种诗意的可持续的有机生活。审美体验的最主要的是要尽可能地创设条件让学生直接参与审美创造，使学生在自己“动脑”“动手”中把获得的审美知识付诸实践，在实践中运用和检验所掌握的审美标准，践行并深化正确的审美理想。马克思说：“感觉通过自己的实践直接变成了理论家。”① 苏霍姆林斯基也曾说过：“在人的心灵深处，都有一种根深蒂固的需要，就是希望自己是一个发现者、研究者、探索者，而在儿童的精神世界中，这种需要特别强烈。”② 教师要尊重并满足学生的这种需要，为学生的审美探究和审

① （德）马克思．马克思 1844 年经济学哲学手稿 [M]. 刘丕坤译．北京：人民出版社，1979：81.
② （苏）苏霍姆林斯基．给教师的建议（修订本）[M]. 杜殿坤译．北京：教育科学出版社，1984：59.

美实践提供充足的条件，并采用各种有效的方式引导所有学生参与到探究和实践中来。“人的类特性恰恰就是自由的有意识的活动。”① 由此，在亲身的参与制作中学习与训练，在活动中促进学生的审美发展，是美育教学的基本规律之一。目前，我国新课程改革推行的“活动课程”教改实验，也从理论和实践两个方面为美育的“实践性”提供了支持。

综上，参与式的生态美育就是要突破知性美育的藩篱，强调审美主体的实践和参与。参与式的生态美育不是不需要进行美和审美知识、技能的传授，而是强调不能仅仅停留于这个层面，需要在美和审美知识、技能的传授基础上，引导学生爱美、求美的情感体验，引导和塑造其显美、造美的行为，进而使其养成高尚的人格和精神境界。参与式生态美育模式提出并不仅仅在于教学方式方法的改善，参与式生态美育对参与的重视，实质上是对美育中的人的重视，参与式是更加关注人，关注人的生命的完整性、独特性、生成性、自主性，关注人的精神成长与人格健全，一句话关注人的真、善、美、益、宜的生态中和与整生，关注人与世界的真、善、美、益、宜的生态中和整生。对人与世界的深切关切，是参与式生态美育模式的核心理念所在。

第三节　参与式桂林景观生态美育的具体方法

一、绿色阅读

（一）绿色阅读的含义

对于绿色阅读，在文艺学、美学领域和教育学领域都倡导，但不同领域的学者强调的侧重点有所不同。在欧美学者那里，绿色阅读是生态批评的起点，是生态批评展开的基础与前提，起着整体发展的定向作用。生态批评倡导“绿色阅读”②，布伊尔说：“如果没有绿色思考和绿色阅读，我们就无法讨论绿色文

① （德）马克思．1844年经济学哲学手稿[M]. 刘丕坤译．北京：人民出版社．1985：53.

② Buell Lawrence, The Enviromental Imagination: Thoreau，Nature Wrting, and the Formation of American Culture, Cambrige, Ma: Harvard University Press, 2001：1.

学。”[①]绿色阅读追求生态性与审美性的统一。同时，仔细分析布伊尔提出的绿色思考、绿色阅读和绿色文学，可形成绿色文学运动的环路，即：世界的绿色呼唤催生了——绿色创作——绿色文本——读者的绿色阅读——读者或批评家的绿色批评与思考——社会的绿色实践——世界的绿化。威廉·鲁克尔特在提出“生态批评”概念时也说：“我想尝试探索文学生态学（ecology of literature），或是尝试通过一种将生态学概念应用于文学的阅读、教学与写作方式，发展一种生态诗学。”[②]到后来生态批评由关注文学与自然的生态和谐关系发展扩展到关注人与人、种族与种族、人与社会、人自身等的生态和谐关系，以此透视现代人类的思想、文化和文明等诸多复杂问题的生态和谐，如布伊尔提出的对象生态批评应该“包括一切‘有形式的话语’”[③]。绿色阅读和生态批评的对象和范围超出了文学的范围，社会、生活、自然、艺术文本均可列入其中。因此，西方生态批评领域中的绿色阅读，主要是一种生态文化的伦理阅读要求，以及生态文明的价值追求。相对而言，其对文本的绿色欣赏是次要的，其生态审美的指向是潜在的。另外，语文教学中的阅读出现了“城乡中小学普遍存在畏惧读书的‘语言恐惧症’”[④]老师在阅读前进行条分缕析的阅读意义、目的，阅读中进行解剖麻雀式的过分解读，大大减弱了学生的阅读兴趣，有中学生诉苦说“我们的文学鉴赏课，毫无美感可言，令人厌倦”[⑤]。显然，这种枯燥的教学方式加剧了学生的文字恐惧症。这是反映中国的阅读教育教学中，忽略或违背了读者（学生）自身的自然生态，忽略了读者阅读的自主权，从而使读者与作者、文本的关系也处于非生态和谐关系，从而导致了阅读恐惧症的出现。针对这些情况，一些教育学者提出了“绿色阅读要改变传统阅读教学的机械沉闷和程序化，让师生的生命力在课堂中得到尽情地释放”[⑥]。并提出“阅读是一种生活，是一种自由的生活、精神的生活、智慧的生活。……应该鼓励学生追求阅读的个性化、自主化、生活化、多元化，使学生如珍惜生命般热爱读书，渴望读书，如品味人生般体验阅读，享受阅读”[⑦]。即倡导一种民主、开放、自然、本色的阅读，以人为本的阅读。生态美学家袁鼎生认为绿色阅读“体现了‘读者’在审美活

① Buell Lawrence, The Enviromental Imagination: Thoreau，Nature Wrting，and the Formation of American Culture, Cambrige, Ma: Harvard University Press, 2001：1.

② 转引自曾繁仁．西方现代文学生态批评的产生发展与基本原则 [J]. 烟台大学学报（哲学社会科学版），2009（3）：39-43.

③ 鲁枢元．生态批评的空间 [M]. 上海：华东师范大学出版社，2006：12.

④ 赵谦翔．用“绿色语文”救治“文字恐惧症”[N]. 中国教育报，2004-4-7（14）.

⑤ 赵谦翔．是“灌输”还是“开发”——研究性鉴赏课教后记 [J]. 语文建设，2002（8）：34-36.

⑥ 沈小红．让绿色阅读走向语文课堂 [J]. 现代中小学教育，2005（3）：36-38.

⑦ 沈小红．让绿色阅读走向语文课堂 [J]. 现代中小学教育，2005（3）：36-38.

动中的参与性，绿化文本的主观能动性，即主体性。这种主观能动性，既体现在‘读者’与绿色文本的自然感应与对应，也体现在‘读者’敏锐地分辨、选择、感受、体悟、升华文本绿的方面，更体现在赋予非绿色文本的绿韵方面”①。由此，中国学者除了继续生发西方学者对于绿色阅读的意义外，还特别强调读者（学习者）的参与问题和审美接受问题。

综上，绿色阅读是生态审美意象的再造，是在读者与文本的原作者共生中完成的，而且对于绿色阅读者来说，一切生态都是文本，但是这些文本的生态审美性可能会参差不齐，有些文本生态性与艺术性同步，成为生态艺术；有些文本生态性与艺术性缺失，乏绿少美；有些文本生态性系统性缺失，绿与美无法整生。绿色阅读要求读者“望之生绿，听之成乐”。对于生态艺术，要读出它的生态审美品质，对于其他艺术，要读出它的生态审美潜质，进而生发生态审美意象。只有这样，绿色阅读才能成为生态审美活动的机制，绿色阅读才能从外在的生态功利要求，内化为内在的生态文化责任、生态审美需求与情趣，从而提升人类的需求结构系统，进而提升人类的生存境界和精神境界。

（二）桂林景观的绿色阅读

由于正常的生态过程是系统生发且持续不断的过程，因而绿色阅读者应是阅读者自身的生态足迹与生境构成的整生场。一个人一生持续阅读随身整生文本的过程，就是实现人生全程生态审美化，实现审美人生的过程。同时，随着个人的生态审美足迹进入生境，以自身的思想和行为促进生境的生境优化、绿化与美化，提升了生境的整生化，这样，个人作为读者同步阅读这整生的文本，就实现了绿色阅读的人与绿色文本的对应性耦合整生，即实现了人与世界的整生。绿色阅读的眼光，既是选择和体悟绿色文本的眼光，更是耦合美化和绿化生态以提高甚或创生绿色文本的眼光。

绿色阅读是生态审美个性和生态审美通性的统一，绿色阅读应相应地体现在绿色文本的发现和绿化文本两方面。经由近代社会工业文明的发展，非良性的竞生使生态系统的整生性遭到破坏，生态褪绿成为趋势，绿色文本的减少和文本的绿色减弱趋势尚未得到完全逆转，因而，需要绿色审美眼光去发现绿色文本，同时还要为非整生文本拾遗补缺、增绿添碧。

绿色阅读的起点是艺术文本。真正的艺术都是自然生态、文化生态、社会

---

① 袁鼎生．整生论美学 [M]. 北京：商务印书馆，2013：193.

生态、精神生态的集中反映和表现，是生态性和审美性的统一。桂林景观中，诸如摩崖石刻艺术、漓江水墨画艺术、《刘三姐》艺术、龙脊梯田的大地艺术等，都具备生态艺术的品格和潜质，是绿色阅读的首选对象。通过绿色阅读，这些艺术向读者以一种全面性敞开，超越了主客关系，建立一种参与关系，使人们进入一种物我合一的审美情境，获得生态性与审美性合一的感受。又比如，桂林石刻是桂林山水的灵魂和精华，通过绿色阅读，读者可以获得"看山如观画，游山如读史"[①]的真、善、美合一的生态审美感受。

桂林的自然景观自古就有"甲天下"的美称，因而，对桂林自然景观的绿色阅读古已有之。如宋代赵夔的"玲珑拔地耸层秀，峥嵘嵯峨星斗间"[②]，既是对桂林山水的绿色阅读，也是生态写作。亚太旅游协会首席执行主席官贵马田来到桂林游览后，深深地爱上了桂林，他十分乐意担任桂林形象宣传大使，特地把中文名中的姓"贵"改为"桂"，并说："桂林是大自然送给人类的瑰宝。"[③]

在桂林人文景观的绿色阅读方面，可对之进行真、善、美、益、宜生态中和价值的阅读。如读出桂林的"宜"居，"宜"人的，唐代杜甫有"五岭皆炎热，宜人独桂林"[④]。唐代沈彬的"陶潜彭泽五株柳，潘岳河阳一县花。两处争如阳朔好，碧莲峰里住人家"[⑤]。当代邓拓的"浪游到此意流连，叠翠层峰绕市廛"[⑥]。以及矛盾的"山水甲天下，文物媲吴越。况复友情深，讵忍话离别"[⑦]。

在学校美育中，可结合不同学科内容的教学进行桂林人文景观绿色阅读及生态美育。以历史教学为例。在进行历史教学时，可结合相应教学内容，让学生搜集、阅读和感受桂林人文景观状貌，如桂林甑皮岩、宝积岩等史前文明以及摩崖石刻等人文景观的形成、开发历史，在学习辛亥革命时期的历史时，可讲述桂林蒋翊武就义处纪念碑，搜集、阅读和了解蒋翊武从事的民主革命活动，以及在桂林被捕、英勇就义，孙中山亲临就义处悼念，并亲题"开国元勋蒋翊武先生就义处"等历史情节。在讲到红军长征历史时，可让学生搜集、阅读和了解湘江战役。讲到抗日战争时期，可让学生搜集、阅读和了解桂林的抗战文化景观。如田汉抗战期间，曾往返于长沙、桂林等地，组织开展抗日宣传活动，并作《过桂观〈桃花扇〉》"无限缠绵断客肠，桂林春雨似潇湘。善歌常羡刘三妹，

---

① （清）陈元龙．龙隐洞 [A]// 刘寿保注释．桂林山水诗选 [C]. 南宁：广西人民出版社，1979：56.
② 曾有云，许正平．桂林旅游大典 [M]. 桂林：漓江出版社，1993：394.
③ 刘倩．贵马田：我要改名桂马田 [N]. 桂林晚报，2014-10-15（1）.
④ （唐）杜甫．寄杨五桂州谭．刘寿保注释．桂林山水诗选 [C]. 南宁：广西人民出版社，1979：3.
⑤ （唐）沈彬．碧莲峰 [A]// 刘寿保注释．桂林山水诗选 [C]. 南宁：广西人民出版社，1979：116.
⑥ 邓拓．桂林览胜 [A]// 陈永源，奉少廷．名人笔下的桂林 [C]. 北京：新华出版社，2001：101.
⑦ 矛盾．山水甲天下 [A]// 陈永源，奉少廷．名人笔下的桂林 [C]. 北京：新华出版社，2001：86.

端合新声唱李香”[①]。丰子恺在桂林时写有《咏桂林》“山如眉黛秀，水似眼波碧。为念流离苦，好景忽减色”[②]。如此，在不同历史时期的历史教学中，进行桂林历史人文景观教育，让学生了解在不同历史时期桂林发生的历史事件，进行桂林历史人文景观“真”的生态美育，而学生在了解不同历史时期桂林发生的历史事件的同时，又深深地被历史上的这些事件和相关英雄人物爱国、高尚的行为和美的心灵境界所感染、熏陶，因而又受到了桂林历史人文景观“善”“美”的生态美育。而在进行历史教学时，结合相应教学内容，让学生搜集、阅读和感受桂林灵渠、相思埭作为水利建筑工程的生态科技美以及利于防洪、灌溉、观赏等生产和生活实践的益之美，桂林少数民族的干栏、吊脚楼、风雨桥等建筑的宜居及所体现的人与自然的生态和谐美等，使人（学生）受到桂林历史人文景观“益”“宜”之生态美育。

二、生态写作

（一）生态写作的含义

生态写作贯穿着生态美育和景观生态美育全过程，特别是生活和实践美育。生活和实践美育过程，实质上就是生态写作的过程。生态写作就是学习者把在艺术美育和学科美育中获得和积淀的生态审美态度、生态审美意识、生态审美能力付诸生活和实践中，创造或曰写出生态审美生活和生态审美世界的活动过程。其创造者或写作者及其对象，可以是人与自然，也可以是人与人、人与自然协同的集体或社会。生态写作的目标就是创造生态审美者和生态审美世界。因此，作为生态美育式的生态写作，包括各种培育和提升人类生态审美化的活动，创造与促进世界生态审美化的行为，各种促成和发展美育场的机制，其写作方式既有伏案挥笔式的语言符号的书写，更有绿色生存审美化生存与实践的行为写作和身体写作式的生态符号的书写。

（二）桂林景观的生态写作

景观生态作为生态美育的实施路径或曰生态写作古已有之，其价值也在历史中相应呈现。庄子因“天地有大美而不言”而“逍遥游”，进行生态写作。孔

① 田汉．过桂观《桃花扇》[A]// 陈永源，奉少廷．名人笔下的桂林 [C]. 北京：新华出版社，2001：90.
② 丰子恺．咏桂林 [A]// 陈永源，奉少廷．名人笔下的桂林 [C]. 北京：新华出版社，2001：90.

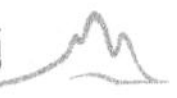

子带弟子习礼于树下，行于川上，并有“逝者如斯夫”的感叹和生态写作。陶渊明既怀古田舍，躬耕陇亩，进行身体和行为写作，又写了大量的田园诗，细致地描写了优美恬静的田园风光，如“鸟听欢新节，冷风送余善”[①]“新葵郁北脂，嘉糙养南畴”[②]“清气澄余滓，杳然天界高”[③]等，以生态语言符号表达了作者对淳朴、淡泊的田园生活的喜爱和诗意栖居的心境。谢灵运醉心山水，爱好于山水中探奇览胜，并对一年四季变换进行生态写作，如谢灵运《登池上楼》的“池塘生春草，园柳变鸣禽”[④]等。白居易热爱大自然，其诗《赋得古原草送别》写出了对小草的挚爱和哲思。杨万里的《寒雀》：“百千寒雀下空庭，小集梅梢话晚晴。特地作团喧杀我，忽然惊散寂无声。”[⑤]另有一首“梅花寒雀不须摹，日影描团作画图。寒雀解飞花解舞，君看此画古今无”[⑥]。这两首诗表达了人喜寒雀、雀喜寒梅、梅喜寒雀的无限情趣的生态写作。

以桂林景观生态作为生态美育的生活和实践美育实施路径或曰生态写作里历史上很早即有。如前面所述的南朝宋的颜延之，既是文学家、诗人，来到桂林后，受桂林山水之熏陶，对桂林山水进行了绿色阅读与生态写作，其“未若独秀者，峨峨郛邑间”使独秀峰的美名世代远扬，而他把独秀峰辟为读书岩，使自己不仅接受了桂林山水的生态写作，同时也在山水中接受历史文化的生态写作。此外，还有唐代李渤对桂林南溪山、隐山的生态写作，秦代监御史禄、汉代伏波将军马援、唐代桂管观察使李渤、唐代桂州防御史鱼孟威对灵渠的建造及修复疏通之生态写作。近代，在抗日战争时期，于民族存亡时刻，周恩来、李克农等在桂林创办了八路军办事处，发动、领导和指挥抗战运动，同时包括丰子恺、徐悲鸿、柳亚子、矛盾等在内的大批艺术家、文化名人和爱国人士也纷纷来到桂林，在桂林开展各类宣传抗日救亡活动，出版进步书刊、报纸。由欧阳予倩、田汉等进步文化人发起的西南第一届戏剧展览会，把西南8省近1000名戏剧工作者聚集在一起，先后推出剧目60多个、170多场，成为“中国戏剧史上的空前创举”。再加上其他演讲会、歌咏会、戏剧公演、街头诗朗诵、

---

① （晋）陶渊明．癸卯岁始春怀古田舍（一）[A]//（晋）陶渊明．陶渊明集[C].郭建平解评．太原：山西古籍出版社，2004：100.

② （晋）陶渊明．酬刘柴桑[A]//（晋）陶渊明．陶渊明集[C].郭建平解评．太原：山西古籍出版社，2004：73.

③ （晋）陶渊明．己酉岁九月九日[A]//（晋）陶渊明．陶渊明集[C].郭建平解评．太原：山西古籍出版社，2004：112.

④ 顾绍柏校注．谢灵运集校注[M].郑州：中州古籍出版社，1987：63.

⑤ （宋）杨万里．寒雀[A]//毛毓松．鸟兽虫鱼诗大观[C].桂林：广西师范大学出版社，1992：30.

⑥ （宋）杨万里．东窗梅影上有寒雀往来[A]//毛毓松．鸟兽虫鱼诗大观[C].桂林：广西师范大学出版社，1992：30.

街头漫画、美术展览会等，把抗日救亡活动推向了前所未有的高度，不仅影响着当时的中国，也震动了世界，对激励前方将士英勇抗战、增强全国人民抗战必胜信心发挥过巨大的号召力和凝聚力。这些艺术家、文化名人等在桂林进行了生态写作，谱写了爱国主义的篇章。中华人民共和国成立后，亦有周恩来、彭德怀、朱德、陈毅、邓小平等国家领导人以及外国元首到桂林参观、游览，并进行了“愿作桂林人，不愿做神仙”式的生态写作。到桂林的这些名人雅士受到美丽桂林山水的熏陶感染，自身也对山水进行了生态写作。当然，桂林变得越来越美丽，离不开世代桂林人民对桂林的山山水水的生态书写。

在当代，特别是在2001年实施新课程改革以来，景观生态作为生态美育的实施内容和路径得到重视和加强。在桂林市的基础教育中，非常重视以桂林景观生态作为生态写作的内容和实施路径。如“桂林市小学开展‘地方戏曲进校园活动’，通过对桂剧、彩调、文场等经典剧目展示、讲解、表演、辅导等多种形式，提高中小学教师的非物质文化遗产传承素质，开展戏曲进校园进行示范性演出、比赛、交流演出等艺术教育活动，普及地方戏曲基本知识，推动桂林市中小学师生学唱、爱唱、会唱、唱响家乡戏曲，打造地方戏曲特色教育品牌”[①]。如桂林市桥头小学聘请广西山歌王秦国明到学校教学生学唱山歌，并组建了“绿之梦”山歌队，该队2016年参加桂林市秀峰区第六届“三月三”歌圩节演出，获得了好评。当然，桂林景观生态写作的方式是多样化的。比如，自2011年以来，桂林每年举办“漓江环保行”大型公益活动。青年志愿者们边徒步，边将脚边的垃圾捡拾，以实际行动践行环保低碳理念，为市民做好榜样，共同倡导全民强身健体、环保低碳的生活模式和爱心公益的理念。[②]同时，桂林景观生态写作这种生态美育方式也可以是全球视野内的生态写作，而不仅是对本地或国内居民。如有桂林老师到美国教中华武术、手工剪纸、中国书法等，传授中国文化。如来自桂林的何钢老师到美国学校教学，站在美国孩子们中间，举着毛笔，让孩子们挨个摸摸毛笔的下端，“同学们，这个毛茸茸的是小狗的尾巴哦。你们抓着狗尾巴，沾上点水和墨，就能产生一幅神奇的水墨画……”[③]他仅用了30秒就用毛笔画了一只熊猫。这一示范举动，激发了孩子们的学习、创

---

① 广西壮族自治区教育厅网站．桂林市积极开展地方戏曲进校园活动 推进非遗传承教育 [EB/OL]. http://www.gxedu.gov.cn/Item/6014.aspx.

② 中国共青团网．第一届桂林高校爱心公益徒步活动举行 [EB/OL].http://www.ccyl.org.cn/place/news/guangxi/201101/t20110122_445987.htm.

③ 庄盈，吴思思．桂林老师在美国教中国文化 [N]. 桂林晚报，2014-7-28（5）.

作热情，“老师，我要学毛笔画”“我要画你画的熊猫”[1]。

第四节　桂林景观生态美育的普遍意义

刘勰说：“振叶以寻根，观澜而索源。”[2]桂林景观作为世界范围内或者中国范围内整体景观中的一个景观，具有个体性和独特性的特征。然而，普遍性是寓于特殊性之中的，特殊性和个别性的事物中往往包含着普遍意义。美国学者汉娜·阿伦特曾提出：“范例是一个在其自身之中包含着——或者被认为是包含着——某一概念或某一普遍规则的特殊物。”[3]认为范例虽然作为一个特殊物，不仅仅是具有某种单一的特殊性，而且蕴含着普遍的必然性。生态辩证法也是“强调普遍与特殊的辩证关系，特别是特殊对普遍的重要作用”[4]。桂林景观在中国乃至世界景观生态系统中，有着自身的生态位，发挥着独特的生态美育作用，同时，桂林景观生态美育的目标又蕴涵着一般景观生态美育乃至一般生态美育的目标，其实施路径与实施的方法策略又与一般景观生态美育乃至一般生态美育有着高度的一致性。因而，桂林景观生态美育既具有突出个性和特殊性特征，又具有类型性和普遍性特征。即桂林景观生态美育研究作为景观生态美育和生态美育研究的个案，既具有其独特性和个性化特征，又包含着生态美育的一般原理、方法等普遍性特征。

一、桂林景观生态美育目标的普遍意义

生态美育的目标是培育生态审美者和生态审美世界，而桂林景观作为典型的景观生态文本，作为一个典型个案，可以因其既具有桂林景观特有的独特性又具有生态美育的普遍元素而有助于生态美育目标的整体实现。某一特定的自然或环境，对生存于斯或从远方投入自己“怀中”的审美者的审美同化，既有

① 庄盈，吴思思．桂林老师在美国教中国文化[N]. 桂林晚报，2014-7-28（5）.
② 周振甫．文心雕龙今译：附词语简释[M]. 北京：中华书局，2013：454.
③ （美）汉娜·阿伦特．康德政治哲学讲[M]. 曹明，苏婉儿译．上海：上海人民出版社，2013：129.
④ 赵士发．论生态辩证法与多元现代性[J]. 马克思主义研究，2011（6）：96-103.

着乡土性和个性化的审美趣味的影响，又包含着类型性、普遍性的审美标准和审美理想的影响。也正因为如此，生活在世界各地的环境不同的审美主体，才能因具有共同的普适性的审美价值观和审美理性而能相互沟通，具有同构性。如桂林山水，既有着雄秀统一的俊逸个性，又有着其他地方山水也具有的雄秀的特殊性、类型性、普遍性。从而培养了本地欣赏者、创造者个性独具而又丰富桂林景观作为典型的景观生态文本，是生态性与艺术性的完美结合，桂林景观既具自身的独特性和不可替代性，又具有景观内容、层次、类型的多样性和完整性，蕴含着真、善、美、益、宜的景观生态美育价值，有助于审美者生态审美意识、生态审美态度的形成，生态审美情感的生发，生态审美能力的提高，以及生态审美人格和生态审美境界的生成，进而推进生态审美实践和创造，促成生态审美世界的创生。当然，作为一般景观中的典型个案，桂林景观的“真”是个别的、局部的“真”，但是任何规律的形成都是由个别性的、局部规律性相生相合、整生为整体规律的。正如蒙德里安所说的“美的情感是普遍性的、宇宙性的。这种自觉的认识必然导致抽象造型，因为人们相信普遍性的东西……统一性如果是以准确而明晰的方式构成的，那么我们的追求便只能倾向于统一、完整的宇宙”[①]。只要人们在进行桂林景观生态美育时，是基于宇宙万物大系统规律来进行，而不是局限于地方保护主义或人类中心主义的个别性和局部性规律进行，就能使桂林景观生态美育的真、善、美、益、宜价值与一般景观生态美育的真、善、美、益、宜价值，与一般生态美育的真、善、美、益、宜价值暗合。由此，以桂林景观生态进行美育，就能发挥一般生态美育的真、善、美、益、宜的生态中和美育机制，实现景观生态美育和生态美育的真、善、美、益、宜的生态中和价值。在桂林自然景观和人文景观的熏陶、化育下，审美者正如《中庸》二十二章所说的“能尽人之性，则能尽物之性。能尽物之性，则可以赞天地之化育”[②]。人们通过桂林景观生态美育，冲破人类中心主义的藩篱，能体现人性之善美，能使万物各适其所，形成了天、地、人“三位一体”的“天人合一”关系，于是“则可以与天地参矣”[③]。正如鲍桑葵所说的：“自然界的秩序和道德秩序必然有一个共同的根源，这个根源最明显地表现在对于美具有敏锐的感觉的人所能感觉到的、自然必然性和理想目的的自发和谐上。”[④] 人们通过接受桂林景观生态美育最终成为生态审美者，并身体力行，使桂林和世界变得

① 迟柯．西方艺术理论文选：古希腊到20世纪（上册）[M]．南京：江苏教育出版社，2005：572-573.
② 刘兆伟．《大学》、《中庸》诠评[M]．北京：中国社会科学出版社，2013：163.
③ 刘兆伟．《大学》、《中庸》诠评[M]．北京：中国社会科学出版社，2013：163.
④ （英）鲍桑葵．美学史[M]．张今译．北京：商务印书馆，1985：369.

更加生态和美好，从而实现生态审美者和生态审美世界整生的生态美育目的。因而桂林景观生态美育的目的明确，与普通生态美育的目的有高度一致性，最终是要造就美生人类和美生世界。

二、桂林景观生态美育的机制及功能具有普遍意义

从某种意义上说，生态景观是生态美育的根底和基座，特别是自然景观生态。梭罗曾说“这是能够画出特殊图像或者雕出雕像并使得一些对象变得美的东西；但是，雕出和绘出我们所见的、我们在道德上应该保护的大气和中介，那是更辉煌的。去影响日常的品质，这是艺术的制高点”①。虽然从自然与非自然（即人为）的角度，我们可以将生态美育分为自然生态美育、人文生态美育，人文生态美育又可以细分人与自然、人与社会、人与人的社会生态美育与精神生态美育，但由于人是自然界的一部分，社会生态美育与精神生态美育都必须与自然生态美育有高度的一致性。正如《礼记·乐记》中说的：“凡音之起，由人心生也。人心之动，物使之然也。感于物而动，故形于声，声相应，故生变，变成方，谓之音。比音而乐之，及干戚羽旄，谓之乐。”②杜威也说，“经验既是关于自然的，也是发生在自然以内。被经验到的并不是经验而是自然——岩石、树木、动物、疾病、健康、温度、电力等等。”③因为“当一个人参观一个自然历史博物馆时，他看见一块岩石，再看一看标签，就发现它被肯定说是从一棵生长在五百万年前的树木变化来的”④。景观，特别是自然景观，在生态美育中占着重要的地位和起着重要作用。桂林景观作为典型的生态景观文本，既有其独特的生态美育效应，又具有景观生态美育的普遍意义。

桂林景观具有生态美育的基本功能和价值。在生态美育的“真”的价值和功能方面。桂林景观古朴，厚重，隽永，其中充满着生态的“真”，如审美者游览观赏桂林山水后，可以由桂林典型的喀斯特地貌获得“真”的知识和规律。在此基础上，审美者可通过相似联想，想到其他地区的喀斯特地貌及景观，如云南的石林喀斯特、贵州的荔波喀斯特、重庆的金佛山喀斯特和武隆喀斯特、广西的环江喀斯特等，对这些地区景观的形成地理地质原因也就有了掌握和了解。而对地形地貌的自然景观，审美者在欣赏、研究时也会把地理地质原因作

---

① H.D.Thoreau. Walden[M]. New York: Norton, 1966：61.
② 吉联抗译注．乐记 [M]. 北京：音乐出版社，1958：1.
③ （美）杜威．经验与自然 [M]. 傅统先译．南京：江苏教育出版社，2005：3.
④ （美）杜威．经验与自然 [M]. 傅统先译．南京：江苏教育出版社，2005：2-3.

为一个分析的视角。由此，桂林景观生态美育的“真”的价值和功能就可扩展到一般景观生态美育的“真”的价值和功能层面了。审美者在桂林景观生态美育中获得的“真”的知识经过审美转化与内化，就成为其探求“真”的意识和能力。具有了这种探求“真”的意识和能力，审美者就有可能在后续的哲学、政治、科学、文化、伦理等领域继续探究“真”的知识，并转化为相应的能力。由此，桂林景观生态美育“真”的功能和价值就扩展、上升到一般生态美育的“真”的功能和价值。同理，审美者可以领略桂林山水的秀丽及其文化底蕴的深厚。如人们可以从诸如桂林的抗战文化和红色文化等生态人文景观感悟生态文化的“善”，如欧阳予倩抗战时期进行桂剧改革，被反动势力打压和强迫离开桂林，写下了“不是寻常别，终违白首心。虚名累清思，微意托愁吟”[①]，徐悲鸿对广西当局要求北上抗日主张的赞许“山水清奇民气张，雄都扼险郁苍苍。洞天卅六神州上，应惜区区自卫疆”[②]等诗歌，读者阅读后可感受到作者炽热的爱国情怀，收获桂林生态文化的“善”，并把这种感受、探求以及创造生态文化的“善”的意识和能力扩展到一般景观生态美育中，进而又扩展、上升到一般生态美育中，使桂林景观生态美育“善”的功能和价值就扩展、上升到一般生态美育的“美”的功能和价值。同理，审美者可以从诸如桂林的摩崖石刻，领略桂林景观生态艺术的“美”，并把这种感受、探求以及创造美的意识和能力扩展到一般景观生态美育及一般生态美育中，使桂林景观生态美育“美”的功能和价值就扩展、上升到一般生态美育的“美”的功能和价值。同理，审美者游览观赏桂林景观时，可以把审美价值与社会价值统一起来，使山水和人文景观不仅有熏陶和怡悦的审美价值和功能，又有“适意而已”的精神解放与超越价值，从而使景观审美活动成为提升个体人格和精神境界的途径。这样，桂林自然、文化、艺术景观就可以是人们哲思和提升人生智慧的重要资源，即启发和促进人们的“智”。审美者把这种感受、探求以及创造哲思和提升人生智慧的“智”的意识和能力扩展到一般景观生态美育和一般生态美育中，使桂林景观生态美育“智”的功能和价值就扩展、上升到一般生态美育的“智”的功能和价值。同理，人们观赏诸如桂林的龙脊梯田、灵渠等景观，不仅使人获得审美享受，还可以领略其稻作、防洪、灌溉等功能，正如马君武所说的“斗鸡山下豆麦黄，訾家洲外稻荷香。百亩耕耘五亩宅，先生何不归故乡”[③]。桂林景观生态还能使人获得实践

① 欧阳予倩．别桂林 [A]// 陈永源，奉少廷编注．名人笔下的桂林 [C]. 北京：新华出版社，2001：80.

② 徐悲鸿．登独秀峰览桂林全景 [A]// 陈永源，奉少廷编注．名人笔下的桂林 [C]. 北京：新华出版社，2001：83.

③ 马君武．故乡 [A]// 陈永源，奉少廷编注．名人笔下的桂林 [C]. 北京：新华出版社，2001：32.

的“益”。审美者把这种感受、探求以及创造“益”的意识和能力扩展到一般景观生态美育中，进而又上升到一般生态美育中，使桂林景观生态美育“益”的功能和价值就扩展、上升到一般生态美育的“益”的功能和价值。

此外，桂林景观从春天的山花烂漫，到夏天的荷叶田田，秋天的满城桂花香，冬季的“雪压林岚飘素烟”[①]，四季的满城碧绿等可游、可望、可行、可居特性，既可使人获得审美享受，还有日常生活“宜”的功能和价值。具有“宜”的功能和价值的日常生活既是一种审美化的生活方式，又是养生之道的具体实践。许多学者、文人认识到优美自然风景，充足的阳光，清新的空气，适宜的温度和湿度，能够缓解疲劳，促进新陈代谢，使人远离尘嚣，疗养身心，祛病延年。明代袁宏道说的：“真愈病者，无逾山水。”（明·袁宏道《游惠山记》）近年来，养生保健已成为现代人的重要生活方式。桂林拥有甲天下的旅游资源和一流的生态环境，以及完善的医疗保健设施、优秀的服务人才。因而，桂林既是旅游之胜地，也是养生之天堂，“2013 年，香港国际城市环境与规划研究所对中国 100 个城市的养生指数进行了分析运算，桂林入选十大养生城市榜单。”[②]桂林也将养生康体旅游作为旅游新业态重点发展，使养生养老服务与国际旅游胜地建设有机结合，使桂林不仅“宜”游，更“宜”身、“宜”心、“宜”生。为此，“桂林市还专门编制了《桂林市养生养老健康产业发展规划》，努力将桂林建设成国际养生天堂、国家社会化养老创新示范区和中国健康旅游示范区。”[③]由此，审美者在这样一个景观生态场中受到生态审美培育，最终实现在全美的景观里生成生命的全美，并造就全美的世界，即最终实现生态审美者和生态审美世界整生的目的。因此，桂林景观生态美育的功能与景观生态美育、生态美育的功能有着高度内在一致性。贝多芬在写给韦格勒的信里曾深情地说：“我的故乡，我出生的美丽的地方，至今清清楚楚的在我眼前……当我能重见你们，向我们的父亲莱茵致敬时，将是我一生最幸福的岁月的一部分。”[④]而贺敬之的《桂林山水歌》最后一句说到“桂林山水满天下”[⑤]，揭示了桂林景观生态对桂林人民以及世界人民的生态审美化育功能。由此，审美者把感受、探求以及创造“宜”的意识和能力扩展到一般景观生态美育中，并扩展、上升到一般生态美育中，使桂林景观生态美育“宜”的功能和价值扩展、上升到一般生态美育的“宜”

---

① （元）吕思诚．尧山冬雪 [A]// 陈永源，奉少廷编注．名人笔下的桂林 [C]. 北京：新华出版社，2001：32.
② 蔡宁，李丽芳，依玲．桂林漓水青山，打造国际养生天堂 [N]. 香港商报，2016-1-27,（5）.
③ 邱浩．第三届“养生论坛”昨天开幕 桂林要建成国际养生天堂 [N]. 桂林日报，2015-11-16.
④ （法）罗曼·罗兰．贝多芬传 [M]. 傅雷译．北京：华文出版社，2013：64.
⑤ 曾有云，许正平．桂林旅游大典 [M]. 桂林：漓江出版社，1993：398.

的功能和价值。

三、桂林景观生态美育的实施路径、模式及方法的普遍意义

由于桂林景观是典型的自然景观，具有史前文明、科技、农业、军事、宗教、建筑、艺术等多样且典型的人文景观，融多样性、自然性、生态性与审美性于一体。因此，在本书中，构建了一个以艺术美育、学科美育、生活和实践美育为主线，覆盖和贯穿人生始终的全程全域的桂林景观生态美育的实施途径，以参与式为模式，以绿色阅读和生态写作为具体方法，对于实施一般景观生态美育和一般生态美育都具有适用性。一般景观生态美育和一般生态美育也需要以艺术美育为基础，使审美者接受纯艺术的审美熏陶，领悟审美规律，形成审美和造美技能。需要学科美育作为拓展和桥梁，使审美者的审美意识、审美、造美能力进一步得到提高和拓展。生活和实践美育使审美主体有更多运用审美规律和审美理想的实践锻炼机会，使审美主体审美意识和审美能力因接受实践的检验而变得更加有生命活力。在静观的、主客二分的传统美学中，美和审美是与生活、实践相分离的，美和审美与客体及实用是不相容的，于是，前者常常异化为一种与感性生命无关的抽象理论与范畴，后者则容易在反理性冲动中沦为“本能”与“欲望”。参与式生态美育，以绿色阅读和生态写作的方法，使桂林景观生态美育成为主客一体，天人合一的整生态文化，成为诗意栖居式的诗性文化，其审美和造美都是一种“诗化的感性”与“诗化的理性”的融合，主体与客体是相融的，审美与实用是相融的，“情”与“理”也是相融的，因而，使生态美育既不会走向高度抽象的知性逻辑系统，不是理性文化独步天下，也不容易走向非理性的欲望狂欢。因而，桂林景观生态美育的实施途径、模式和方法具有普遍意义。

实际上，人是自然界的一部分，是自然之子。自然向人生成，对于人而言，自然化育人的过程是一个经验的过程，生长的过程，杜威在其哲学代表作《经验与自然》中提出“经验既是关于自然的，也是发生在自然以内的”[①]一元论自然主义的经验观，有助于改变人与自然的二元对立状况。例如，由于桂林山水的自然俊秀之美，吸引了来自世界各地的旅游者，这些旅游者于旅游经验中爱

---

① （美）约翰·杜威. 经验与自然 [M]. 傅统先译. 南京：江苏教育出版社，2005：3.

上了桂林这方土地，并愿意留下来保护“她”、改造“她”，使“她”以更美好的形象展现在世人面前。如《“洋”理念“土”生活》的报道就是许多案例中的一个，该报道说到："不少外国人租下阳朔当地老宅，在保护原有房屋框架结构的前提下，将其修缮改造为保留传统乡村气息，兼具浓郁西方风情的特色民居。"[①]“格格树旅馆、柚子山庄、石板桥客栈、月舞酒店、秘密花园酒店……自2000年以来，阳朔已有数十家‘洋家乐’建成开业，房价最低百元即可入住，最贵的家庭套房在旺季也不过800元。参与经营者来自荷兰、澳大利亚、巴西、比利时、南非等多个国家。作为‘洋老板’，他们以主人的姿态，接待了来自更多国家的游客，展示着阳朔的山水美景。”[②] 有了这样的来自地球村的一群人，他们热爱阳朔，并参与建设阳朔，把阳朔一些古老而破败的桂北风格民居改造成为“洋家乐”，既传承了古老文化，也使家园和生活变得更加古朴美丽，更加生态美好。

上述案例即是审美者对桂林景观进行参与式审美，在绿色阅读与生态写作中书写生态审美人生和诗意世界的案例。

四、桂林景观生态美育丰富和拓展了普通生态美育的意义

由于美学成为一门独立学科后，主要关注艺术美，因而对于自然美，特别是自然景观的欣赏的特点和规律研究不足或缺失，没有深入地揭示自然景观美育的特殊性及其实施的可行性。人们在研究探讨和实施生态美育时，也不自觉地忽略了景观，特别是自然景观的生态美育方法和意义。即使有时提到了，也常常把自然景观的欣赏与人文景观的欣赏混同起来，不能为自然景观美育的理论和实践提供必要的知识和方法。实际上，艺术与自然、艺术与生活没有严格的界限，人类的生活时空，还有自然时空中都处处存在着艺术，只有在艺术与自然的相融与同构中，人们才能够幸福地存在。同时，由于自然景观构成的特殊性，因而自然景观的欣赏及对人的化育有其自身的特点和要求。以桂林景观作为研究对象，既关注了桂林人文景观的生态美育，也探讨了桂林自然景观的生态美育，因而，是对被忽视的自然景观美育的补充，进而促进生态美育的丰富性、多样性，拓展了普通生态美育的意义。

---

① 王春楠，李慧，罗圆圆．“洋”理念“土”生活——阳朔“洋家乐”探访记 [N]. 广西日报，2016-5-7.
② 王春楠，李慧，罗圆圆．“洋”理念“土”生活——阳朔“洋家乐”探访记 [N]. 广西日报，2016-5-7.

桂林闻秋（节选）[1]

当第一缕桂花的香气在空中浮动，秋天就来到桂林了！起初，那是非常清淡的一点点香气，清淡得像都庞岭上采来的谷雨茶泡制成的一杯淡淡的清茶味儿。在明净的空气里，跟你的嗅觉神经捉迷藏。……你将寻至一棵抑或两棵长着墨绿色叶子的树，那游丝般的香气就是从这里发出的，这就是含苞欲放的桂花。

时间慢慢过去，那香丝儿不再是一缕两缕地飘了，许多缕的香丝，一缕缕地开始编织了。你的鼻子里涌进很多很多香气，香气充满你的肺腑，秋就装满你的心胸。

大约一个星期的光景，所有的香流就汇在一起。若有人要想避开这花香的侵袭，那简直是不可能的。花香会一直追着你走，当你走在大街上，满街的清香包围着你；当你打开办公室的窗户时，香气会迎面扑向你；当你清晨跑步时，清香跟你同步奔驰；当你……假若你是游客，正在漓江里航行……桂林山水与往日相比不知增添了几多韵味，它是浸透桂花香的桂林山水，一路香风伴你的行程。……这时候，桂花是开得最盛的，那香味最浓最醇，带有厚重的蜜味，夹有浓烈的酒气，甜得发腻，香得醉人。这也是桂林秋之高潮。但若从远处看，桂花树仍是碧绿一片，桂林仍然是青山，绿水，与夏季桂林的色彩相差无几。桂林的秋天还是要靠嗅觉神经“闻”来品味。

上面这一案例就是作者结合自己亲身经历，描述的对桂林自然景观进行生态审美的案例。案例形象地展现出在“闻秋”审美过程中的参与式审美特点，即审美者不仅运用视觉、听觉感官进行审美，还有嗅觉、味觉、肤觉等感官的综合参与，全身心投入审美体验中，而且在对桂林的秋产生“香”的整体美感中，嗅觉还起着特别重要的作用。这就突破了西方传统美学认为只有视觉、听觉是审美感官，且为高级感官，而其他的为低级感官，难以让人产生美感的藩篱，是对传统美学和传统美育的超越。因而，桂林景观生态美育有着丰富和拓展普通生态美育的意义。

---

① 陆栋梁．桂林闻秋 [N]．桂林日报，2014-10-7（3）．

小　结

作为生态性和艺术性完美结合的景观生态文本，桂林景观生态美育场要发挥和实现它的真、善、美、益、宜的中和生态美育机制、价值和功能，应采取以艺术美育为起点和基础、以学科美育为中介、以自然美育为重点、以生活和实践美育为拓展和深化的实施路径，以参与式为生态美育模式，以绿色阅读与生态写作为具体方式和方法，最终达成生态审美者和生态审美世界的创生的目的。

虽然桂林景观作为世界范围内或者中国范围内整体景观中的一个景观，具有个体性、个别性的特征，桂林景观生态美育也是具有突出个性和特殊性特征。但特殊性和个别性的事物中往往包含着普遍意义，普遍性是寓于特殊性之中的。因此，桂林景观生态美育研究作为景观生态美育和生态美育研究的个案，具有它自身的独特性和个性化特征，又包含着生态美育的一般原理、方法等普遍性特征，体现着生态美育目标、方式与途径的普遍意义。

结　语

生态美育的提出不仅是美育自身历史和逻辑发展的结果，而且是在现实社会发展要求下应运而生的。生态美育是当代生态文明建设的重要组成部分，是时代发展的主题之一。在党的十九大报告中，提出了建设富强民主文明和谐美丽的社会主义现代化强国的奋斗目标，要求继续加强生态文明建设，并首次将“美丽”一词列入强国目标，纳入社会主义现代化建设内涵之中。从“富强、民主、文明、和谐、美丽”这几个现代化建设具体目标的内在机理和终极意义来看，“美丽中国”建设不仅是我国社会主义现代化强国建设的目标之一，也是我国社会主义现代化强国各项建设目标追求的最高境界，对其他几个目标具有统领性作用。在追求和实现生态文明建设和美丽中国建设的伟大目标中，生态美育成为其中不可缺少的方式和手段，生态美育更是素质教育改革中不可缺少的一部分。

基于对传统的以艺术为主的学校美育的单一性、阶段性和片面性特征的反思，基于对工业文明造成的自然资源的枯竭、大气污染、温室效应等严重生态危机的反思，本书提出由美育到生态美育的现代化转型。生态美育以深生态哲学的生态整体主义理念和整生理论为基础，在传统美育中增加了生态维度，强调人与自然和谐的自然生态，同时也强调人与社会、人与人和谐的社会生态和精神生态的维度和内涵，强调生态精神与审美精神的一致性，强调审美过程中生态价值的洞察与生态精神的渗透。因而，生态美育不只是自然生态之美育，也包括社会生态之美育，文化生态之美育，更是人与自然生态、社会生态、文化生态的耦合整生之美育。因而，生态美育是以生态审美者和生态审美世界的整生为目标，其核心思想，就是通过培育审美者的生态审美意识、生态审美态度、生态审美能力，陶铸审美者的生态人格、生态审美精神和境界，使审美者以生态审美的态度对待自然、社会与自身，尊重自然、敬畏自然、关爱生命，并在审美、显美、造美活动中构建绿色审美世界，以此实现人与世界的审美化整生。

生态美育是美育者、受育者、美育文本在一定的审美氛围、审美理想的引导和规约下相互作用、相互影响的动态网络系统，即既有美育者对受育者的审美影响，美育文本对受育者的审美影响，也有受育者对美育者的审美影响，美育文本对美育者的审美影响，还有美育者和受育者对美育文本的审美再造活动等，是一个立体的美育网络系统，形成一个具有审美和育美吸力和聚力的美育场，即生态美育场。由于生态美育从传统的艺术美育走向了自然生态、社会生态、文化生态的耦合整生之美育，也就使审美和育美活动走向了包括科学技术活动、文化科学活动、生产实践和日常生活等的非审美生态活动中，使审美和育美活动的疆域拓展为覆盖整个生态活动圈。因而，生态美育场的美育功能就不仅是诸如古代伦理性美育的善之美育，而是具有科学技术活动的“真”之价值、文化科学活动的“善”之价值、生产实践的“益”之价值、日常生活的“宜”之价值的生态中和与整生之美育价值。因而，生态美育既重视审美认知、审美态度与审美能力的培养，更强调在现实各种生存活动中的审美创造，是知与行、美与行的融合，是美与真、善、益、宜生态中和的整生性美育。

生态美育场是在一定的历史时空中系统生成的，在以万生一和以一生万中，生成了生态美育场的一般本质，生发了多元化和特色化的生态美育系统，即每一个生态美育场都是由具有不同特征和个性的多个子生态美育场有机组成的。分形理论认为，分形具有普遍性。因而，各子生态美育场是一般生态美育场的分形。分形了的、具有各种形态特征的子生态美育场，既包含着一般生态美育场的普适性，具有一般生态美育场的本质规定性，又具有自己作为子生态美育场的独特性和个性，是一般生态美育场的具体化与深刻化。各子生态美育场又继续分形，由更小范围内的多个子生态美育场构成。景观亦是一般生态美育场的分形，而桂林景观作为一个典型的景观生态文本，则是景观生态美育场的分形。本书基于整生理论，以景观生态美育场的子景观生态美育场——桂林景观为研究对象，在进行较深入的田野调查，充分掌握第一手资料的基础上，对桂林景观这一历史悠久、生态性与艺术性完美结合的典型景观生态文本进行研究，分析其中和的生态审美结构，分析桂林景观生态美育场的真态、善态、益态、宜态等分形景观生态美育场的生态美育特征，以及各分形景观生态美育场经生态中和而成的生态绿性与生态诗性的整体性特征，探讨实现桂林景观生态的真、善、美、益、宜诸种价值的生态中和与整生的美育机制，实施景观生态美育的可能性与现实性，实施景观生态美育的路径、模式与方法，探讨如何使桂林人民和来桂旅游者受到桂林景观的生态审美化育，成为美生者、显美者和造美者，使桂林和世界变得更加生态美丽，从而达成审美人生与审美世界的整生。

桂林景观作为一个典型的景观生态美育文本和景观生态美育场，通过它来实施生态美育，可切实促进人们对人与自然、人与社会、人与人的生态关系的深入认识和理解，促进自然生态、社会生态和精神生态的发展和建设，充分发挥生态美育的真、善、美、益、宜生态中和的美育机制，从而促进生态审美人生与生态审美世界的整生。桂林景观作为一个典型的景观生态文本，既具有自身个体性和独特性的特征，又具有类型性和普遍性特征。因此，桂林景观生态美育研究作为景观生态美育和生态美育研究的个案，既具有其独特性和个性化特征，又包含着生态美育的一般原理、方法等普遍性特征，具有生态美育目标、机制、功能，以及实施模式、路径与方法等方面的普遍意义。

人生需要美感，需要美的生活和美的世界，需要审美活动，特别是当今社会，我们从美食、美容、美饰等一系列“美”的词汇的诞生，见出美与艺术已渗透到日常生活的方方面面，见出当下大众对美和艺术表现出的前所未有的热情。要真正实现大众的审美的理想与期待，离不开美育。作为教育的有机组成部分，作为解决自然和社会生态危机的重要途径，生态美育不仅是一种促进人的审美化发展和全面发展的教育理论，更是促进生态文明建设和美丽中国建设实践的一部分，有着现实的社会实践意义。百年大计，教育为本，教育大计，美育为先。愿生态美育引领我们每个人，以绿色阅读和生态写作去进行一场书写人生和书写世界的旅行，使每个人的人生和世界变得更加美丽。

参考文献

一、著作类

（一）译著

（英）阿诺德•汤因比 . 人类与大地母亲 [M]. 徐波等译 . 上海：上海人民出版社，1992.

（美）阿诺德•伯林特 . 环境美学 [M]. 张敏，周雨译 . 长沙：湖南科技出版社，2006.

（美）阿诺德•伯林特 . 环境与艺术：环境美学的多维视角 [M]. 刘悦笛等译 . 重庆：重庆出版社，2007.

（加）艾伦•卡尔松 . 自然与景观 [M]. 陈李波译 . 长沙：湖南科学技术出版社，2006.

（美）奥尔多•利奥波德 . 沙乡年鉴 [M]. 侯文蕙译 . 长春：吉林人民出版社，1997.

（英）鲍桑葵 . 美学史 [M]. 张今译 . 北京：商务印书馆，1985.

（美）B. 康芒纳 . 封闭的循环 [M]. 侯文蕙译 . 北京：生活•读书•新知三联书店，1997.

（美）大卫•雷•格里芬 . 后现代精神 [M]. 王成兵译 . 北京：中央编译出版社，1998.

（美）杜威 . 经验与自然 [M]. 傅统先译 . 南京：江苏教育出版社，2005.

（美）杜威 . 艺术即经验 [M]. 高建平译 . 北京：商务印书馆，2005.

（美）亨利•戴维•梭罗 . 瓦尔登湖 [M]. 徐迟译 . 上海：上海译文出版社，1982.

（美）赫伯特•马尔库塞 . 单向度的人——发达工业社会意识形态研究 [M]. 刘继译 . 上海：上海译文出版社，1989.

（美）赫伯特•马尔库塞 . 审美之维 [M]. 李小兵译 . 桂林：广西师范大学出版社，2001.

（美）霍尔姆斯•罗尔斯顿 . 哲学走向荒野 [M]. 刘耳，叶平译 . 长春：吉林人民出版社，2000.

（法）卢梭 . 爱弥尔（上下卷）[M]. 李平沤译 . 北京：人民教育出版社，1985.

（美）罗德里克•纳什 . 大自然的权利 [M]. 杨通进译 . 青岛：青岛出版社，1999.

（德）马丁•海德格尔 . 林中路 [M]. 孙周兴译 . 上海：上海译文出版社，2004.

（德）马丁•海德格尔 . 人，诗意地安居 [M]. 郜元宝译 . 上海：上海远东出版社，2004.

（德）马克思 . 马克思 1844 年经济学——哲学手稿 [M]. 刘丕坤译 . 北京：人民出版社，1979.

（美）马斯洛 . 动机与人格 [M]. 许金声，程朝翔译 . 北京：华夏出版社，1987.

（美）马斯洛等 . 人的潜能和价值 [C]. 林方主编 . 北京：华夏出版社，1987.

（美）R. 卡逊 . 寂静的春天 [M]. 吕瑞兰译 . 北京：科学出版社，1979.
（美）史蒂文 • 布拉萨 . 景观美学 [M]. 彭锋译 . 北京：北京大学出版社，2008.
（苏）苏霍姆林斯基 . 关于全面发展教育的问题 [M]. 王家驹等译 . 长沙：湖南教育出版社，1984.
（意）维柯 . 新科学 [M]. 朱光潜译 . 北京：人民文学出版社，1986.
（德）席勒 . 美育书简 [M]. 徐恒醇译 . 北京：中国文联出版公司，1984.
（芬）约 • 瑟帕玛 . 环境之美 [M]. 武小西，张宜译 . 长沙：湖南科技出版社，2006.

（二）专著

蔡元培 . 蔡元培美学文选 [C]. 北京：北京大学出版社，1983.
蔡正非 . 美育心理学 [M]. 北京：中国社会科学出版社，1999.
党圣元，刘瑞弘 . 生态批评与生态美学 [M]. 北京：中国社会科学出版社，2011.
丁永祥，李新生 . 生态美育 [M]. 郑州：河南美术出版社，2004.
杜卫 . 美育论 [M]. 北京：教育科学出版社，2000.
（宋）范成大 . 桂海虞衡志校注 [M]. 北京：中华书局，1991.
范国睿 . 教育生态学 [M]. 北京：人民教育出版社，2000.
费孝通 . 论人类学与文化自觉 [M]. 北京：华夏出版社，2004.
封孝伦 . 人类生命系统中的美学 [M]. 合肥：安徽教育出版社，1999.
傅伯杰 . 景观生态学原理及运用 [M]. 北京：科学出版社，2007.
龚丽娟 . 民族艺术经典的生发——以《刘三姐》与《阿诗玛》为例 [M]. 北京：人民出版社，2013.
桂林市志编纂委员会 . 桂林市概况 [M]. 桂林：桂林市志编纂委员会，1986.
（明）计成 . 陈植注释 . 园冶注释 [M]. 北京：中国建筑工业出版社，1981.
蒋冰海 . 美育学导论 [M]. 上海：上海人民出版社，1990.
李天道 . 美育与美育心理 [M]. 北京：中国社会科学出版社，2006.
李天道 . 西方美育思想简史 [M]. 北京：中国社会科学出版社，2007.
林惠祥 . 文化人类学 [M]. 北京：商务印书馆，1996.
刘涛 . 桂林旅游资源 [M]. 桂林：漓江出版社，1999.
刘作义 . 桂林胜概：风景 • 掌故 • 诗词 • 碑刻 [M]. 桂林：漓江出版社，1988.
鲁枢元 . 生态文艺学 [M]. 西安：陕西人民教育出版社，2000.
罗桂江 . 解读桂林两江四湖 [M]. 桂林：漓江出版社，2009.
聂振斌，滕守尧，章建刚 . 艺术化生存——中西审美文化比较 [M]. 成都：四川人民出版社，1997.
聂振斌 . 中国古代美育思想史纲 [M]. 郑州：河南人民出版社，2004.
祁颖 . 旅游景观美学 [M]. 北京：中国林业出版社，2009.
任美锷，刘振中 . 岩溶学概论 [M]. 北京：商务印书馆，1983.
佘正荣 . 生态智慧论 [M]. 北京：中国社会科学出版社，1996.
汤晓敏，王云 . 景观艺术学 [M]. 上海：上海交通大学出版社，2009.
唐兆民 . 灵渠文献粹编 [M]. 北京：中华书局，1982.

王世伟 . 中国名胜古迹故事 [M]. 北京：东方出版中心，1996.
王毅 . 园林与中国文化 [M]. 上海：上海人民出版社，1990.
向才德 . 历代桂林山水诗文精品赏析 [M]. 南宁：广西人民出版社，1991.
徐复观 . 中国艺术精神 [M]. 桂林：广西师范大学出版社，2007.
徐恒醇 . 生态美学 [M]. 西安：陕西人民教育出版社，2000.
（明）徐霞客 . 徐霞客桂林山水游记 [M]. 许凌云，张家璠注译 . 南宁：广西人民出版社，1982.
杨昌江 . 美育 [M]. 武汉：武汉大学出版社，1988.
杨庭硕等 . 生态人类学导论 [M]. 北京：民族出版社，2007.
姚全兴 . 中国现代美育思想述评 [M]. 武汉：湖北教育出版社，1989.
尤西林 . 人文科学导论 [M]. 北京：高等教育出版社，2002.
俞孔坚 . 景观：生态、文化与感知 [M]. 北京：科学出版社，1998.
袁鼎生 . 天下第一美山水 [M]. 桂林：漓江出版社，1990.
袁鼎生 . 审美场论 [M]. 南宁：广西教育出版社，1995.
袁鼎生 . 审美生态学 [M]. 北京：中国大百科全书出版社，2002.
袁鼎生 . 生态艺术哲学 [M]. 北京：商务印书馆，2007.
袁鼎生 . 美海观澜——环桂林生态旅游 [M]. 桂林：广西师大出版社，2008.
袁鼎生 . 超循环：生态方法论 [M]. 北京：科学出版社，2010.
袁鼎生 . 整生论美学 [M]. 北京：商务印书馆，2013.
袁鼎生，蒋新平，龚丽娟 . 桂林景观生态与环境研究 [M]. 北京：社会科学文献出版社，2013.
袁凤兰. 桂林市志 [M]. 北京：中华书局，1997.
曾繁仁 . 美育十五讲 [M]. 北京：北京大学出版社，2012.
曾繁仁 . 生态美学导论 [M]. 北京：商务印书馆，2010.
曾有云，许正平 . 桂林旅游大典 [M]. 桂林：漓江出版社，1993.
张国庆 . 中和之美——普遍艺术和谐观与特定艺术风格论 [M]. 北京：中央编译出版社，2009.
张益桂 . 桂林山水诗美学漫话 [M]. 上海：上海人民出版社，1984.
朱学稳 . 桂林岩溶 [M]. 上海：上海科学技术出版社，1988.

（三）外文著作

A. Berleant. Art and Engagement[M]. Philadelphia: Temple University Press，1991.
A. Berleant.The Aesthetic Field: The Phenomenology of Aesthetic Experience[M]. Springfield: C.C. Thomas，1970.
A. Berleant.The Aesthetics of Environment[M].Philadelphia：Temple University Press，1992.
E. Cassirer. Rousseau Kant Goethe[M].Princeton：Princeton University Press，1970.
H. Rolston III. Philosophy Gone Wild: Essays in Environmental Ethics Buffalo[M].N.Y.: Prometheus Books, 1986.
J. Maquet.The Aesthetic Experience[M].New Haven：Yale University Press，1986.
K. Milton. Environmentalism and Cultural Theory[M].London and New York：Routledge，1996.
L. Buell. The Environmental Imagination: Thoreau, Nature Writing, and the Formation of American Culture[M].Cambridge ,Ma: Harvard University Press，2001.

P. Ehrlich. The Machinery of Nature：The Living World Around Us-and How It Works[M].New York：Simon and Schuster，1986.

P. Guer. Kant and the experience of freedom[M].Cambrige: Cambridge University Press，1993.

R. Rappaport. Pigs for the ancestors[M] .New Haven: Yale University Press，1984.

Yi-Fu Tuan.Passing Strange and Wonderful Aesthetics, Aesthetics and Culture[M]. New York:Kodansha international press,1995.

二、论文类

（一）期刊类

陈超，周广胜 .1961—2010 年桂林气温和地温的变化特征 [J]. 生态学报，2013（7）：2043-2053.

陈望衡．农业的审美性质 [J]．陕西师范大学学报（哲学社会科学版），2008（2）：46-51.

陈文 . 桂林石刻中的古代桂林文化教育 [J]. 广西地方志，1998（3）：42-50.

陈晔 . 桂林乡土园林的文化记忆 [J]. 沿海企业与科技，2016（3）：54-56.

程相占 . 生态智慧与地方性审美经验 [J]. 江苏大学学报（社会科学版），2005（4）：7-11.

党圣元 . 新世纪中国生态批评与生态美学的发展及其问题域 [J]. 中国社会科学院研究生院学报，2010（3）：117-127.

丁永祥．生态美育与“生态人”的造就 [J]．河南师范大学学报（哲学社会科学版），2004（3）：172-175.

丁永祥．生态审美与生态美育的任务 [J]．郑州大学学报（哲学社会科学版），2005（4）：51-54.

杜卫 . 景观美育论 [J]. 美育学刊，2012（2）：6-14.

方立天 . 佛教生态哲学与现代生态意识 [J]. 文史哲，2007（4）：22-28.

傅伯杰，吕一河，陈利顶，等．国际景观生态学研究新进展 [J]．生态学报，2008（2）：798-804.

葛启进．审美场论 [J]. 四川大学学报（哲社版），1991（1）：71-76.

龚丽娟．超循环发展的景观生态——以桂林景观历程为例 [J]．鄱阳湖学刊，2010（5）：108-114.

龚丽娟 . 科技与人文的分合：景观生态学生发论 [J]．广西民族大学学报（哲学社会科学版），2008（6）：155-159.

龚丽娟．少数民族审美生境与艺术人生的并生与对生 [J]．广西民族大学学报（哲学社会科学版），2013（4）：86-91.

何文广，宋广文 . 生态心理学的理论取向及其意义 [J]. 南京师大学报（社会科学版），2012（4）：110-115.

黄月梅 . 城市生态景观设计的分析——以桂林市“两江四湖”为例 [J]. 城市建筑，2013（24）：211.

蒋业利 . 重点旅游城市旅游生态足迹研究——以桂林市为例 [J]. 环境保护与循环经济，2012（3）：42-46.

李景隆．论生态美育及其现实意义 [J]．青海师范大学学报（哲学社会科学版），2011（6）：

39-43.
李世雁，鲁佳音．中国生态哲学理论的发展历程 [J]. 南京林业大学学报（人文社会科学版），2016（1）：32-42.
李欣复．审美场论 [J]. 人文杂志，1987（1）：105-111.
李艳娥．冲破“灰色阅读”的樊笼，让“绿色阅读”滋养孩子的生命 [J]. 读与写（教育教学刊），2015（4）：167.
廖晖．桂林地方音乐在高校音乐鉴赏课中的渗透 [J]. 大舞台，2013（11）：219-220.
刘春燕，邓云波．区域特色文化产业发展的调查与思考——以桂林书画艺术产业为例 [J]. 社会科学家，2010（4）：159-161.
刘起平．桂北传统干栏建筑空间与材料生态利用的再生设计——以龙脊平安壮寨传统干栏建筑为例 [J]. 中共桂林市委党校学报，2013（1）：71-75.
刘悦笛．走向生活美学的“生活美育”观—— 21 世纪如何建设中国的新美育论 [J]. 美育学刊，2012（3）24-30.
毛雄飞．灵渠清代状元桥石刻图像的民俗特质 [J]. 美术，2013（9）：124-125.
牛伟，肖立新．将农民生态美育融入到新农村建设中——以河北省为例 [J]．人民论坛，2015（26）：160-162.
彭建等．景观生态学与土地可持续利用研究 [J]．北京大学学报（自然科学版），2004（1）：154-160.
彭修银，臧红秀．当代艺术教育的生态美育走向 [J]．江汉大学学报（人文科学版），2006（1）：37-41.
秦凌燕，黄嘉清．浅论大学美育课程中自然景观美育的构建 [J]．梧州学院学报，2009（1）：87-91.
申扶民．生态美育的时代意义 [J]．美与时代（上半月），2009（7）：9-11.
申扶民，李玉玲．稻作文化与梯田景观生态探析——以广西龙脊梯田为例 [J]. 广西民族研究，2012（2）：128-133.
沈小娜．浅谈科普教育景观的设计表达—“寓教于乐”在科普教育景观设计中的运用 [J]. 美与时代（上半月），2009（2）：123-125.
史红．建设“美丽中国”与生态美育 [J]．高校理论战线，2013（3）：77-80.
覃彩銮．壮族干栏装饰艺术 [J]. 民族艺术，1998（2）：154-161.
汤茂林．文化景观的内涵及其研究进展 [J]．地理科学进展，2000（1）：70-79.
唐虹．壮族干栏建筑“宜”态审美价值探析——以龙胜平安壮寨为例 [J]．广西民族大学学报（哲学社会科学版），2012（2）：105-108.
田海舰．道家道教生态伦理思想对建构当代生态哲学的启示 [J]. 西北师大学报（社会科学版），2004（2）：59-63.
王纯菲．中国传统有机整体性美育观 [J]. 社会科学辑刊，2006（6）197-201.
王国聘．哲学从文化向生态世界的历史转向——罗尔斯顿对自然观的一种后现代诠释 [J]. 科学技术与辩证法，2000（5）：1-5.
王旭晓．美育与人的全面发展 [J]．河南教育学院学报（哲学社会科学版），2009（3）：24-29.

王一方．绿色童年 绿色阅读 [J]. 编辑学刊，2010（2）：36-37.
巫惠民．壮族干栏建筑源流谈 [J]. 广西民族研究，1989（1）：89-94.
肖笃宁，李秀珍，陈文波．景观生态学的学科前沿与发展战略 [J]．生态学报，2003（8）：1615-1621.
徐恒醇．生态美放谈——生态美学论纲 [J]. 理论与现代化，2000（10）：21-25.
薛富兴．中国自然审美传统的普遍意义 [J]. 南开大学学报（哲学社会科学版），2008（2）：88-96.
杨金芳，周洁琦．小学生态美育校本课程的开发研究 [J]．上海教育科研，2013（12）：48-51.
易灿，郭琨，董弋欧．高校通识性生态美育知识普及体系探析 [J]．科教文汇（上旬刊），2014（7）：26-28.
余谋昌．生态哲学：可持续发展的哲学诠释 [J]. 中国人口 • 资源与环境，2001（3）：1-5.
袁鼎生．论桂林山水的风骨美 [J]. 学术论坛，1989（4）：81-84.
袁鼎生．人类美学的三大范式 [J]. 社会科学家，2001（5）：5-12.
袁鼎生．生态人类学的审美走向 [J]．广西民族研究，2004（4）：39-43.
袁鼎生．生态美的系统生成 [J]. 文学评论，2006（2）：25-32.
袁鼎生．生态审美场——生态美学元范畴 [J]. 鄱阳湖学刊，2009（3）：61-69.
袁鼎生．生态批评的规范 [J]. 文学评论，2010（2）：25-29.
袁鼎生．艺术生态圈的超循环 [J]. 中南民族大学学报（人文社会科学版），2010（4）：150-154.
袁鼎生．绿色人生和艺术人生的耦合旋升——生态审美者的生发路径 [J]. 哲学动态，2011（3）：99-104.
袁鼎生．美生场论 [J]. 广西民族大学学报（哲学社会科学版），2013（4）：79-85.
张超，郑立群．当代美育的实践困境及生态美育的启示 [J]．中国成人教育，2013（14）：129-131.
张慧，缪旭波，孙勤芳．景观生态学在农业景观生态规划中的应用 [J]．农村生态环境，2001（1）：29-32.
张捷．书法景观公众知觉与书法美育及文化传承 [J]．美育学刊，2011（5）：60-63.
张良皋．干栏建筑体系的现代意义 [J]. 新建筑，1996（1）：38-41.
张亚萌．农民画：由“草根文化”变身时代精品 [N]. 中国艺术报，2013-3-29（6）.
张毅川．景观设计中教育功能的类型及体现 [J]. 浙江林学院学报，2005，22（1）：98-103.
曾繁仁．生态美学：后现代语境下崭新的生态存在论美学观 [J]. 陕西师范大学学报（哲学社会科学版）2002（3）：5-16.
曾繁仁．试论生态审美教育 [J]．中国地质大学学报（社会科学版），2011（4）：11-18.
郑亮，张家淑．生态美育：少数民族地区绿色发展的教育新起点 [J]．石河子大学学报（哲学社会科学版），2016（4）：37-42.
郑艳萍，胡海胜．桂林石刻景观的生命路径研究 [J]. 人文地理，2006（3）：88-91.
周卫．多元智能论的启迪 [J]. 上海高教研究，1997（8）：48-50.
左华．桂林环城水系整治及生态修复——景区景观工程 [J]. 桂林工学院学报，2006（2）：13-17.

（二）学位论文类

蔡晴 . 基于地域的文化景观保护 [D]. 南京：东南大学博士学位论文，2006.
蔡颖 . 小学生态美育校本课程的实践研究 [D]．上海：上海师范大学硕士学位论文，2012.
方焓 . 生态美育视域下的中小学语文教学 [D]．南宁：广西民族大学硕士学位论文，2010.
李雅华 . 古典园林教学与幼师学生地理审美能力的培养 [D]．长春：东北师范大学硕士学位论文，2010.
莫林芳 . 桂林主城区山水景观初探 [D]. 北京：北京林业大学硕士学位论文，2015.
秦嘉远 . 景观与生态美学——探索符合生态美之景观综合概念 [D]．南京：东南大学博士学位论文，2006.
唐虹 . 少数民族生存艺术的生态中和性研究 [D]．云南：云南大学博士学位论文，2013.
韦贻春 . 广西龙脊廖家古壮寨梯田水利文化研究 [D]. 南宁：广西民族大学硕士学位论文，2007.
徐国超 . 审美教育的生态之维 [D]．苏州：苏州大学博士学位论文，2009.
易芳 . 生态心理学的理论审视 [D]. 南京：南京师范大学博士学位论文，2004.